高等职业教育"十二五"规划教材
21世纪高职高专规划教材（机械类）

# 冲压成形工艺与模具设计

主　编　朱红萍　王艳辉
副主编　金　捷　苏添人
参　编　吴利明　刘洪贤　柳松柱　徐锋来
主　审　伍建国

机械工业出版社

本书是为配合高等职业院校的教育教学改革,以模具设计与制造专业的培养目标为依据编写的。本书将传统冲压教材与课程设计内容进行分解、组合,通过典型实例,采用项目导向、任务驱动的方法来解决工程中的每一个知识模块,从浅显的理论上加以阐述,再从设计与构思上进行举证,最终完成项目任务。书中着重分析冲压加工工艺、模具方案、模具典型结构,提供设计方法、步骤,为学生将来从事冲压工艺与模具设计打下基础。同时,本书强调训练学生的综合应用能力,让学生以冲压工艺员、模具设计员、模具制造施工员的三种身份,全面完成本专业核心课程的学习过程,获得职业能力,实现学习能力和岗位职业能力的对接。

　　本书分为八个项目,内容包括冲压加工概论与冲压设备、冲裁工艺与冲裁模设计、弯曲工艺与弯曲模设计、拉深工艺与拉深模设计、其他冲压成形方法与模具设计、多工位级进模设计、冲模零件的制造、实训环节。

　　本书适合作为高职、高专院校模具设计与制造专业以及机械类相关专业的教材,也可作为模具领域工程技术人员的参考书。

　　为方便教学,本书配备电子课件等教学资源。凡选用本书作为教材的教师均可登录机械工业出版社教材服务网 www.cmpedu.com 注册后免费下载。如有问题请致信 cmpgaozhi@sina.com,或致电 010-88379375 联系营销人员。

## 图书在版编目（CIP）数据

冲压成形工艺与模具设计／朱红萍,王艳辉主编.
—北京：机械工业出版社,2015.2
高等职业教育"十二五"规划教材　21世纪高职高专规划教材
ISBN 978-7-111-49114-9

Ⅰ.①冲… Ⅱ.①朱…②王… Ⅲ.①冲压-工艺-高等职业教育-教材②冲模-设计-高等职业教育-教材
Ⅳ.①TG38

中国版本图书馆 CIP 数据核字（2015）第 002683 号

机械工业出版社（北京市百万庄大街22号　邮政编码100037）
策划编辑：崔占军　赵志鹏　责任编辑：赵志鹏　陈建平
版式设计：常天培　责任校对：张莉娟　任秀丽
责任印制：刘　岚
北京京丰印刷厂印刷
2015年2月第1版·第1次印刷
184mm×260mm·18.75印张·457千字
0 001—2 500册
标准书号：ISBN 978-7-111-49114-9
定价：39.80元

凡购本书,如有缺页、倒页、脱页,由本社发行部调换

电话服务　　　　　　　　　　网络服务
服务咨询热线：010-88379833　机工官网：www.cmpbook.com
读者购书热线：010-88379649　机工官博：weibo.com/cmp1952
　　　　　　　　　　　　　　教育服务网：www.cmpedu.com
封面无防伪标均为盗版　　　　金　书　网：www.golden-book.com

# 前 言

本书是为配合高等职业院校的教育教学改革,以模具设计与制造专业的培养目标为依据编写的。本书以培养学生从事实际工作的基本能力和基本技能为指导,以工作过程为主线,坚持知识够用为度的原则,以实例、案例贯彻全书各个教学项目,在阐明冲压工艺的基础上,详细叙述了正确设计冲压模具结构的基本方法与步骤。

本书共分为八大教学项目,在知识构建上,根据能力为本的思想,省略了一些烦琐的理论推导及复杂计算,而注重知识的实际应用和拓展读者的知识面。本书计划学时数为110学时左右,学时分配表建议见下表。

| 项目名称 | 学时 |
| --- | --- |
| 项目一 冲压加工概论与冲压设备 | 4 |
| 项目二 冲裁工艺与冲裁模设计 | 26 |
| 项目三 弯曲工艺与弯曲模设计 | 10 |
| 项目四 拉深工艺与拉深模设计 | 10 |
| 项目五 其他冲压成形方法与模具设计 | 6 |
| 项目六 多工位级进模设计 | 6 |
| 项目七 冲模零件的制造 | 8 |
| 项目八 实训环节 | 40 |
| 总学时 | 110 |

本书由沙洲职业工学院朱红萍和王艳辉担任主编,由沙洲职业工学院的金捷、苏州金鸿顺汽车部件有限公司苏添入任副主编,由江苏信息职业技术学院的吴利明、天津电子信息职业技术学院刘洪贤、鄂州职业大学柳松柱、苏州金鸿顺汽车部件有限公司徐锋来参编,由沙洲职业工学院伍建国任主审。

本书编写分工情况如下:项目三由王艳辉编写;项目二、八由朱红萍编写;项目六由金捷编写;项目二、六、七由苏添入辅助编写,项目三、四、五由徐锋来辅助编写,项目七由吴利明编写,项目一、五由刘洪贤编写,项目四由柳松柱编写。全书由朱红萍统稿,伍建国主审。

本书所有参考文献均在书后列出,在此对相关作者表示谢意!

由于编者水平有限,书中有不足之处,恳请广大读者批评指正。

项目五、项目八中的部分设计资料见配套教学资源。

编 者

# 目　　录

前言
项目一　冲压加工概论与冲压设备 1
　项目目标 1
　项目引入 1
　项目分析 1
　相关知识 2
　　1.1　冲压加工的基本概念及冲压基本工序 2
　　1.2　冲压成形理论基础 5
　　1.3　冲压材料的选用 7
　　1.4　冲压设备的选用 8
　　1.5　模具基本结构与组成 14
　项目实施 16
　实训与练习 16
项目二　冲裁工艺与冲裁模设计 17
　项目目标 17
　项目引入 17
　项目分析 17
　相关知识 18
　　2.1　冲裁工艺设计与工艺文件的编制 18
　　2.2　单工序冲裁模设计 46
　　2.3　复合冲裁模设计 71
　　2.4　级进冲裁模设计 96
项目三　弯曲工艺与弯曲模设计 117
　项目目标 117
　项目引入 117
　项目分析 118
　相关知识 118
　　3.1　弯曲概念及弯曲变形 118
　　3.2　弯曲件工艺性分析 122
　　3.3　弯曲成形工艺方案的确定（工序安排） 125
　　3.4　弯曲工艺计算 127
　　3.5　弯曲模的典型结构 129
　　3.6　弯曲模工作部分零件的设计 139
　项目实施 142
　实训与练习 146
项目四　拉深工艺与拉深模设计 147
　项目目标 147
　项目引入 147
　项目分析 148
　相关知识 148
　　4.1　圆筒形件拉深变形过程 148
　　4.2　圆筒形拉深件工艺性分析 152
　　4.3　圆筒形拉深件毛坯尺寸计算 152
　　4.4　圆筒形件拉深工序尺寸计算 155
　　4.5　拉深力的确定 162
　　4.6　拉深模结构设计及典型模具结构分析 166
　项目实施 172
　项目拓展——拉深工艺辅助工序 176
　实训与练习 177
项目五　其他冲压成形方法与模具设计 178
　项目目标 178
　项目引入 178
　项目分析 179
　相关知识 179
　　5.1　胀形工艺与模具设计 179
　　5.2　缩口 184
　　5.3　翻边 188
　　5.4　旋压 193
　　5.5　校平与整形 193
　项目实施 196
　项目拓展——汽车覆盖件简介 198
　实训与练习 201
项目六　多工位级进模设计 203
　项目目标 203
　项目引入 203
　项目分析 204
　相关知识 204
　　6.1　多工位级进模的特点与分类 204
　　6.2　多工位级进模的排样设计 206

6.3　多工位级进模的典型结构 ……… 210
　　6.4　多工位级进模的自动送料和安全
　　　　检测装置 ……………………… 230
　项目实施 ………………………………… 234
　实训与练习 ……………………………… 245

**项目七　冲模零件的制造** ……… 246
　项目目标 ………………………………… 246
　项目引入 ………………………………… 246
　项目分析 ………………………………… 246
　相关知识 ………………………………… 247
　　7.1　冲模加工制造的特点 …………… 247
　　7.2　冲模的加工方法 ………………… 247
　　7.3　冲模制造过程及工艺规程的
　　　　编制 …………………………… 252
　项目实施 ………………………………… 253
　项目拓展 ………………………………… 259
　实训与练习 ……………………………… 262

**项目八　实训环节** …………………… 263
　项目目标 ………………………………… 263
　项目引入 ………………………………… 263
　项目分析 ………………………………… 263
　相关知识 ………………………………… 264

　　8.1　课程实训环节的内容与步骤 …… 264
　　8.2　冲模设计的有关规定及注意
　　　　事项 …………………………… 266
　　8.3　冲模装配图设计 ………………… 269
　　8.4　编写设计计算说明书 …………… 271
　　8.5　总结与答辩 ……………………… 271
　　8.6　实训环节考核方式及成绩评定 … 272
　项目实施 ………………………………… 272
　项目拓展——拉深件的典型 BEW 应用
　　　　过程和拉深工艺设计 ………… 274
　实训与练习 ……………………………… 276

**附录** ………………………………………… 281
　附录 A　常用冲压设备的规格 ………… 281
　附录 B　冲模零件的常用公差配合及表面
　　　　粗糙度 ………………………… 283
　附录 C　冲压常用材料的性能和规格 … 283
　附录 D　材料的力学性能（黑色金属、
　　　　有色金属、非金属）………… 285
　附录 E　常用配合极限偏差、标准公差数
　　　　值和表面粗糙度 ……………… 287
　附录 F　模具制造工艺资料 …………… 291

**参考文献** …………………………………… 293

# 项目一　冲压加工概论与冲压设备

## 项目目标

1. 掌握冲压加工和冲模的概念，熟悉冲压工序和冲模分类。
2. 了解金属塑性变形的基本概念，掌握冲压原材料选用的一般原则。
3. 能识别常见冲压设备，掌握压力设备的一般选用原则。
4. 掌握冲压模具（冲模）的基本结构与组成。

【能力目标】

能够针对不同的冲压件区分其加工的工序，并合理选择冲压设备。

【知识目标】

- 掌握冲压加工与冲模的概念。
- 熟悉冲压加工的基本工序，能合理选择冲压设备。
- 了解金属塑性变形的基本概念，熟悉冲压件与冲模常用材料。
- 掌握冲模的基本结构与组成。

## 项目引入

冲压加工技术应用范围十分广泛，在国民经济各工业部门中，处处有冲压加工或冲压产品的生产。冲压是利用冲压设备和模具实现对金属材料（板材）的加工过程，也称为板料冲压。由于冲压加工具有节材、节能和生产率高等突出特点，因此冲压生产成本低廉、效益较好。图 1-1 所示是日常生活中常见的制品，这些制品采用什么方法加工？生产这些制品需要什么工具或模具？要回答这些问题，首先应认知冲压加工。

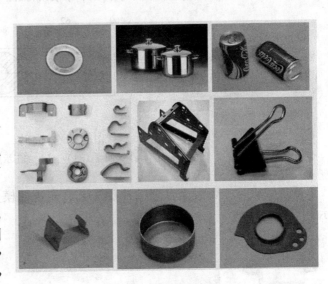

图 1-1　常见制品

## 项目分析

本项目以典型冲压件为工作对象，分析了解冲压加工的相关知识，具体内容如下。

1）冲压加工的基本概念及冲压基本工序。
2）冲压成形理论基础（选学）。

3）冲压材料的选用。
4）冲压设备的选用。
5）模具基本结构与组成。

# 相关知识

## 1.1 冲压加工的基本概念及冲压基本工序

### 1.1.1 冲压加工的基本概念

**1. 基本概念**

冲压加工是现代机械制造业中先进、高效的加工方法之一，它是建立在金属塑性变形的基础上，在常温下利用安装在压力机上的模具对材料施加压力，使其产生分离或塑性变形，从而获得一定形状、尺寸和性能的零件的一种压力加工方法。由于冲压加工通常是在室温下进行的，因此常称为冷冲压。其加工的材料主要是板料，又称为板料加工。冲压不但可以加工金属材料，还可以加工非金属材料。

冲压的概念指出了冲压加工的性质：一是使材料分离获得工件，如图1-2所示垫圈加工的分离工序；二是使材料塑性变形获得工件，如加工图1-3所示的零件。

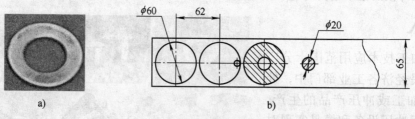

图1-2 分离工序
a）垫圈（工件） b）加工示意图

冲压生产的三要素是合理的冲压工艺、先进的模具、高效的冲压设备，如图1-4所示。

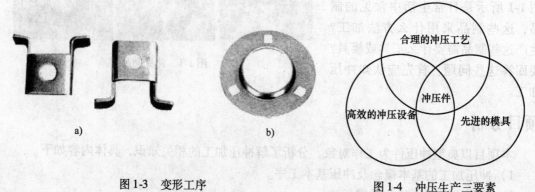

图1-3 变形工序
a）连接器 b）普通垫圈

图1-4 冲压生产三要素

## 2. 冲压加工的特点

冲压加工与其他加工方法相比，无论在技术方面还是在经济方面，都有许多独特的优点，其主要特点如下。

（1）材料利用率高　冲压是一种少、无切削的加工方法，不仅能做到少废料和无废料生产，即便在某些情况下有边角余料，也可以制成其他形状的零件，从而使原料充分利用，不至于造成浪费。

（2）制品有较好的互换性　由于冲压加工是靠模具成形，模具制造精度高、使用寿命长。冲压件的尺寸公差由模具保证，具有"一模一样"的特征，且一般无需做进一步的机械加工。

（3）可加工要求较高的零件　冲压可以加工壁薄、重量轻、形状复杂、表面质量好、强度高、刚性好的零件。冲压件的质量稳定，尺寸精度可达到IT14～IT10级。

（4）生产率高　冲压能用简单的生产技术，通过压力机和模具完成加工过程，其生产率高、操作简便，便于组织生产，易于实现机械化与自动化。

### 1.1.2　冲压基本工序

由于冲压件的形状、尺寸和精度要求、生产批量、原材料性能等各不相同，因此，生产中所采用的冲压加工方法也各异。

（1）按冲压变形的性质分　冲压加工的方法大致可分为两大类：分离工序与塑性成形工序。一个冲压件往往需要经过多道冲压工序才能完成。由于冲压件的形状、尺寸精度、生产批量、原材料等的不同，其冲压工序也是多样的。

1）分离工序。使板料沿一定的轮廓线分离而获得一定形状、尺寸和断面质量的冲压件（俗称冲裁件）的工序，即分离工序。例如落料、冲孔、切边等。

2）塑性成形工序。材料在不破裂的条件下产生塑性变形，从而获得一定形状、尺寸和精度要求的冲压件的加工工序，即塑性成形工序。例如弯曲、拉深、翻边、胀形、缩口等。

（2）按冲压工序的组合方式分　按冲压工序的组合方式分，大致可分为以下几种工序类型。

1）单工序。图1-5所示为实心圆垫片的冲压过程示意，在冲压的一次行程中，只能完成单一冲压内容的工序。单工序中所使用的模具，称为单工序模。

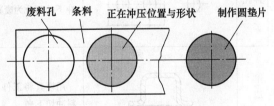

图1-5　单工序冲压

2）复合工序。图1-6所示为垫圈的冲压过程示意，完成垫圈的冲压需要两道基本工序，即落料与冲孔。复合工序也就是在冲压的一次行程中，在模具的同一工位上同时完成两种或两种以上冲压内容的工序。复合工序中所使用的模具，称为复合模。

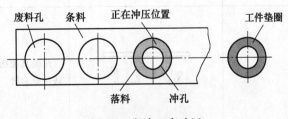

图1-6　复合工序冲压

3）连续工序。图 1-7 所示为垫圈的冲压过程示意,在垫圈的冲压过程中,采用了在条料上先冲孔,条料向前挪动一步再落料的方式。连续工序即在冲压的一次行程中,在不同的工位上依次完成两种或两种以上冲压内容的工序。连续工序中所使用的模具,称为连续模(又称级进模)。

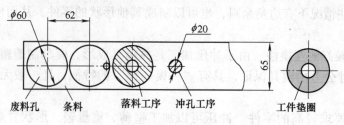

图 1-7　连续工序冲压

主要冲压工序分类见表 1-1。

表 1-1　主要冲压工序分类

| 类别 | 工序名称 | | 工序简图 | 工序特征 | 模具简图 |
|---|---|---|---|---|---|
| 分离工序 | 切断 | | | 用剪刀或模具切断板料,切断线不是封闭的 | |
| | 冲裁 | 落料 | | 用模具沿封闭线冲切板料,冲下的部分为工件 | |
| | | 冲孔 | | 用模具沿封闭线冲切板料,冲下的部分为废料 | |
| | 切边 | | | 用模具将工件边缘多余的材料冲切下来 | |
| 成形工序 | 弯曲 | | | 用模具使板料弯成一定角度或一定形状 | |

(续)

| 类别 | 工序名称 | 工序简图 | 工序特征 | 模具简图 |
|---|---|---|---|---|
| 成形工序 | 拉深 | 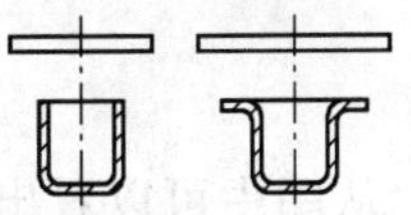 | 用模具将板料压成一定形状的空心件 | 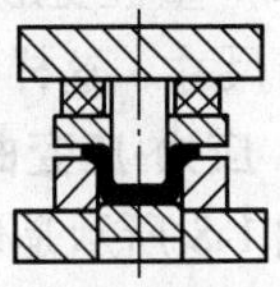 |
| | 起伏（压筋） | 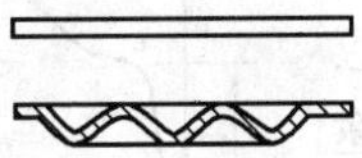 | 用模具将板料局部拉伸成凸起和凹进形状 | 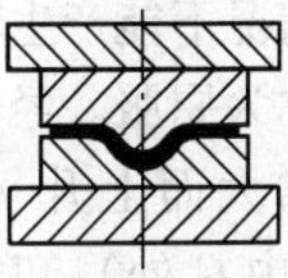 |
| | 翻边 | 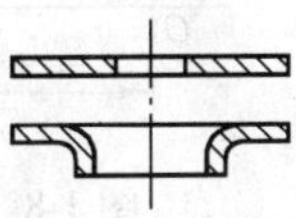 | 用模具将板料上的孔或外缘翻成直壁 | 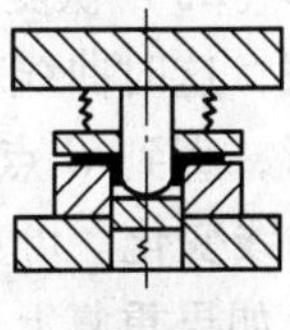 |
| | 缩口 | 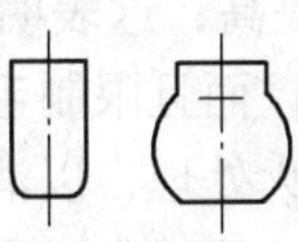 | 用模具对空心件口部施加由外向内的径向压力，使局部直径缩小 | 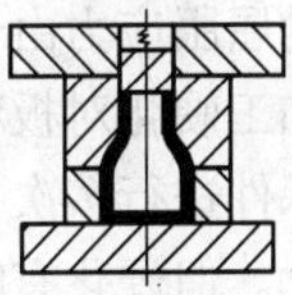 |
| | 胀形 | 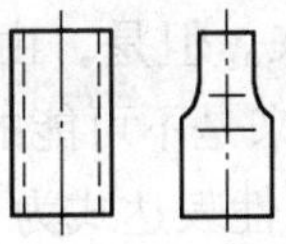 | 用模具对空心件施加向外的径向力，使局部直径扩张 | 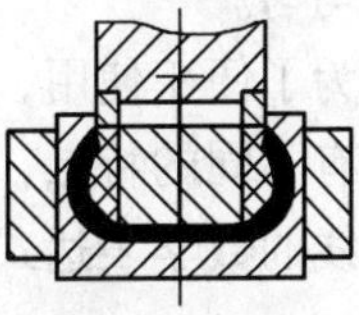 |
| | 整形 | 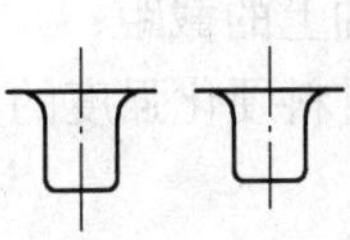 | 将工件不平的表面压平；将原先弯曲或拉深件压成正确的形状 | 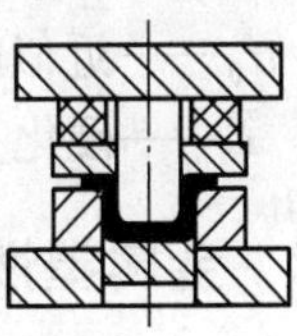 |

## 1.2 冲压成形理论基础

### 1.2.1 塑性变形的基本概念

冲压件的冲压成形过程，实质上是板料的塑性变形过程，这里仅对塑性变形基本理论做简单讲解，不做细致的讨论。

**1. 金属塑性变形的基本概念**

（1）塑性　塑性是金属在外力作用下，能稳定地发生永久变形而不破坏其完整性的能力。它反映了金属的变形能力，是金属的一种重要的加工性能，塑性的大小可以用塑性指标来评定。如拉伸实验时塑性指标可以用断后伸长率 $\delta$ 和断面收缩率 $\psi$ 表示。

（2）塑性变形　物体在外力的作用下产生变形，取消外力后，物体不能恢复到原始的形状与尺寸，这样的变形称为塑性变形。

### 2. 应力-应变曲线

图 1-8 所示是低碳钢拉伸试验下的应力-应变曲线。从图中可以看出，材料在应力达到初始屈服极限 $\sigma_0$ 时开始塑性变形，此时，在应力增加不大的情况下能产生较大的变形，图上出现一个平台，这一现象称为屈服。经过一段屈服平台后，应力就开始随着应变的增大而上升（如图中 cGb 曲线）。如果在变形中途（如图中 G 处）卸载，应力应变将沿 GH 直线返回，使弹性变形（HJ）恢复而保留其塑性变形（OH）。若对试件重新加载，这时曲线就由 H 出发，沿 HG 直线回升，进行弹性变形，直到 G 点才开始屈服，以后的应力应变就仍按 GbK 曲线变化。可见 G 点处应力是试样重新加载时的屈服应力。如果重复上述卸载、加载过程，就会发现，重新加载时的屈服应力由于变形的逐次增大而不断地沿 Gb 曲线提高，这表明材料在逐渐硬化。材料的加工硬化对板料的成形影响很大，不仅使变形力增大，而且限制毛坯的进一步变形。例如拉深件进行多次拉深时，在后次拉深之前一般要进行退火处理，以消除前次拉深产生的加工硬化。但硬化有时也是有利的，如在伸长类成形工艺中，能减少过大的局部变形，使变形趋向均匀。

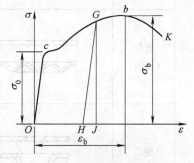

图 1-8　低碳钢拉伸试验下的应力-应变曲线

为了便于使用，应把应力-应变曲线用数学式表示出来。但是，由于各种材料的硬化曲线具有不同的特点，用同一个数学式精确地把它们表示出来是不可能的，目前常用的几种硬化曲线的数学表达式都是近似的。例如应力-应变曲线的线性表达式为

$$\sigma = \sigma_0 + F\varepsilon \tag{1-1}$$

式中　$\sigma_0$——近似的屈服极限，也是硬化直线在纵坐标轴上的截距；

$F$——硬化直线的斜率，称为硬化模数，它表示材料硬化强度的大小。

## 1.2.2　金属塑性变形的一些基本规律

物体在塑性变形过程中遵循着如下的基本规律。

### 1. 塑性变形体积不变定律

实践证明，在物体的塑性变形中，变形前的体积等于变形后的体积，这是金属塑性变形体积不变定律。它是我们进行变形工序中毛坯尺寸计算的依据，用公式表示为

$$\varepsilon_1 + \varepsilon_2 + \varepsilon_3 = 0 \tag{1-2}$$

### 2. 塑性变形最小阻力定律

当变形体的质点可能沿不同方向移动时，则每个质点沿最小阻力方向移动，这就是最小阻力定律。坯料在模具中变形，其最大变形将沿最小阻力的方向。最小阻力定律在冲压工艺中有十分灵活和广泛的应用，能正确指导冲压工艺及模具设计，解决实际生产中出现的质量问题。

**3. 塑性条件**（屈服准则）

塑性条件就是在单向应力状态下，如果拉伸或压缩应力达到材料的屈服点 $\sigma_s$ 便可以屈服，从弹性状态进入塑性状态。在复杂应力状态下，各应力分量之间符合某种关系时，才能同单向应力状态下确定的屈服点等效，从而使物体从弹性状态进入塑性状态，此时，应力分量之间的这种关系就称为塑性条件，或称为屈服准则。

**4. 加工硬化现象**

常用的金属材料塑性变形时强度和硬度升高，而塑性和韧性降低的现象称为加工硬化或冷作硬化。加工硬化对许多冲压工艺都有较大的影响，如由于塑性降低，限制了毛坯进一步变形，往往需要在后续工序之前增加退火工序以消除加工硬化。加工硬化也有有利的一面，可提高局部抗失稳起皱的能力。

**5. 反载软化现象**

在冷塑性变形之后，再给材料反向加载，此时，材料的屈服点有所降低。这种反向加载时塑性变形更容易发生的现象，就是反载软化现象。反载软化现象对分析某些冲压工艺（如拉弯）具有实际意义。

### 1.2.3 塑性变形对金属组织和性能的影响

金属受外力作用产生塑性变形后不仅形状和尺寸发生变化，而且其内部的组织和性能也将发生变化。随着变形程度的增加，金属的强度和硬度逐渐增加，而塑性和韧性逐渐降低。

## 1.3 冲压材料的选用

冲压材料性能的好坏直接影响到零件成形的质量。冲压所用材料的性质与冲压生产的关系非常密切，也会直接影响冲压工艺设计、冲压件的质量和使用寿命，还会影响到生产组织和生产成本。在选定冲压件材料时，不仅要考虑使用性能，还要满足冲压加工和工艺性能的需求。

### 1.3.1 冲压加工材料的基本要求

冲压所用的材料，不仅要满足产品设计的技术要求，如强度、刚度、电磁性、导热性、耐蚀性等物理化学性能，还应当满足冲压工艺的要求和冲压后的加工要求（如切削加工、电镀、焊接等）。冲压工艺对材料的基本要求主要有以下三方面。

（1）具有良好的冲压成形性能　对于成形工序，为了有利于冲压成形和提高冲压件质量，材料应具有良好的冲压成形性能，即应有良好的塑性，屈强比 $\sigma_s/\sigma_b$ 和屈弹比 $\sigma_s/E$ 小，板料方向异性系数要小。

（2）具有较高的表面质量　板料的表面应光洁平整，无氧化皮、锈斑、划伤、分层等缺陷。因为表面质量好的材料，成形时不易破裂，也不易擦伤模具，冲压件的表面质量也好。

（3）材料的厚度公差应符合国家标准　因为一定的模具间隙适用于一定厚度的材料，若材料的厚度公差太大，不仅直接影响冲压件的质量，还可能导致模具或压力机的损坏。

### 1.3.2 常用冲压材料的种类及规格

（1）常用冲压材料的种类　冲压工艺适用于多种金属材料及非金属材料。由于分离工序和成形工序的变形原理不同，其适用的材料也有所不同。一般说来，金属材料即适合于成形工序也适合于分离工序，而非金属材料一般仅适合于分离工序。

（2）冲压材料规格

冲压用材料形态基本是各种规格的板料、带料和块料。板料的尺寸较大，一般用于大型零件的冲压，规格主要有500mm×1500mm、900mm×1800mm、1000mm×2000mm。对于中小型零件，多数是将板料剪切成条料后使用。带料（又称卷料）有各种规格的宽度，展开长度可达几十米。带钢的优点是有足够的长度，可以提高材料利用率，其缺点是开卷后需要整平，一般适合于大批量生产的自动送料。块料只用于少数钢号和价格昂贵的有色金属的冲压，并且广泛运用于冷挤压生产。棒材一般仅适用于挤压、切断、成形等工序。一般厚度在4mm以下的钢板用热轧或冷轧，厚度在4mm以上的用热轧。

在金属材料的生产过程中，由于工艺、设备的不同，材料的精度不同，国家标准GB 13237—1991对4mm以下的黑色金属板料轧制精度、表面质量及拉伸性能作了规定，参见表1-2及表1-3。

表1-2 金属薄板表面质量分类表（GB/T 13237—1991）

| 级别 | 表面质量 |
|---|---|
| I | 特高级别的精整表面 |
| II | 高级别的精整表面 |
| III | 较高级别的精整表面 |

表1-3 金属薄板拉深级别分类表（GB/T 13237—1991）

| 表达符号 | 拉深级别 |
|---|---|
| Z | 最深拉深 |
| S | 深拉深 |
| P | 普通拉深 |

### 1.3.3 常用冲压材料的选择原则

冲压材料的选用是一个综合的问题，要考虑冲压件的使用要求、冲压工艺要求及经济性等诸方面的因素。

1）按冲压件的使用要求合理选材。所选材料应能使冲压件在机器或部件中正常工作，并具有一定的使用寿命。为此，应根据冲压件的使用条件，使所选材料满足相应强度、刚度、韧性及耐蚀性和耐热性等方面的要求。

2）按冲压工艺要求合理选材。对于任何一种冲压件，所选的材料应能按照其冲压工艺的要求，稳定地成形出不至于开裂或起皱的合格产品，这是最基本也是最重要的选材要求。

3）按经济性要求合理选材。所选材料应在满足使用性能及冲压工艺要求的前提下，尽量使材料的价格低廉，来源方便，经济性好，以降低冲压件的成本。

## 1.4 冲压设备的选用

用来完成冲压件冲压工艺的机床统称为冲压设备。冲压设备种类很多，常用的冲压设备主要有机械压力机、液压机、剪切机、弯曲校正机等，它们都属于锻压机械。

## 1.4.1 冲压设备的分类与型号

冲压加工中常用的压力机的基本型号是由一个汉语拼音的大写字母和几个阿拉伯数字组成，汉语拼音字母代表压力机的类别，其分类见表1-4。机械压力机为常用冲压设备的一种，机械压力机按其结构型式和使用条件不同分若干系列，每个系列中又按功能和结构特点分若干组，具体可见 GB/T 28761—2012。

表1-4 锻压机械类别代号表

| 类别名称 | 拼音代号 | 类别名称 | 拼音代号 |
| --- | --- | --- | --- |
| 机械压力机 | J | 锻机 | D |
| 液压压力机 | Y | 剪切机 | Q |
| 自动压力机 | Z | 弯曲校正机 | W |
| 锤机 | C | 其他 | T |

压力机的型号意义，例如：JA31-160A
J——机械压力机（第一类）；
A——变形设计次序代号（指压力机的参数与基本结构发生了重大变化）；
3——第3列；
1——第一组；
160——公称力为1600kN；
A——压力机改进次序代号（指对压力机的局部参数、部件结构、性能的改进）。

## 1.4.2 典型冲压设备的类型与结构

在生产中用得最多的是机械压力机，包括曲柄压力机、摩擦压力机等。

**1. 曲柄压力机**

（1）曲柄压力机的结构形式　曲柄压力机是以曲柄连杆机构作为主传动机构的机械式压力机，它是冲压加工中应用最广泛的一种。它能完成各种冲压工序，如冲裁、弯曲、拉深、成形等。常用的曲柄压力机典型结构有两种：一是开式压力机，该结构一般为中小型吨位压力机，图1-9所示为开式双柱可倾压力机外形结构；二是闭式压力机，该结构床身为封闭的框架式，刚性好，常为大吨位压力机，如图1-10所示。

（2）开式压力机工作原理　图1-11

JG23–25　　　JF23–25

图1-9　开式双柱可倾压力机外形结构
1—滑块　2—床身　3—工作台
4—控制按钮　5—底座
6—脚踏开关

所示为开式压力机的运动原理图。其工作原理为：电动机 1 通过 V 带把运动传递给大带轮 3，再经过小齿轮 4、大齿轮 5 传递给曲轴 7。连杆 9 上端装在曲轴上，下端与滑块 10 连接，把曲轴的旋转运动变为滑块的直线往复运动。滑块运动的最高位置称为上死点位置，最低位置称为下死点位置。冲模的上模 11 装在滑块上，下模 12 装在垫板 13（或工作台）上。因此，当板料放在上、下模之间时，滑块向下移动进行冲压，即可获得工件。

（3）闭式单点压力机工作原理　图 1-12 所示为闭式单点压力机的运动原理图。其工作原理为：电动机 1 通过 V 带把运动传递给大带轮 3，再经过小齿轮 6、大齿轮 7 和小齿轮 8，带动偏心齿轮 9 在心轴 10 上旋转，心轴两端固定在机身 11 上。连杆 12 套在偏心齿轮上，这样就构成了一个由偏心齿轮驱动的曲柄连杆机构。当小齿轮 8 带动偏心齿轮旋转时，连杆即可以摆动，带动滑块 13 做上、下往复直线运动，完成冲压工作。此外，此压力机还装有液压气垫 18，可作为拉伸时压边及工作顶出工件用。

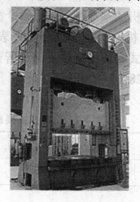
J31-400B

J31-250

图 1-10　闭式双点压力机外形结构
1—驱动装置　2—床身　3—连杆机构　4—滑块
5—控制面板　6—模具　7—工作台

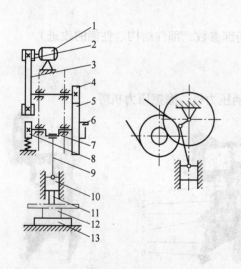

图 1-11　开式压力机的运动原理图
1—电动机　2—小带轮　3—大带轮　4—小齿轮
5—大齿轮　6—离合器　7—曲轴　8—制动器
9—连杆　10—滑块　11—上模
12—下模　13—垫板

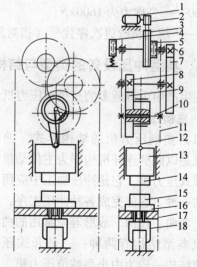

图 1-12　闭式单点压力机的运动原理图
1—电动机　2—小带轮　3—大带轮　4—制动器
5—离合器　6、8—小齿轮　7—大齿轮　9—偏心齿轮　10—心轴　11—机身　12—连杆
13—滑块　14—上模　15—下模
16—垫板　17—工作台
18—液压气垫

（4）曲柄压力机的工作机构与滑块结构　曲柄滑块机构如图 1-13 所示。压力机的连杆由连杆 1 和调节螺杆 2 组成，通过棘轮机构 6，旋转调节螺杆 2 可改变连杆长度，从而达到调节压力机闭合高度的目的。当连杆调节到最短时，压力机的闭合高度最大；当连杆调节到最长时，压力机的闭合高度最小。压力机的最大闭合高度减去连杆调节长度就可得到压力机的最小闭合高度。

滑块的下方有一个竖直的孔，称为模柄孔。模柄插入该孔后，由夹持器 9 将模柄夹紧，这样上模就固定在滑块上了。为防止压力机超载，在球形垫块 7 下面装有保险器 8，当压力机的载荷超过其承载能力时，保险器被剪切破坏，这样可保护压力机免遭破坏。

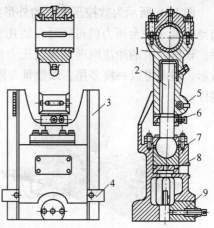

图 1-13　曲柄滑块机构
1—连杆　2—调节螺杆　3—滑块
4—打料横梁　5—锁紧机构
6—棘轮机构　7—球形垫块
8—保险器　9—夹持器

**2. 拉伸压力机**

双动拉伸压力机是目前普遍使用的薄板拉伸压力机，如图 1-14 所示。在双动拉深压力机上拉深薄板零件时，下模为凹模，上模为凸模，毛坯的压边力是由外滑块（又称压边滑块）产生的。当内滑块（又称拉伸滑块）进行拉伸时，外滑块压紧毛坯的周边。拉伸压力机的工作原理如图 1-15 所示。

图 1-15 中工作部分由上滑块 1、固定台 3、下滑块 4 组成。主轴 7 通过偏心齿轮 8 和连杆 2 带动上滑块 1 做上下移动，凸模装在上滑块上。固定台在工作时不动，它与下滑块的距离可以通过丝杠调节。凹模装在活动工作台上。活动工作台的顶起与降落是靠凸轮 6 实现的。拉深时，凸模下降至还未伸出固定台之前，下滑块就被凸轮顶起，把板料压紧在凹模与固定台之间，并停留在这一位置，直至凸模继续下降，拉深结束。然后凸模上升，下滑块下降，顶件装置 5 把工件从凹模内顶出。

图 1-14　双动拉伸压力机外形结构

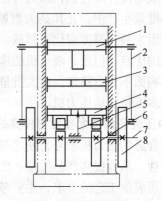

图 1-15　工作原理
1—上滑块（内滑块）　2—连杆　3—固定台
4—下滑块（外滑块）　5—顶件装置
6—凸轮　7—主轴　8—偏心齿轮

### 3. 数控压力机

图 1-16 所示为数控压力机的外形结构。该机用计算机控制板料送进距离、位置，自动选择模具（一台压力机可同时安装几十副标准冲模），可以冲制出形状复杂、精度很高的制件。该压力机的冲裁原理与普通压力机不同，采用逐点（步冲）冲裁成形原理，如图 1-17 所示，因而可以一模多用，以数量有限的标准模具，根据编制的数控程序冲制出各种各样的制件。

图 1-16 数控压力机外形结构

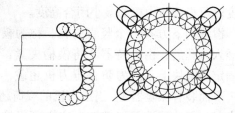

图 1-17 逐点（步冲）冲裁成形原理

## 1.4.3 冲压设备与模具的关系

### 1. 冲压设备的类型与冲压件的关系

冲压设备的类型较多，其刚度、精度、用途各不相同，应根据冲压工艺的性质、生产批量、模具大小、制件精度等正确选用。

对于中小型的冲裁件、弯曲件或拉深件的生产，主要应采用开式机械压力机。尽管开式压力机的刚性差，在冲压力的作用下床身的变形能够破坏冲裁模的间隙分布，降低模具的寿命或冲裁件的表面质量，但是由于它极为方便操作和非常易于安装机械化附属装置的特点，因此使它成为目前中、小型冲压设备的主要形式。

对于大、中型冲裁件的生产多采用闭式结构形式的机械压力机，其中有一般用途的通用压力机，也有台面较小而刚性大的专用挤压压力机、精压机等。在大型拉深件的生产中，应尽量选用双动拉伸压力机，因其可使所用模具结构简单，调整方便。

在小批量生产中，尤其是大型厚板冲裁件的生产多采用液压机。液压机没有固定的行程，不会因为板料厚度变化而超载，而且在需要很大的施力行程加工时，与机械压力机相比具有明显的优点。但是，液压机的速度小，生产率低，而且零件的尺寸精度有时会受到操作因素的影响而不十分稳定。在大批量生产或形状复杂的冲裁件大量生产中，应尽量选用高速压力机或多工位自动压力机。

### 2. 冲压设备的技术参数与模具的关系

选择合适的压力机型号，使之与模具形成合理的配置关系，可以提高模具使用过程中的安全可靠性，从而提高产品质量、生产率和模具寿命。选择压力机型号主要是使其技术规格能符合冲压成形工艺的要求，主要考虑公称力、闭合高度、滑块行程等因素。

（1）公称力　压力机的公称力与模具成形工艺力、辅助工艺力之间应符合下列关系：

1）一般情况下，压力机的公称力应大于或等于成形工艺力和辅助工艺力总和的 1.3 倍。

2）精密模具工作时对压力机刚度要求较大，压力机不允许有弹性变形。压力机的公称力应大于或等于成形工艺力和辅助工艺力总和的 3 倍。

3)冲压时的压力、行程变化曲线应该在压力机许用负荷曲线范围内。

(2)压力机滑块行程 滑块行程应满足制件在高度方向的成形要求,并在冲压工序完成后能顺利地从模具上取出制件。对于拉深件,行程应大于制件高度两倍以上,如图1-18所示。

压力机滑块行程在满足冲压工序要求的前提下,应力求保持模具导向部分不致相互脱离。导板模的凸模与导板、滚珠导向模架的导柱、保持圈与导套不允许脱开,为此应选择滑块行程可调节的压力机。

(3)压力机闭合高度 压力机闭合高度是指压力机曲柄转到下死点时滑块的下端面距工作台或垫板上表面的距离,其大小在一定的范围内可调节。压力机闭合高度、装模高度应和模具的闭合高度相适应。模具的闭合高度、装模方式和压力机闭合高度应满足如下关系:

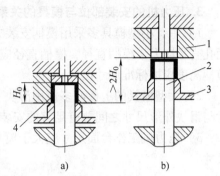

图1-18 滑块行程与
拉深模取件的关系
a)模具闭合状态 b)模具打开状态
1—凹模 2—凸模 3—压边圈 4—工件

1)模具直接安装在压力机的垫板上。模具安装平稳可靠,下模座受力条件较好,可直接利用垫板孔漏料,如图1-19所示。校核关系为

$$H_{max} - H_1 - 5mm \geq H \geq H_{min} - H_1 + 10mm \tag{1-3}$$

2)利用等高垫块在压力机的垫板上安装模具。下模座受力条件较差,适用于垫板上无漏料孔的大型压力机,或漏料孔过小,模具漏料位置偏离垫板孔的情形,如图1-20所示。校核关系为

$$H_{max} - H_1 - 5mm \geq H + h \geq H_{min} - H_1 + 10mm \tag{1-4}$$

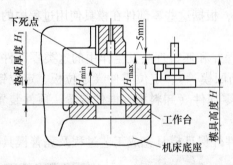

图1-19 模具在垫板上安装

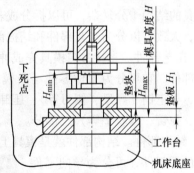

图1-20 模具在等高垫铁上安装

3)拆除垫板,模具安装在压力机工作台面上。适用于模具的闭合高度大,但冲压力较小的成形工序模具,如弯曲、拉深模等。校核关系为

$$H_{max} - 5mm \geq H \geq H_{min} + 10mm \tag{1-5}$$

式(1-3)~式(1-5)中 $H_{max}$——压力机的最大闭合高度(mm);
$H_{min}$——压力机的最小闭合高度(mm);
$H_1$——压力机的垫板厚度(mm);

$H$——模具的闭合高度（mm）；

$h$——等高垫块厚度（mm）；

$H_{max} - H_1$——压力机的最大装模高度（mm）；

$H_{min} - H_1$——压力机的最小装模高度（mm）。

**3. 压力机的安装部位与模具的关系**

1）中、小型模具多采用模柄安装方式，模具模柄尺寸应与滑块模柄孔相适应。滑块模柄孔直径应大于模柄直径，模柄直径应按标准尺寸设计；滑块模柄孔深度应大于模柄高度，模柄高度应按标准尺寸设计。

2）大型模具的上模座多使用滑块下端面的T形槽利用螺钉、压板安装，上模座外形尺寸与滑块外形尺寸之间要有足够的安装空间。

3）压力机工作台面尺寸应大于模具下模座尺寸，二者之间要有足够的螺钉、压板安装尺寸。

## 1.5 模具基本结构与组成

冲模的种类和结构形式很多，按照不同的特征进行分类。

1）按冲压工序分类。可分为冲裁模（包括落料模、切边模、冲孔模等各种分离工序模具）、弯曲模、拉深模、成形模、整形模等。

2）按工序组合分类。可分为单工序模、级进模、复合模等。

3）按模具导向形式分类。可分为无导向模、导柱模、导板模等。

### 1.5.1 模具的基本结构

模具的结构十分复杂，可以拆分成若干个零件，根据这些零部件在模具使用过程中的作用不同，大致可以分为工艺部件和结构部件两部分。

1）工艺部件。直接参与模具完成冲压工艺过程并和坯料直接发生作用的这类零部件就是工艺部件，它可分为工作零件（凸模、凹模、凸凹模等）、定位零件（定位板、定位销、挡料销、导正销、导尺、侧刃等）、压卸料及出件零部件（卸料板、推件装置、顶件装置、压边圈、弹簧、橡胶垫等）三部分。

2）结构部件。结构部件就是模具上除工艺部件外保证模具完成工艺过程及完善模具功能作用的零部件，可分为导向零件（导柱、导套、导板等）、固定零件（上模座、下模座、模柄、凸凹模固定板、垫板、限位器等），以及紧固用、连接用零件（螺钉、销钉、键等）三部分。

模具的基本结构根据工序的组合形式大致可分为三类：单工序模具结构，如图1-21所示；级进模模具结构，如图1-22所示；复合

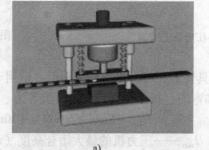 

图1-21 单工序模具
a）单工序冲裁模 b）单工序拉深模

模模具结构，如图 1-23 所示。

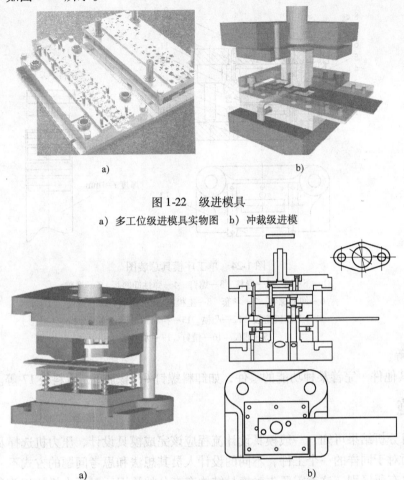

图 1-22　级进模具
a）多工位级进模具实物图　b）冲裁级进模

图 1-23　冲孔落料复合模
a）复合模三维结构图　b）复合模二维结构图

## 1.5.2　冲模的基本结构组成

不同的冲压零件、不同的冲压工序所用的模具也不一样，但模具的基本结构组成，按其功用大致分为七部分。以典型的导柱导套冲裁模为例，其基本结构组成如图 1-24 所示。

（1）工作零件　直接对坯料、板料进行冲压加工的冲模零件，如凸模 12、凹模 15。

（2）定位零件　确定条料或坯料在冲模中正确位置的零件，如挡料销 13、侧面导板 14。

（3）卸料及压料零件　将冲切后的零件或废料从模具中卸下来的零件，如弹性卸料板 4。

（4）导向零件　用以确定上、下模的相对位置，保证运动导向精度的零件，如导柱 2、导套 7。

（5）支撑零件　将凸模、凹模固定于上、下模上，以及将上、下模固定在压力机上的零件，如下模座 1、上模座 8、凸模固定板 11、模柄 9、垫板 10 等。

（6）连接零件　把模具上所有零件连接成一个整体的零件，如螺钉 3、销钉 16 和凸模

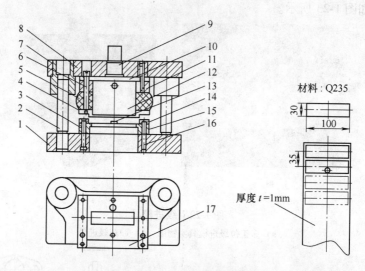

图 1-24 单工序模具总装图

1—下模座 2—导柱 3—螺钉 4—弹性卸料板 5—橡胶
6—卸料螺钉 7—导套 8—上模座 9—模柄 10—垫板
11—凸模固定板 12—凸模 13—挡料销 14—侧面导板
15—凹模 16—销钉 17—承料板

固定板 11 等。

（7）其他件 完善某种功能的零件，如卸料螺钉 6、橡胶 5、承料板 17 等。

## 项目实施

从项目分析结果可知，一般模具设计流程应该完成模具设计、压力机选择及材料选择等过程。然而对于同样的一个工件，不同的设计人员其想法和思考问题的方式不一样，最终设计的模具也有所区别。这就需要先对模具结构有充分的认识，对压力机的相关参数及各种材料的性能都要有深入的认识和了解，以便设计出的模具能够最大效率地生产出合格的产品。

参观有代表性的冲压厂或冲压车间，现场了解各种冲压基本工序以及不同种类的冲压材料、冲模，增加感性认识，为学习好本课程打好基础。结合校企合作企业进行企业参观，结合相关视频进一步认识冲压加工及其冲压设备。

## 实训与练习

1. 什么是冲压？冲压加工的三要素是什么？冲压加工有何特点？
2. 冲压基本工序的分类方法有哪些？从中举出三个主要工序，说明其应用。
3. 金属板料的牌号中包含了材料的哪些方面的信息？
4. 冲压对材料的基本要求有哪些？
5. 组成冲模的主要零部件有哪些？
6. 冲压设备与模具的关系包括哪几方面？
7. 简述如何选择冲压设备，冲压设备的保养分几级。
8. 查阅相关资料，简述我国模具水平和国外主要差距在什么地方。作为一名未来的模具设计师，你对以后在本行业的发展有何规划？

# 项目二　冲裁工艺与冲裁模设计

## 项目目标

1. 了解冲裁变形过程、掌握冲裁工艺过程和冲裁凸、凹模刃口尺寸计算方法；会进行凸、凹模刃口尺寸计算和确定冲裁间隙，能进行冲裁模典型零件结构设计，会选择模具材料和确定热处理方法。

2. 会进行中等复杂程度的冲裁工艺分析和相应的冲裁力计算，能初步选择压力机；掌握凸、凹模结构设计方法和标准，掌握凸模与凹模刃口尺寸的确定方法，了解冲裁模结构和材料选用，了解定位零件、卸料零件与推件装置、模架及组成零件、连接与固定零件。

3. 学生具备综合运用专业理论知识分析问题、解决问题的能力。

【能力目标】

熟悉模具设计基本方法，能够进行中等复杂程度各类冲裁模的设计。

【知识目标】

- 了解冲裁原理，掌握冲裁工艺性分析与工艺方案制定。
- 能够正确选择冲裁模的合理间隙，掌握凸、凹模刃口尺寸的计算方法。
- 能够合理地进行冲裁排样，掌握冲裁力计算、压力中心确定等。
- 掌握单工序冲裁模、复合模、级进模的典型结构，掌握各类冲裁模主要零部件的设计。

## 项目引入

冲裁是利用模具使板料沿着一定的轮廓形状产生分离的一种加工方法，它包括落料、冲孔、切断、修边、切口等。冲裁是最基本的冲压工艺之一，在冲压加工中应用极广。一般来说，冲裁工艺主要指落料和冲孔。若使材料沿封闭曲线相互分离，封闭曲线以内的部分作为冲裁件时，称为落料；而封闭曲线以外的部分作为冲裁件时，则称为冲孔。

## 项目分析

本项目共设四个学习任务，内容如下：
1）冲裁工艺设计与工艺文件的编制。
2）单工序冲裁模设计。
3）复合冲裁模设计。
4）级进冲裁模设计。

# 相关知识

## 2.1 冲裁工艺设计与工艺文件的编制

【任务引入】

冲压工艺制定是否合理，会直接影响到产品质量好坏、成本高低、工人操作方便与否。模具的设计制造是建立在工艺的基础上，因此产品结构工艺性好坏、工艺路线的合理与否，在生产中起到举足轻重的作用。本任务以简单制件为载体，通过分析制件特点，掌握冲压件工艺性设计、排样方法、冲压力的计算、冲压工艺文件的制定等内容。

图 2-1 所示为小批量生产的连接板，材料 10 钢，板厚 0.5mm，要求对该零件进行工艺分析，并编写加工工艺。

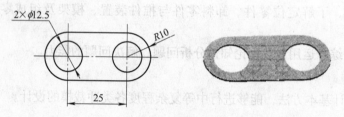

图 2-1 连接板

【相关知识点】

### 2.1.1 冲裁过程分析

冲裁是冲压加工方法中的基础工序，应用极为广泛，它既可以直接冲压出所需的成形零件，又可以为其他冲压工序制备毛坯。根据变形机理的差异，冲裁可分为普通冲裁和精密冲裁。通常说的冲裁是指普通冲裁，它包括落料、冲孔、切口、剖切、修边等。冲裁所使用的模具称为冲裁模，如落料模、冲孔模、切边模、冲切模等，常见的冲裁件如图 2-2 所示。

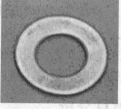

材料经过冲裁以后，被分离成冲落部分和带孔部分两部分。若冲裁的目的是为

图 2-2 冲裁件

获取有一定外形轮廓和尺寸的冲落部分，则这种冲裁称为落料，剩余的带孔部分就成为废料；反之，若冲裁的目的是为了获取一定形状和尺寸的内孔，此时冲落部分成废料，带孔部分即为工件，这种冲裁称为冲孔。

落料与冲孔的变形性质完全相同，但在进行模具设计时，模具尺寸的确定方法不同，因此，工艺上必须作为两种加工方法加以区分。图 2-3 所示为冲裁加工示意图。图中凸模端部及凹模孔口边缘的轮廓形状与工件形状对应，并有锋利的刃口。凸模刃口轮廓尺寸略小于凹模，凹模和凸模的直径之差称为冲裁间隙。

## 项目二 冲裁工艺与冲裁模设计

冲裁从凸模接触板料到板料相互分离的过程是瞬间完成的。当凸、凹模间隙正常时，冲裁变形过程大致可分为三个阶段，如图2-4所示。

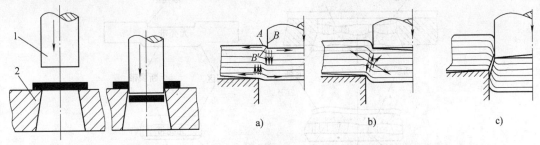

图2-3 冲裁加工示意图
1—凸模 2—凹模

图2-4 冲裁时板料的变形过程
a）弹性变形（阶段一） b）塑性变形（阶段二）
c）断裂分离（阶段三）

### 1. 弹性变形阶段

当凸模接触板料并下压时，在凸、凹模压力作用下，板料开始产生弹性压缩、弯曲、拉伸（$AB' > AB$）等复杂变形。这时，凸模略微挤入板料，板料下部也略微挤入凹模孔口，并在与凸、凹模刃口接触处形成很小的圆角，板料产生一定的穹弯。材料越硬，凸、凹模间隙越大，穹弯越严重。随着凸模的下压，刃口附近板料所受的应力逐渐增大，直至达到弹性极限，弹性变形阶段结束。

### 2. 塑性变形阶段

凸模继续下压，板料变形区的应力达到塑性条件时，便进入塑性变形阶段。这时，凸模挤入板料和板料挤入凹模的深度逐渐增大，产生塑性剪切变形，形成光亮的剪切断面。随着凸模的下降，塑性变形程度增加，变形区材料硬化加剧，变形抗力不断上升，冲裁力也相应增大，直到刃口附近的应力达到抗拉强度时，塑性变形阶段告终。由于凸、凹模之间间隙的存在，此阶段冲裁变形区还伴随有弯曲和拉伸变形，且间隙越大，弯曲和拉伸变形越大。

### 3. 断裂分离阶段

当板料内的应力超过抗拉强度，凸模再向下压入时，在板料上与凸、凹模刃口接触的部位先产生微裂纹。裂纹的起点一般在距刃口很近的侧面，且一般首先在凹模刃口附近的侧面产生，继而才在凸模刃口附近的侧面产生。随着凸模的继续下压，已产生的上、下微裂纹将沿最大切应力方向不断地向板料内部扩展，当上、下裂纹重合时，板料便被剪断分离。凸模将分离的材料推入凹模孔口，冲裁变形过程便结束。

通过冲裁变形过程的分析可知，冲裁过程的变形是很复杂的。除了剪切变形外，还存在拉伸、弯曲、横向挤压等变形。因此，冲裁件及废料的平面不平整，常有翘曲现象。

## 2.1.2 冲裁件质量及影响因素

在正常冲裁工作条件下，由于冲裁变形的特点，使冲出的工件断面与板材上下平面并不完全垂直，且粗糙而不光滑。当凸模刃口产生的剪切裂纹与凹模刃口产生的剪切裂纹相互汇合时，可得到图2-5所示的冲裁件断面。

### 1. 冲裁件断面特征

图2-5所示的冲裁件的断面可明显地分成四个特征区，它们是塌角（圆角）区、光亮

带、断裂带和毛刺。

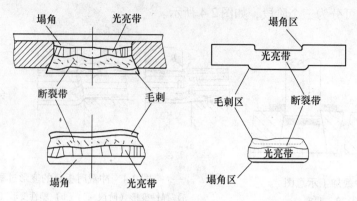

图 2-5　冲裁件的断面特征

（1）塌角（圆角）区　该区域是由于当凸模刃口压入材料时，刃口附近的材料产生弯曲和伸长变形，材料被拉入凸、凹模间隙形成的。冲孔工序中，塌角位于孔断面的小端；落料工序中，塌角位于工件断面的大端。板料的塑性越好，凸、凹模之间的间隙越大，形成的塌角也越大。

（2）光亮带　该区域发生在塑性变形阶段。当刃口切入板料后，板料与凸、凹模刃口的侧表面挤压而形成光亮垂直的断面，通常占全部断面的 1/3～1/2。冲孔工序中，光亮带位于孔断面的小端；落料工序中，光亮带位于零件断面的大端。板料塑性越好，凸、凹模之间的间隙越小，光亮带的宽度越宽。光亮带通常是测量面，影响着制件的尺寸精度。

（3）断裂带　该区域是在断裂阶段形成。断裂带紧挨着光亮带，是由刃口附近的微裂纹在拉应力作用下不断扩展而形成的撕裂面，断裂带表面粗糙，并带有 4°～6°的斜角。在冲孔工序中，断裂带位于孔断面的大端；在落料工序中，断裂带位于零件断面的小端。凸、凹模之间的间隙越大，断裂带越宽且斜角越大。

（4）毛刺　毛刺的形成是由于在塑性变形阶段后期，凸模和凹模的刃口切入被加工板料一定深度时，刃口正面材料被压缩，刃尖部分是高静压应力状态，使裂纹的起点不会在刃尖处发生，而是在模具侧面距刃尖不远的地方发生，在拉应力的作用下，裂纹加长，材料断裂而产生毛刺，裂纹的产生点和刃口尖的距离成为毛刺的高度，在普通冲裁中毛刺是不可避免的。

**2. 影响断面质量的因素**

冲裁件断面上的塌角、光亮带、断裂带和毛刺四个部分在整个断面上各占的比例不是一成不变的，而是随着材料的力学性能、模具间隙、刃口状态等条件的不同而变化。要提高冲裁件的质量，就要增大光亮带的宽度，缩小塌角和毛刺高度，并减小冲裁件翘曲。

（1）材料力学性能的影响　塑性差的材料，断裂倾向严重，断裂带增宽。反之，塑性较好的材料，光亮带所占的比例较大，塌角和毛刺也较大，而断裂带则小一些。

（2）模具间隙的影响　如图 2-6 所示，模具间隙是影响冲裁件断面质量的主要因素。间隙合适时，上、下刃口处产生的剪切裂纹基本重合，此时尽管断面与材料表面不垂直，但还是比较平直、光滑，塌角、毛刺和断裂带斜角均较小，断面质量较好。间隙过小时，断面两端为光亮带，中间带有夹层（潜伏裂纹），塌角小，冲裁件的翘曲小，毛刺虽比合理间隙时高一些，但易去除，如果中间夹层裂纹不是很深，仍可使用。当间隙过大时，材料的弯曲与拉伸增大，拉应力增大，易产生剪裂纹，塑性变形阶段较早结束，致使断面光亮带减小，断裂带增宽，且塌角、毛刺也较大，冲裁件拱弯增大，断裂带斜角增大，断面质量不理想。

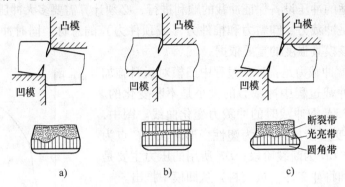

图 2-6 间隙大小对工件断面质量的影响
a）间隙合理 b）间隙过小 c）间隙过大

（3）模具刃口状态的影响 模具刃口状态对冲裁件的断面质量也有较大的影响。刃口越锋利，拉力越集中，毛刺越小。当刃口磨钝后，压缩力增大，毛刺也增大。毛刺按照磨损后的刃口形状，成为根部很厚的大毛刺。因此，凸、凹模磨钝后，应及时修磨凸、凹模工作端面，使刃口保持锋利状态。

**3. 冲裁件的尺寸精度**

冲裁件的尺寸精度，是指冲裁件的实际尺寸与图样上基本尺寸之差。冲裁件的尺寸精度与许多因素有关，如冲模的制造精度、冲裁间隙、材料性能等，其中主要因素是冲裁间隙。

（1）冲模的制造精度 冲模的制造精度对冲裁件尺寸精度有直接影响。冲模的精度越高，在其他条件相同时，冲裁件的精度也越高。一般情况下，冲模的制造精度要比冲裁件的精度高 2~4 个等级。表 2-1 所示为当冲裁模具有合理间隙与锋利刃口时，其模具制造精度与冲裁件精度的关系。

表 2-1 冲裁件的精度

| 冲模制造公差等级 | 材料厚度 $t$/mm | | | | | | | | | | | |
| --- | --- | --- | --- | --- | --- | --- | --- | --- | --- | --- | --- | --- |
| | 0.5 | 0.8 | 1.0 | 1.6 | 2 | 3 | 4 | 5 | 6 | 8 | 10 | 12 |
| IT6~IT7 | IT8 | IT8 | IT9 | IT10 | IT10 | — | — | — | — | — | — | — |
| IT7~IT8 | — | IT9 | IT10 | IT10 | IT12 | IT12 | IT12 | — | — | — | — | — |
| IT9 | — | — | — | IT12 | IT12 | IT12 | IT12 | IT12 | IT14 | IT14 | IT14 | IT14 |

（2）冲裁间隙 当间隙过大时，板料在冲裁过程中除受剪切外还产生较大的拉伸与弯曲变形，冲裁后材料弹性恢复使冲裁件尺寸向实体方向收缩。对于落料件，其尺寸将会小于凹模尺寸，对于冲孔件，其尺寸将会大于凸模尺寸。

当间隙过小时，则板料的冲裁过程中除剪切外还会受到较大的挤压作用，冲裁后，材料的弹性恢复使冲裁件尺寸向实体的反方向胀大。对于落料件，其尺寸将会大于凹模尺寸；对于冲孔件，其尺寸将会小于凸模尺寸。

当间隙适当时，在冲裁过程中，板料的变形区在比较纯的剪切作用下被分离，使落料件的尺寸等于凹模的尺寸，冲孔件的尺寸等于凸模的尺寸。

### 2.1.3 冲压力的计算

为了选择合适的冲压设备保证冲裁的顺利进行，必须计算需要多大冲压力才可以完成冲裁过程。冲压力是冲裁力、卸料力和推件力（或顶件力）的总称，同时冲压力也是设计模具结构尺寸、校核模具强度的重要依据。

(1) 冲裁力 冲裁力是指冲裁过程中凸模对板料施加的最大压力。在冲裁过程中冲裁力的大小是不断变化的。图 2-7 所示为 Q235A 钢冲裁时的冲裁力变化曲线。图中 $AB$ 是冲裁的弹性变形阶段；$BC$ 为塑性变形阶段；$C$ 点为冲裁力的最大值；$CD$ 为断裂阶段；$DE$ 所用的压力主要是用于克服摩擦力和将冲裁件（或废料）从凹模中推出。

对于普通平刃口模具冲压力，一般按下式进行估算：

$$F = KLt\tau_b \tag{2-1}$$

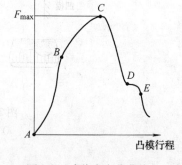

图 2-7 冲裁力变化曲线

式中 $K$——系数，取 $K = 1.3$；
  $F$——冲裁力（N）；
  $L$——冲裁件周边长度（mm）；
  $t$——材料厚度（mm）；
  $\tau_b$——材料抗剪强度（MPa），常用金属材料的力学性能参数见附录 D。当查不到抗剪强度 $\tau_b$ 时，可用抗拉强度 $R_m$ 代替 $\tau_b$，而取 $K = 1$ 近似计算。

(2) 卸料力、推料力、顶料力的计算 在冲裁结束时，由于材料的弹性变形及摩擦的存在，会使带孔的板料紧箍在凸模上，需要施加卸料力将紧箍在凸模上的材料卸下；而冲裁下来的制件（或废料）会堵塞在凹模洞口内，为保证下一工作循环继续进行，必须施加推件力将堵塞在凹模洞口内的材料推出或施加顶件力将塞在凹模内的材料逆冲裁方向顶出，如图 2-8 所示。卸料力、推件力和顶件力是从压力机、卸料装置、顶件器获得的，因此，在选择压力机公称力和设计卸料机构、推件（顶件）装置时，需要对这三种力进行计算。

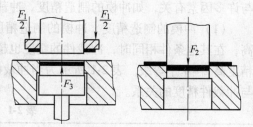

图 2-8 卸料力、推料力、顶料力

影响卸料力、推件力、顶件力的因素较多，主要有材料的力学性能、冲裁间隙、制件形状、尺寸和厚度等。要准确计算这些力是比较困难的，生产中常用经验公式估算：

$$F_1 = K_1 F \tag{2-2}$$

$$F_2 = nK_2 F \tag{2-3}$$

$$F_3 = K_3 F \tag{2-4}$$

式中 $F$——冲裁力；
  $F_1$——卸料力；
  $F_2$——推件力；

$F_3$——顶件力；

$K_1$、$K_2$、$K_3$——分别为卸料力系数、推件力系数和顶件力系数，其值见表2-2；

$n$——塞在凹模孔口内的冲件数。

表2-2 卸料力、推件力及顶料力的系数

| | 料厚 $t$/mm | $K_1$ | $K_2$ | $K_3$ |
|---|---|---|---|---|
| 钢 | ≤0.1 | 0.065~0.075 | 0.1 | 0.14 |
| | >0.1~0.5 | 0.045~0.055 | 0.063 | 0.08 |
| | >0.5~2.5 | 0.04~0.05 | 0.055 | 0.06 |
| | >2.5~6.5 | 0.03~0.04 | 0.045 | 0.05 |
| | >6.5 | 0.02~0.03 | 0.025 | 0.03 |
| 铝、铝合金 | | 0.025~0.08 | 0.03~0.07 | |
| 纯铜、黄铜 | | 0.02~0.06 | 0.03~0.09 | |

(3) 压力机公称力的选择 在冲裁过程中，总的冲压力 $F_总$ 为冲裁力和与冲裁力同时发生的卸料力、推件力或顶件力的总和。根据不同的模具结构，冲压力应分别计算：

1) 当模具结构采用弹性卸料装置和下出件方式时，有：

$$F_总 = F + F_1 + F_2$$

2) 当模具结构采用弹性卸料装置和上出件方式时，有：

$$F_总 = F + F_1 + F_3$$

3) 当模具结构采用刚性卸料装置和下出件方式时，有：

$$F_总 = F + F_1$$

在选择压力机公称压力时，必须保证压力机的公称力大于或等于冲压力，正常取 1~1.2 倍的冲压力。

(4) 降低冲裁力的措施 用较小的公称压力的设备冲裁较大工件时，常采用降低冲裁力的措施来实现加工。分析冲裁力计算公式可知，冲裁力大小主要与零件周边长度、材料厚度和材料抗剪强度有关，通过采取工艺措施或改变模具结构，来减小冲裁件周边长度 $L$ 和材料抗剪强度 $\tau_b$，因此，降低冲裁力主要从这两个因素着手。

1) 斜刃冲裁法。斜刃冲裁法是将冲模的凸模或凹模刃口，由平直刃口改制成具有一定倾斜角的斜刃口。采用斜刃冲裁时刃口是逐步地将材料切离，这样冲裁时分离材料的最大冲裁力大大减小，因而能显著降低冲裁力。斜刃冲模主要缺点是刃口制造和刃磨较复杂，只适用于冲件形状简单、精度要求不高、料不太厚的大件冲裁。

2) 阶梯凸模冲裁法。阶梯凸模冲裁法是在多凸模的冲模中，将凸模做成不同高度，使工作端面呈阶梯式布置（图2-9），冲裁时使各冲模冲裁力的最大值不同时出现，从而达到降低冲裁力的目的。但因为压力机达到最大压力的行程范围不大，必须保证在最大压力范围内完成冲裁工序，因此各凸模高度差不能太大，一般以一个板厚的高度为宜。

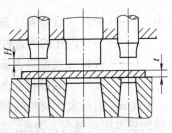

图2-9 阶梯凸模冲裁法

3) 加热冲裁法。加热冲裁法也称为红冲，金属材料加热到一定温度之后，则其抗剪强度 $\tau_b$ 会大大降低，可以保证冲裁时冲裁力大为降低。

## 2.1.4 冲裁排样设计及模具压力中心的确定

采购的材料均为标准规格的钢板，在进行冲裁加工前，必须根据工件形状和具体加工方案剪成相应条料，然后用条料到模具上进行冲压加工。冲裁件在条料（带料或板料）上布置的方法称为冲裁件的排样。排样工作的主要内容包括排样方法的选择、搭边数值的确定、条料宽度与送料节距的计算、排料图的绘制以及材料利用率的核算。

**1. 工件在材料上的排样**

（1）排样原则　在冲裁过程中，材料利用率主要视排样而定。合理的排样是提高材料利用率、劳动生产率，降低成本，保证冲件质量及模具寿命的有效措施。

1）经济性。冲裁所产生的废料分为两类：一类是工艺废料，另一类是结构废料，如图 2-10 所示。工艺废料是指在冲裁过程中，制件与制件之间和制件与条料边缘之间存在余料（即搭边），包括料头、料尾和边余料；结构废料是指由制件结构形状特点所产生的废料。

在相等的材料面积上能得到更多的制件，通常用材料利用率表示。材料利用率是指冲裁件的实际面积与所用板料面积的百分比，用 $\eta$ 表示，是衡量材料合理利用的重要经济指标。

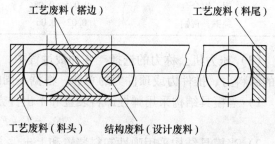

图 2-10　设计废料与工艺废料

一个送料节距内的材料利用率为

$$\eta = \frac{A}{BS} \times 100\% \tag{2-5}$$

式中　$A$——冲裁件面积；
　　　$B$——条料宽度；
　　　$S$——冲裁送料节距。

考虑到冲裁过程中多排样形式，所以 $\eta$ 还不能说明总的材料有效利用率，应由总材料利用率来表示，即

$$\eta_{总} = \frac{nA_1}{LB} \times 100\% \tag{2-6}$$

式中　$n$——板料（或带料、条料）实际冲裁件的总数目；
　　　$A_1$——不计内孔的冲裁件面积；
　　　$L$——板料（或带料、条料）长度；
　　　$B$——板料（或带料、条料）宽度。

$n$ 或 $\eta_{总}$ 值越大，材料的利用率就越高。冲裁件的排样与材料的利用率有密切关系，对零件的成本影响很大，为此，应设法在有限的材料面积上冲出最多数量的制件。

2）生产批量。排样方法影响模具结构。在小批量生产时，模具制造成本和周期是主要因素，材料利用率和生产率不是主要的；而在大批量生产时，主要考虑材料利用率和生产率,可以采用多排和混合排样的方法。

（2）排样方法 根据材料的合理利用情况,条料排样方法可分为有废料排样、少废料排样、无废料排样三种,如图2-11所示。

1）有废料排样。如图2-11a所示,沿制件全部外形轮廓冲裁,在制件之间、制件与条料侧边之间存在搭边,制件尺寸完全由冲模来保证,制件精度高,模具寿命长,但材料利用率较低。

2）少废料排样。如图2-11b所示,沿制件部分外形切断或冲裁,只在制件之间或制件与条料侧边之间留有搭边。因受剪切条料质量和定位误差的影响,其制件质量稍差,同时边缘毛刺被凸模带入间隙,也影响模具寿命,但材料利用率较高（达70%~90%）,模具结构简单。

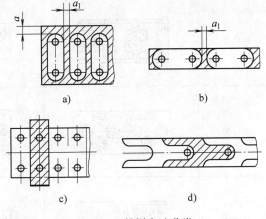

图2-11 排样方法分类
a）有废料排样 b）少废料排样 c）、d）无废料排样

3）无废料排样。如图2-11c、d所示,沿直线或曲线切断条料而获得冲件,排样过程中无任何搭边。材料的利用率高（达85%~95%）,但制件的质量和模具寿命更差一些。

根据制件在条料上的布置形式还可以分为直排、斜排、斜对排、混和排、多排等。排样形式分类见表2-3。

表2-3 排样形式分类示例

| 排样形式 | 有废料排样 | 少、无废料排样 | 适用范围 |
| --- | --- | --- | --- |
| 直排 | | | 方形、矩形等简单零件 |
| 斜排 | | | L形、T形、S形、椭圆形等形状的零件 |
| 直对排 | | | T形、∩形、山形、梯形、三角形零件 |
| 斜对排 | | | T形、S形、梯形等形状的零件 |

（续）

| 排样形式 | 有废料排样 | 少、无废料排样 | 适用范围 |
|---|---|---|---|
| 混合排 | | | 材料和厚度都相同的两种以上零件 |
| 多行排 | | | 大批量生产的圆形、方形、六角形、矩形等规则形状的零件 |
| 裁搭边 | | | 用于细长形零件或以宽度均匀的条料、带料冲制长形工件 |

（3）提高材料利用率的方法　据统计分析，在大批大量生产中，冲压件的材料利用率只有60%~80%。损失在搭边方面的废料占8%~10%，料头、料尾的损失占0.5%~1.0%，损失在不能利用的废料上占10%~20%。材料利用率每提高1%，则可以使制件的成本降低0.4%~0.5%。在冲压生产中，节约材料具有非常重要的意义，主要从以下几个方面考虑提高材料利用率。

1）设计合理的排样方案。如图2-12所示，在同一圆形冲件的四种排样方法中，图2-12a采用单排方法，材料利用率为71%左右；图2-12b采用平行双排方法，材料利用率为72%左右；图2-12c采用交叉双排方法，材料利用率为77%左右；图2-12d采用交叉三排方法，材料利用率为80%左右。因而，综合考虑材料利用率、模具结构复杂程度、工人操作方便程度，图2-12c的方法较好。

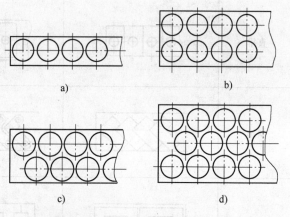

图2-12　圆形冲裁件的四种排样方法
a）单排　b）平行双排　c）交叉双排　d）交叉三排

2）选择合适的板料规格和合理的裁板法。在排样方法确定以后，可确定条料宽度，再根据条料宽度和送料节距大小选用合适的板料规格和合理的裁板方法，以尽量减少料头、料尾和裁板后剩余的边料，从而提高材料的利用率。

3）合理套料。当两个冲裁件的材料和厚度相同时，较小尺寸的冲裁件可在较大尺寸冲裁件的废料中冲制出来。

4）更改设计。在设计部门同意后，可以根据工艺要求，适当改变零件的结构形状，提高材料的利用率。

**2. 搭边**

（1）搭边的概念及作用　搭边是指冲裁时制件与制件之间、制件与条料侧边之间留下的余料。搭边虽然是废料，但在冲压工艺上起着很大的作用：①补偿定位误差：由于冲压送料时，定位元件与条料之间的间隙使得条料与模具位置产生偏差，由搭边余料进行调整，保证制件合格；②保证条料具有一定的刚度，利于送料；③完整的搭边使得冲裁沿封闭的轮廓进行，保证模具受力均匀，减少磨损，提高模具寿命；④完整的搭边使得条料具有完整性和连续性，利于实现自动化冲压。

（2）搭边值的确定　搭边值的大小决定于制件的形状、材质、料厚及板料的下料方法。搭边值太小，材料利用率较高，但给定位和送料造成很大困难，同时制件精度也不易保证；搭边值太大，则材料利用率降低。根据生产的统计，正常搭边比无搭边冲裁时的模具寿命高50%以上，一般损失在搭边方面的工艺废料占8%~10%。

搭边值一般由经验确定，表2-4列出了弹性卸料板式普通冲裁模搭边值，表2-5列出了固定卸料板式普通冲裁模搭边值。

表 2-4　弹性卸料板式普通冲裁模搭边值　　　　　　　　　　（单位：mm）

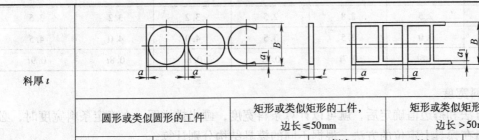

| 料厚 $t$ | 圆形或类似圆形的工件 | | 矩形或类似矩形的工件，边长≤50mm | | 矩形或类似矩形的工件，边长>50mm | |
|---|---|---|---|---|---|---|
| | 工件间 $a$ | 侧边 $a_1$ | 工件间 $a$ | 侧边 $a_1$ | 工件间 $a$ | 侧边 $a_1$ |
| 0.25 以下 | 1.0 | 1.2 | 1.2 | 1.5 | 1.5~2.5 | 1.8~2.6 |
| 0.25~0.5 | 0.8 | 1.0 | 1.8 | 2.0 | 2.2 | 2.5 |
| 0.5~1.0 | 0.8 | 1.0 | 1.5 | 1.8 | 1.8 | 2.0 |
| 1.0~1.5 | 1.0 | 1.3 | 1.2 | 1.5 | 1.5 | 1.8 |
| 1.5~2.0 | 1.2 | 1.5 | 1.5 | 1.8 | 1.8 | 2.0 |
| 2.0~2.5 | 1.5 | 1.8 | 2.0 | 2.2 | 2.2 | 2.5 |
| 2.5~3.0 | 1.8 | 2.2 | 2.2 | 2.5 | 2.5 | 2.8 |
| 3.0~3.5 | 2.2 | 2.5 | 2.5 | 2.8 | 2.8 | 3.2 |
| 3.5~4.0 | 2.5 | 3.0 | 3.0 | 3.2 | 3.2 | 3.5 |
| 4.0~5.0 | 3.0 | 3.5 | 3.5 | 4.0 | 4.0 | 4.5 |
| 5.0~12 | 0.6$t$ | 0.7$t$ | 0.7$t$ | 0.8$t$ | 0.8$t$ | 0.9$t$ |

注：表中所列搭边值适用于低碳钢，对于其他材料，应将表中数值乘以下列系数：

中等硬度钢　　0.9　　软黄铜、纯铜　　1.2
硬钢　　　　　0.8　　铝　　　　　　　1.3~1.4
硬黄铜　　　　1~1.1　非金属　　　　　1.5~2
硬铝　　　　　1~1.2

表 2-5　固定卸料板式普通冲裁模搭边值　　　　　　　　　　（单位：mm）

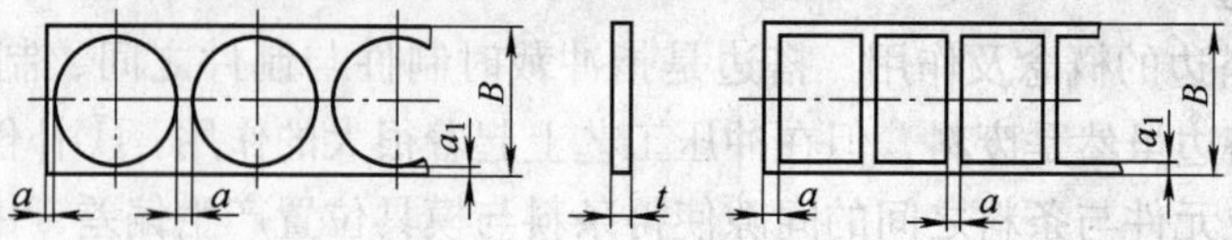

| 料厚 $t$ | 圆形或类似圆形的工件 | | 矩形或类似矩形的工件，边长≤50mm | | 矩形或类似矩形的工件，边长>50mm | |
|---|---|---|---|---|---|---|
| | 工件间 $a$ | 侧边 $a_1$ | 工件间 $a$ | 侧边 $a_1$ | 工件间 $a$ | 侧边 $a_1$ |
| 0.25 以下 | 1.0 | 1.2 | 1.2 | 1.5 | 1.5~2.5 | 1.8~2.6 |
| 0.25~0.5 | 1.2 | 1.5 | 1.8 | 2.0 | 2.2 | 2.5 |
| 0.5~1.0 | 1.0 | 1.2 | 1.5 | 1.8 | 1.8 | 2.0 |
| 1.0~1.5 | 0.8 | 1.0 | 1.2 | 1.5 | 1.5 | 1.8 |
| 1.5~2.0 | 1.0 | 1.2 | 1.5 | 1.8 | 1.8 | 2.0 |
| 2.0~2.5 | 1.5 | 1.8 | 2.0 | 2.2 | 2.2 | 2.5 |
| 2.5~3.0 | 1.8 | 2.2 | 2.2 | 2.5 | 2.5 | 2.8 |
| 3.0~3.5 | 2.2 | 2.5 | 2.5 | 2.8 | 2.8 | 3.2 |
| 3.5~4.0 | 2.5 | 2.8 | 2.5 | 3.2 | 3.2 | 3.5 |
| 4.0~5.0 | 3.0 | 3.5 | 3.5 | 4.0 | 4.0 | 4.5 |
| 5.0~12 | $0.6t$ | $0.7t$ | $0.7t$ | $0.8t$ | $0.8t$ | $0.9t$ |

**3. 条料宽度**

排样方法和搭边值确定后，就可以计算条料宽度，画出排样图。在确定条料宽度时，必须考虑条料在模具上定位的方法，根据不同的模具结构分别计算。

(1) 用导料板导向且有侧压装置时　如图 2-13a 所示，条料始终沿着导料板送进，条料宽度可按下式计算：

$$B_{-\Delta}^{0} = (D_{max} + 2a_1)_{-\Delta}^{0} \tag{2-7}$$

式中　$B$——条料的宽度（mm）；

$D_{max}$——制件垂直于送料方向的最大尺寸（mm）；

$a_1$——侧搭边值（mm），见表 2-3 或表 2-4；

$\Delta$——条料宽度的单向（负向）偏差（mm），见表 2-6。

表 2-6　条料宽度的单向（负向）偏差　　　　　　　　　　（单位：mm）

| 条料宽度 $B$ | 材料厚度 $t$ | | | |
|---|---|---|---|---|
| | ≤1 | 1~2 | 2~3 | 3~5 |
| ≤50 | 0.4 | 0.5 | 0.7 | 0.9 |
| 50~100 | 0.5 | 0.6 | 0.8 | 1.0 |
| 100~150 | 0.6 | 0.7 | 0.9 | 1.1 |
| 150~220 | 0.7 | 0.8 | 1.0 | 1.2 |
| 220~300 | 0.8 | 0.9 | 1.1 | 1.3 |

（2）用导料板导向且无侧压装置时  如图 2-13b 所示，无侧压装置的模具，应考虑在送料过程中因条料的摆动而使侧面搭边减少。为了补偿侧面搭边的减少，条料宽度应增加一个条料可能的摆动量，$B_0$ 是两导料板间距，条料宽度可按下式计算：

$$B_{-\Delta}^{0} = (D_{max} + 2a_1 + Z_1)_{-\Delta}^{0} \tag{2-8}$$

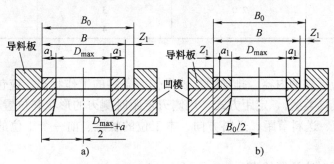

图 2-13  条料宽度的确定

a) 有侧压装置  b) 无侧压装置

导料板与条料间的最小间隙 $Z_1$ 见表 2-7。

表 2-7  导料板与条料间的最小间隙 $Z_1$  （单位：mm）

| 材料厚度 $t$ | 条料宽带 $B$ | | |
|---|---|---|---|
| | <100 | 100~200 | 200~300 |
| 0.5~1.0 | 0.5 | 0.5 | 1.0 |
| 1.0~2.0 | 0.5 | 1.0 | 1.0 |
| >2.0 | 2 | 3 | 3 |

（3）用侧刃定距时  如图 2-14 所示，当条料的送料节距用侧刃定距时，条料宽度必须增加侧刃切去的部分，条料宽度可用下式计算：

$$B_{-\Delta}^{0} = (L_{max} + 2a' + nb_1)_{-\Delta}^{0} = (L_{max} + 1.5a + nb_1)_{-\Delta}^{0} \tag{2-9}$$

式中  $L_{max}$——条料宽度方向冲裁件的最大尺寸（mm）；

$n$——侧刃数；

$b_1$——侧刃冲切的料边宽度（mm），具体数值可查表 2-8。

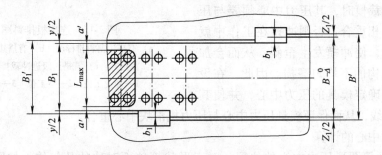

图 2-14  用侧刃定距时的条料宽度

表2-8 $b_1$、$y$值 (单位：mm)

| 条料厚度 $t$ | $b_1$ | | $y$ |
|---|---|---|---|
| | 金属材料 | 非金属材料 | |
| <1.5 | 1.5 | 2 | 0.10 |
| 1.5~2.5 | 2.0 | 3 | 0.15 |
| 2.5~3 | 2.5 | 4 | 0.20 |

**4. 排样图**

（1）排样图应反映的内容　排样图反映操作时条料的工作状态，应包含排样方法、制件的冲裁过程（模具类型）、定距方式（用侧刃定距时侧刃的形状和位置）、条料宽度、条料长度、搭边数值、送料节距、送料方向、本工位的状态、前一个工位的状态，如图2-15所示。

（2）画排样图时应注意的事项

1）排样图的绘制位置。排样图是排样设计最终的表达形式，它应绘制在冲压工艺规程卡片上和冲裁模总装图的右上角。

2）冲裁位置标注。按选定的模具类型和冲裁顺序打上适当的剖切线（习惯以剖面线表示冲压位置），标上尺寸和公差，要能从排样图的剖切线上看出是单工序模还是级进模或复合模。必要时，还可以用双点划线画出条料在送料时定位元件的位置。

3）采用斜排方法排样时，应注明倾斜角度的大小。对有纤维方向的排样图，应用箭头表示出条料的纹向。级进模的排样要反映出冲压顺序、空工位、定距方式等。侧刃定距时要画出侧刃冲切条料的位置。

**5. 模具压力中心的计算**

（1）模具压力中心的概念　模具压力中心是指模具各个冲压部分冲压力的合力作用点。在设计冲裁模时，其压力中心须要与压力机滑块中心相重合，否则冲模在工作中就会产生偏弯距，使冲模发生歪斜，从而会加速冲模导向机构的不均匀磨损。因此，在设计冲模时必须确定模具的压力中心，并使其通过模柄的轴线，从而保证模具压力中心与压力机滑块中心重合。

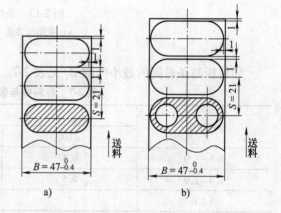

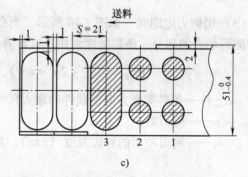

图2-15 连接板排料图
a）有搭边落料排样图　b）有搭边复合冲裁排样　c）有搭边级进冲裁排样图
1—冲孔工位　2—空工位　3—落料

（2）压力中心的计算

1）简单几何图形压力中心的位置。对于形状简单而对称的几何体，如圆形、正多边形、矩形，其冲裁时的压力中心与工件的几何中心重合。冲裁直线段时，其压力中心位于直线段的中心。冲裁圆弧线段时，其压力中心位置（图2-16）按下式计算：

$$y = \frac{180R\sin\alpha}{\pi\alpha} = \frac{RS}{b} \tag{2-10}$$

式中　$R$——圆弧半径；
　　　$2\alpha$——圆心角；
　　　$S$——弦长；
　　　$b$——弧长。

2）复杂形状零件的压力中心计算。对于形状复杂零件（图2-17）的压力中心可用求平行力系合力作用点的方法来确定压力中心。

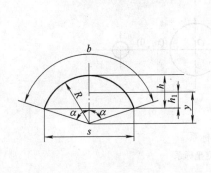

图2-16　圆弧线段的压力中心

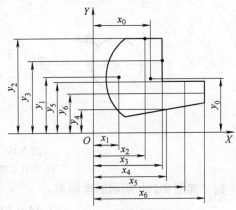

图2-17　形状复杂零件的压力中心计算

$$x_0 = \frac{L_1 x_1 + L_2 x_2 + \cdots + L_n x_n}{L_1 + L_2 + \cdots + L_n} = \frac{\sum_{i=1}^{n} L_i x_i}{\sum_{i=1}^{n} L_i} \tag{2-11}$$

$$y_0 = \frac{L_1 y_1 + L_2 y_2 + \cdots + L_n y_n}{L_1 + L_2 + \cdots + L_n} = \frac{\sum_{i=1}^{n} L_i y_i}{\sum_{i=1}^{n} L_i} \tag{2-12}$$

式中　$L_i$——冲裁单元的周边长度；
　　　$x_i$——冲裁单元的压力中心 $X$ 坐标；
　　　$y_i$——冲裁单元的压力中心 $Y$ 坐标；
　　　$x_0$——冲裁件的压力中心 $X$ 坐标；
　　　$y_0$——冲裁件的压力中心 $Y$ 坐标。

3）多凸模模具的压力中心计算。计算多凸模模具的压力中心（图2-18），是将各凸模的压力中心确定后，再计算模具的压力中心，即：

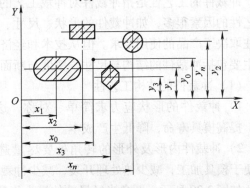

图2-18　多凸模模具压力中心计算

$$x_0 = \frac{L_1 x_1 + L_2 x_2 + \cdots + L_n x_n}{L_1 + L_2 + \cdots + L_n} = \frac{\sum_{i=1}^{n} L_i x_i}{\sum_{i=1}^{n} L_i} \tag{2-13}$$

$$y_0 = \frac{L_1 y_1 + L_2 y_2 + \cdots + L_n y_n}{L_1 + L_2 + \cdots + L_n} = \frac{\sum_{i=1}^{n} L_i y_i}{\sum_{i=1}^{n} L_i} \tag{2-14}$$

例：如图 2-19a 所示，同时冲两个内孔，试计算压力中心。

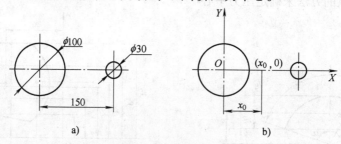

图 2-19 冲孔与坐标系
a）冲孔示意图 b）建立坐标系

建立如图 2-19b 所示的坐标系：

$$x_0 = \frac{3.14 \times 30 \times 150}{3.14 \times (100 + 30)} \text{mm} = 34.6 \text{mm}$$

冲模压力中心在距大孔 34.6mm 处。

### 2.1.5 冲裁件工艺性及冲裁方案的确定

冲裁工艺设计包括冲裁件的工艺性和冲裁工艺方案确定。良好的工艺性和合理的工艺方案，可以用最少的材料，最少的工序数和工时，使得模具结构简单且模具寿命长，能稳定地获得合格冲件。在编写冲压工艺规程和设计模具之前，应从工艺角度分析零件设计是否合理，是否符合冲裁的工艺要求。

**1. 冲裁件的工艺性**

冲裁件的工艺性是指冲裁件对冲裁工艺的适应性，即冲裁加工的难易程度。影响冲裁件工艺性的因素很多，如冲裁件的形状、尺寸、精度和材料等，这些因素往往取决于产品的使用要求。但从技术和经济方面考虑，冲裁件的工艺性主要包括冲裁件的结构与尺寸、精度与断面粗糙度、材料三个方面。

（1）冲裁件的结构工艺性

1）冲裁件的形状应力求简单、对称，这样有利于材料的合理利用，提高模具寿命，降低生产成本。

2）冲裁件内形及外形的转角处要尽量避免尖角，应以圆弧过渡，以便于模具加工，减少热处理开裂，减少冲裁时尖角处的崩刃和过快磨损，如图 2-20 所示。圆角半径尺寸的最小值参照表 2-9 选取。

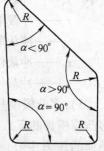

图 2-20 冲裁件的圆角图

表 2-9　最小圆角半径 $R$

| 工序种类 | | 最小圆角半径 | | | 备　注 |
| --- | --- | --- | --- | --- | --- |
| | | 黄铜、铝 | 合金钢 | 软钢 | |
| 落料 | 交角 $\alpha \geqslant 90°$ | $0.18t$ | $0.35t$ | $0.25t$ | $\geqslant 0.25$ |
| | 交角 $\alpha < 90°$ | $0.35t$ | $0.70t$ | $0.50t$ | $\geqslant 0.50$ |
| 冲孔 | 交角 $\alpha \geqslant 90°$ | $0.20t$ | $0.45t$ | $0.30t$ | $\geqslant 0.30$ |
| | 交角 $\alpha < 90°$ | $0.40t$ | $0.90t$ | $0.60t$ | $\geqslant 0.60$ |

注：$t$ 为板料厚度。

3）冲裁件的最小孔边距与孔间距。为避免工件变形和保证模具强度，孔边距和孔间距不应过小，其最小许可值如图 2-21a 所示。

4）冲裁件上凸出的悬臂和凹槽。尽量避免冲裁件上过长的凸出悬臂和凹槽，悬臂和凹槽宽度也不宜过小，其许可值如图 2-21a 所示。

5）在弯曲件或拉深件上冲孔时的要求。在弯曲件或拉深件上冲孔时，孔边与直壁之间应保持一定距离，以免冲孔时凸模受水平推力而折断，如图 2-21b 所示。

6）冲裁件的孔径。冲裁件的孔径太小时，凸模易折断或压弯。用无导向凸模和有导向凸模所能冲制的最小尺寸，分别见表 2-10 和表 2-11。

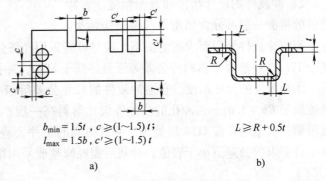

$b_{\min} = 1.5t$，$c \geqslant (1 \sim 1.5)t$；
$l_{\max} = 1.5b$，$c' \geqslant (1 \sim 1.5)t$

a)　　　　　　　　　　b)

$L \geqslant R + 0.5t$

图 2-21　冲裁件的结构工艺性

表 2-10　无导向凸模冲孔的最小尺寸

| 材　料 | | | | |
| --- | --- | --- | --- | --- |
| 钢 $\tau_b > 685\text{MPa}$ | $d \geqslant 1.5t$ | $b \geqslant 1.35t$ | $b \geqslant 1.2t$ | $b \geqslant 1.1t$ |
| 钢 $\tau_b \approx 390 \sim 685\text{MPa}$ | $d \geqslant 1.3t$ | $b \geqslant 1.2t$ | $b \geqslant 1.0t$ | $b \geqslant 0.9t$ |
| 钢 $\tau_b \approx 390\text{MPa}$ | $d \geqslant 1.0t$ | $b \geqslant 0.9t$ | $b \geqslant 0.8t$ | $b \geqslant 0.7t$ |
| 黄铜 | $d \geqslant 0.9t$ | $b \geqslant 0.8t$ | $b \geqslant 0.7t$ | $b \geqslant 0.6t$ |
| 铝、锌 | $d \geqslant 0.8t$ | $b \geqslant 0.7t$ | $b \geqslant 0.6t$ | $b \geqslant 0.5t$ |

注：$t$ 为板料厚度，$\tau_b$ 为抗剪强度。

表 2-11　有导向凸模冲孔的最小尺寸

| 材　料 | 矩形（孔宽 $b$） | 圆形（直径 $d$） |
| --- | --- | --- |
| 软钢及黄铜 | $0.3t$ | $0.35t$ |
| 硬钢 | $0.4t$ | $0.5t$ |
| 铝、锌 | $0.28t$ | $0.3t$ |

注：$t$ 为板料厚度。

(2) 冲裁件的尺寸精度和粗糙度

1) 冲裁件的尺寸标注。冲裁件的结构尺寸基准应尽可能与其冲压时定位基准重合,并选择在冲裁过程中基本上不变动的面或线上,以免造成基准不重合误差。图 2-22a 所示的尺寸标注,对孔距要求较高的冲裁件是不合理的。因为受模具(同时冲孔与落料)磨损的影响,使尺寸 $B$ 和 $C$ 的精度难以达到要求。改用图 2-22b 所示的标注方法就比较合理,这时孔中心距尺寸不再受模具磨损的影响。

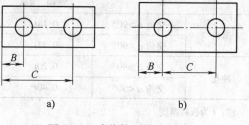

图 2-22 冲裁件的尺寸标注
a) 不合理 b) 合理

2) 冲裁件的尺寸精度和表面粗糙度。冲裁件的精度一般可分为精密级与经济级两类。在不影响冲裁件使用要求的前提下,应尽可能采用经济公差等级。冲裁件的经济公差等级不高于 IT11,一般要求落料件公差等级最好低于 IT10,冲孔件最好低于 IT9。

①冲裁件的尺寸精度。普通冲裁件的尺寸公差等级一般在 IT10~IT11 级以下,表面粗糙度低于 $Ra = 3.6\mu m$,冲孔的公差等级比落料高一级。凡产品图样上未注公差的尺寸,其极限偏差数值通常按 IT14 级处理。冲裁得到的工件公差列于表 2-12、表 2-13、表 2-14。如果工件要求的公差值小于表值,冲裁后需经修整或采用精密冲裁。

表 2-12 冲裁件内外形所能达到的经济公差等级

| 材料厚度 $t$/mm | 基本尺寸/mm | | | | |
|---|---|---|---|---|---|
| | ≤3 | 3~6 | 6~10 | 10~18 | 18~500 |
| ≤1 | IT12~IT13 | | | IT11 | |
| 1~2 | IT14 | IT12~IT13 | | | IT11 |
| 2~3 | IT14 | | | IT12~IT13 | |
| 3~5 | | IT14 | | | IT12~IT13 |

表 2-13 冲裁件两孔中心距公差 (单位:mm)

| 材料厚度 $t$ | 一般精度(模具) | | | 较高精度(模具) | | |
|---|---|---|---|---|---|---|
| | 孔距基本尺寸 | | | 孔距基本尺寸 | | |
| | ≤50 | 50~150 | 150~300 | ≤50 | 50~150 | 150~300 |
| ≤1 | ±0.1 | ±0.15 | ±0.2 | ±0.03 | ±0.05 | ±0.08 |
| 1~2 | ±0.12 | ±0.2 | ±0.3 | ±0.04 | ±0.06 | ±0.1 |
| 2~4 | ±0.15 | ±0.25 | ±0.35 | ±0.06 | ±0.08 | ±0.12 |
| 4~6 | ±0.2 | ±0.3 | ±0.4 | ±0.08 | ±0.10 | ±0.15 |

注:1. 表中所列孔距公差,适用于两孔同时冲出的情况。
   2. 一般精度指模具工作部分达 IT8,凹模后角为 15′~30′的情况,较高精度指模具工作部分达 IT7 以上,凹模后角不超过 15′。

表 2-14  孔中心与边缘距离尺寸公差　　　　　　　　　　（单位：mm）

| 材料厚度 $t$ | 孔中心与边缘距离尺寸 | | | |
|---|---|---|---|---|
| | ≤50 | 50~120 | 120~220 | 220~360 |
| ≤2 | ±0.5 | ±0.6 | ±0.7 | ±0.8 |
| 2~4 | ±0.6 | ±0.7 | ±0.8 | ±1.0 |
| >4 | ±0.7 | ±0.8 | ±1.0 | ±1.2 |

注：本表适用于先落料再进行冲孔的情况。

②冲裁件的表面粗糙度。冲裁件的表面粗糙度与材料塑性、材料厚度、冲裁模间隙、刃口锐钝以及冲模结构等有关。当冲裁厚度为 2mm 以下的金属板料时，其断面的表面粗糙度值 $Ra$ 一般可达 12.5~3.2μm。

冲裁可达到的工件公差列于表 2-15 和表 2-16。如果工件要求的公差值小于表中数值，则冲裁后需进行修整或采用精密冲裁。普通冲裁毛刺的允许高度见表 2-17。

表 2-15  冲裁件外形与内孔尺寸公差　　　　　　　　　　（单位：mm）

| 料厚 $t$ | 冲裁件尺寸 | | | | | | | |
|---|---|---|---|---|---|---|---|---|
| | 一般精度的冲裁件 | | | | 较高精度的冲裁件 | | | |
| | <10 | 10~50 | 50~150 | 150~300 | <10 | 10~50 | 50~150 | 150~300 |
| 0.2~0.5 | $\frac{0.08}{0.05}$ | $\frac{0.10}{0.08}$ | $\frac{0.14}{0.12}$ | 0.20 | $\frac{0.025}{0.02}$ | $\frac{0.03}{0.04}$ | $\frac{0.05}{0.08}$ | 0.08 |
| 0.5~1 | $\frac{0.12}{0.05}$ | $\frac{0.16}{0.08}$ | $\frac{0.22}{0.12}$ | 0.30 | $\frac{0.03}{0.02}$ | $\frac{0.04}{0.04}$ | $\frac{0.06}{0.08}$ | 0.10 |
| 1~2 | $\frac{0.18}{0.06}$ | $\frac{0.22}{0.08}$ | $\frac{0.30}{0.16}$ | 0.50 | $\frac{0.04}{0.03}$ | $\frac{0.06}{0.04}$ | $\frac{0.08}{0.08}$ | 0.12 |
| 2~4 | $\frac{0.24}{0.08}$ | $\frac{0.28}{0.12}$ | $\frac{0.40}{0.20}$ | 0.70 | $\frac{0.06}{0.04}$ | $\frac{0.08}{0.08}$ | $\frac{0.10}{0.12}$ | 0.15 |
| 4~6 | $\frac{0.30}{0.10}$ | $\frac{0.35}{0.15}$ | $\frac{0.50}{0.25}$ | 1.0 | $\frac{0.10}{0.06}$ | $\frac{0.15}{0.10}$ | $\frac{0.15}{0.15}$ | 0.20 |

注：1. 分子为外形尺寸公差，分母为内孔尺寸公差。
　　2. 一般精度的冲裁件采用 IT8~IT7 公差等级的普通冲裁模；较高精度的冲裁件采用 IT7~IT6 公差等级的高级冲裁模。

表 2-16  冲裁件孔中心距公差　　　　　　　　　　（单位：mm）

| 料厚 $t$ | 孔距基本尺寸 | | | | | |
|---|---|---|---|---|---|---|
| | 普通冲裁模 | | | 高级冲裁模 | | |
| | <50 | 50~150 | 150~300 | <50 | 50~150 | 150~300 |
| <1 | ±0.10 | ±0.15 | ±0.20 | ±0.03 | ±0.05 | ±0.08 |
| 1~2 | ±0.12 | ±0.20 | ±0.30 | ±0.04 | ±0.06 | ±0.10 |
| 2~4 | ±0.15 | ±0.25 | ±0.35 | ±0.06 | ±0.08 | ±0.12 |
| 4~6 | ±0.20 | ±0.30 | ±0.40 | ±0.08 | ±0.10 | ±0.15 |

注：1. 表中所列孔距公差适用于两孔同时冲出的情况。
　　2. 冲裁件断面的表面粗糙度及毛刺高度与材料塑性、材料厚度、冲裁间隙、刃口锋利程度、冲模结构及凸、凹模工作部分表面粗糙度值等因素有关。用普通冲裁方式冲裁厚度为 2mm 以下的金属板料时，其断面的表面粗糙度 $Ra$ 一般可达 12.5~3.2μm。

表 2-17　普通冲裁毛刺的允许高度　　　　　　　　　　（单位：mm）

| 料厚 t | ≤0.3 | >0.3~0.5 | >0.5~1.0 | >1.0~1.5 | >1.5~2.0 |
|---|---|---|---|---|---|
| 试模时 | ≤0.015 | ≤0.02 | ≤0.03 | ≤0.04 | ≤0.05 |
| 生产时 | ≤0.015 | ≤0.08 | ≤0.10 | ≤0.13 | ≤0.15 |

（3）冲裁材料　冲裁材料取决于零件所用的材料，既要满足使用性能要求，又应满足冲裁工艺基本要求。但应尽可能以"廉价代贵重，薄料代厚料，黑色代有色"为选用原则，降低冲裁件成本。

**2. 冲裁工艺方案的确定**

（1）冲裁顺序的组合　确定工艺方案就是确定冲压件的工艺路线，主要包括冲压工序数、工序的组合和顺序等。在确定合理的冲裁工艺方案时，应在工艺分析基础上，根据冲裁件的生产批量、尺寸精度、尺寸大小、形状复杂程度、材料的厚薄、冲模制造条件、冲压设备条件等多方面的因素，拟定出多种可行的方案。再对这些方案进行全面分析与研究，比较其综合的经济技术效果，选择一个合理的冲压工艺方案。确定工艺方案主要就是要确定用单工序冲裁模、复合冲裁模还是级进冲裁模。对于模具设计来说，这是首先要确定的重要一步。表 2-18 列出了生产批量与模具类型的关系。

表 2-18　生产批量与模具类型的关系

| 项目 | 生产批量 | | | | |
|---|---|---|---|---|---|
| | 单 件 | 小 批 | 中 批 | 大 批 | 大 量 |
| 大型件 | | 1~2 | >2~20 | >20~300 | >300 |
| 中型件 | <1 | 1~5 | >5~50 | >50~100 | >1000 |
| 小型件 | | 1~10 | >10~100 | >100~500 | >500 |
| 模具类型 | 单工序模 组合模 简易模 | 单工序模 组合模 简易模 | 单工序模 级进模、复合模半自动模 | 单工序模 级进模 复合模自动模 | 硬质合金级进模、复合模、自动模 |

注：表内数字为每年班产量数值，单位：千件。

确定模具类型时，还要考虑冲裁件尺寸形状的适应性。当冲裁件的尺寸较小时，考虑到单工序送料不方便和生产率低，常采用复合冲裁或级进冲裁。对于尺寸中等的冲裁件，由于制造多副单工序模具的费用比复合模昂贵，则采用复合冲裁；当冲裁件上的孔与孔之间或孔与边缘之间的距离过小，不宜采用复合冲裁或单工序冲裁时，宜采用级进冲裁。级进冲裁可以加工形状复杂、宽度很小的异形冲裁件，且可冲裁的材料厚度比复合冲裁时要大，但级进冲裁受压力机工作台面尺寸与工序数的限制，冲裁件尺寸不宜太大，参见表 2-19。

表 2-19　各种冲裁模的对比关系

| 比较项目 | 模具种类 | 单工序模 | | 级 进 模 | 复 合 模 |
|---|---|---|---|---|---|
| | | 无导向 | 有导向 | | |
| 零件公差等级 | | 低 | 一般 | 可达 IT13~IT10 级 | 可达 IT10~IT8 级 |
| 零件特点 | | 尺寸不受限制厚度不限 | 中小型尺寸厚度较厚 | 小型件，t=0.2~6mm 可加工复杂零件，如宽度极小的异形件、特殊形状零件 | 形状与尺寸受模具结构与强度的限制，尺寸可以较大，厚度可达 3mm |

(续)

| 模具种类<br>比较项目 | 单工序模 | | 级进模 | 复合模 |
|---|---|---|---|---|
| | 无导向 | 有导向 | | |
| 零件平面度 | 差 | 一般 | 中、小型件不平直，高质量工件需校平 | 由于压料冲裁的同时得到了校平，冲件平直且有较好的剪切断面 |
| 生产率 | 低 | 较低 | 工序间自动送料，可以自动排除冲件，生产率高 | 冲件被顶到模具工作面上必须手工或机械排除，生产率较低 |
| 使用高速自动压力机的可能性 | 不能使用 | 可以使用 | 可在行程次数为 400 次/min 或更多的高速压力机上工作 | 操作时出件困难，可能损坏弹簧缓冲机构，不作推荐 |
| 安全性 | 不安全，需采取安全措施 | | 比较安全 | 不安全，需采取安全措施 |
| 多排冲压法的应用 | — | | 广泛用于尺寸较小的冲件 | 很少采用 |
| 模具制造工作量和成本 | 低 | 比无导向的稍高 | 冲裁较简单的零件时，比复合模低 | 冲裁复杂零件时，比级进模低 |

（2）冲裁顺序的安排

1）多工序冲裁件用单工序模具冲裁时的顺序安排如下：

①先落料再冲孔或冲缺口。后继工序的定位基准要一致，以避免定位误差和尺寸链换算。

②冲裁大小不同、相距较近的孔时，为减少孔的变形，应先冲大孔后冲小孔。

2）连续冲裁顺序的安排如下：

①先冲孔或冲缺口，最后落料或切断。先冲出的孔可作后续工序的定位孔。当定位要求较高时，则可冲裁专供定位用的工艺孔（一般为两个），如图 2-23 所示。

②采用定距侧刃时，定距侧刃切边工序安排与首次冲孔同时进行（图 2-23），以便控制送料节距。采用两个定距侧刃时，可以安排成一前一后，也可并列排布。

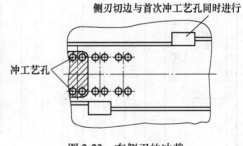

图 2-23 有侧刃的冲裁

## 2.1.6 冲压工艺文件的确定

冲压工艺文件是直接指导生产的技术文件，在我国已制定相关标准规定了冲压工艺文件的格式，其中使用较多的是冲压工艺卡片和冲压工序卡片，表 2-20、表 2-21 分别是某企业根据国家标准进行适当修改后的冲压工艺卡片和工序卡片。

表 2-20 冲压工艺卡片

| ××××厂 | | 冲压工艺卡片 | | 产品型号 | | 零(部)件图号 | | 共 张 | 第 张 |
|---|---|---|---|---|---|---|---|---|---|
| | | | | 产品名称 | | 零(部)件名称 | | | |
| 材料牌号及规格 | | 材料技术要求 | | 毛坯尺寸 | 每毛坯可制件数 | 毛坯重量 | 辅助材料 | | |
| | | | | 零件图 | | | | | |
| 工序号 | 工序名称 | 工序内容 | | | 设备 | 工艺装备 | | 工时 | |
| | | | | | | | | | |
| | | | | | | | | | |
| | | | | | | | | | |
| | | | | | | | | | |
| | | | | | | | | | |
| | | | | | | | | | |
| | | | | | | | | | |
| | | | | | | | | | |
| | | | | | | | | | |
| | | | | | | | | | |
| | | | | | | | | | |
| | | | | | | | | | |
| 描图 | | | | 设计(日期) | 审核(日期) | 标准化(日期) | 会签(日期) | 批准(日期) | |
| 描校 | | | | | | | | | |
| 底图号 | | | | | | | | | |
| 装订号 | | | | | | | | | |
| | 标记 | 处数 | 更改文件号 | 签字 | 日期 | 标记 | 处数 | 更改文件号 | 签字 | 日期 |

表 2-21 冲压工序卡片

| ××××厂 | 冲压工序卡片 | | 产品型号 | | 零(部)件图号 | | | 共 张 | 第 张 |
|---|---|---|---|---|---|---|---|---|---|
| | | | 产品名称 | | 零(部)件名称 | | | | |
| 材料牌号及规格 | | 材料技术要求 | | 毛坯尺寸 | 每毛坯可制件数 | 毛坯重量 | 辅助材料 | | 工时 |
| | | | | | | | | | |
| 工序号 | 工序名称 | 工序内容 | | | 工序简图 | | 设备 | 工艺装备 | |
| | | | | | | | | | |
| | | | | | | | | | |
| | | | | | | | | | |
| | | | | | | | | | |
| | | | | | | | | | |
| | | | | | | | | | |
| | | | | | | | | | |
| | | | | | | | | | |
| | | | | | | | | | |
| | | | | | | | | | |
| | | | | | | | 设计(日期) | 审核(日期) | 标准化(日期) | 会签(日期) | 批准(日期) |
| | | | | | | | | | |
| 标记 | 处数 | 更改文件号 | 签字 | 日期 | 标记 | 处数 | 更改文件号 | 签字 | 日期 |
| 描图 | | | | | | | | | |
| 描校 | | | | | | | | | |
| 底图号 | | | | | | | | | |
| 装订号 | | | | | | | | | |

**1. 工艺文件的填写**

在冲压工艺卡片中，主要填写零件的加工工艺过程，工艺装备为模具、夹具、量具、刀具等。在冲压工序卡片，主要反映每道工序的加工方法，工序简图只需绘出本工序的加工内容。下面说明图 2-1 所示连接板的冲裁各工序简图的画法。

**2. 工序简图的画法**

工序简图是反映本道工序的加工内容，要求把本道工序加工前的形状（一般是已完成一次冲裁后形状）用细实线绘出，本道工序加工部位用粗实线；本道工序加工部位用剖面线画出；尺寸标注反映本道工序加工的外形和定位尺寸；可以不按比例绘制，但不能失真。

## 【任务实施】

**1. 结构工艺分析**

本任务的加工零件如图 2-1 所示，所加工零件的材料为 0.5mm 厚的钢板，其结构简单对称，主要由腰形外圆、直线段和两个内孔组成，端部圆弧与直线过渡圆滑，冲裁件的最小孔边距大于要求，各外形、内孔、孔中心距均为自由公差，零件冲压工艺性好，适合进行冲压加工。

**2. 工艺方案的确定**

本任务包含落料和冲孔两个工序，根据生产批量、产品质量、生产设备等实际问题，可以对两个工序进行组合，形成不同的加工方案：

方案一：落料—冲孔，分两个工序进行（单工序模）。

方案二：落料、冲孔两个工序组合，在同一工位上进行（复合模）。

方案三：落料、冲孔两个工序组合，在两个工位上进行（级进模）。

对于方案一，其模具结构简单，模具制造周期较快，但需两套模具，工人操作生产繁琐，零件位置精度不高，主要在小批量、零件精度不高场合下使用；方案二和方案三，是两个工序的不同组合，只需一套模具，工人操作方便，制件精度较高，适合批量生产。

在本任务中，制件生产批量不大，工件精度也不高，主要考虑模具生产成本，选择方案一。

**3. 必要的工艺计算**

1）条料宽度的确定。

查表 2-4，取搭边值 $a_1 = 1$mm，条料宽度为

$$B_{-\Delta}^{\ 0} = (D_{max} + 2a_1)_{-\Delta}^{\ 0}$$

式中，$\Delta$——条料宽度的单向（负向）偏差，查表 2-6 得 $\Delta = 0.4$mm。

条料宽度为：$B_{-\Delta}^{\ 0} = (45 + 2 \times 1)_{-0.4}^{\ 0}$mm $= 47_{-0.4}^{\ 0}$mm

送料节距为：$S = (2 \times 10 + 1)$mm $= 21$mm。

2）材料利用率。根据供应板材的宽度确定下料长度 $L = 1000$mm。

每条料可以加工制件件数为：$n = (1000 - 1)/21 \approx 47$

材料利用率为：

$$\eta = \frac{(3.14 \times 10^2 + 25 \times 20) \times 47}{47 \times 1000} = 81.4\%$$

3）排料图的绘制。根据以上计算分析，排料图如图 2-24 所示。

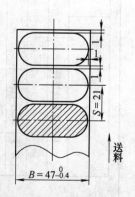

图 2-24 连接板排料图

表 2-22 连接板冲压工艺卡

| ××××厂 | | 冲压工艺卡片 | 产品型号 | | 零(部)件图号 | 50,55,214 | | 共 张 | 第 张 |
|---|---|---|---|---|---|---|---|---|---|
| | | | 产品名称 | 拖拉机 | 零(部)件名称 | 连接板 | | | |
| 材料牌号及规格 | 材料技术要求 | | 毛坯尺寸 | | 毛坯重量 | | 辅助材料 | | |
| 10号钢板,厚度 $\delta_{0.5}$ | | | 1000mm×2000mm | | 每毛坯可制件数 | 987 | | | |
| | | | 零件图 | | | | | | |
| 工序号 | 工序名称 | 工序内容 | | | 设备 | | 工艺装备 | | 工时 |
| 1 | 剪 | 剪条料 1000mm×(47±0.4)mm | | | 剪板机 Q11-2×1600 | | 钢直尺(量程200mm) | | |
| 2 | 冲 | 落料 | | | J23-6.3 压力机 | | M50,55,214(1) 落料模 | | |
| 3 | 冲 | 冲孔 | | | J23-6.3 压力机 | | M50,55,214(2) 冲孔模 | | |
| | | | | | 设计(日期) | 审核(日期) | 标准化(日期) | 会签(日期) | 批准(日期) |
| 描图 | | | | | | | | | |
| 描校 | | | | | | | | | |
| 底图号 | | | | | | | | | |
| 装订号 | | | | | | | | | |
| 标记 | 处数 | 更改文件号 | 签字 | 日期 | 标记 | 处数 | 更改文件号 | 签字 | 日期 |

表 2-23 连接板冲压工序卡(1)

| ××××厂 | | 冲压工序卡片 | | 产品型号 | | 零(部)件图号 | 50,55,214 | | 共 张 | 第 张 |
|---|---|---|---|---|---|---|---|---|---|---|
| | | | | 产品名称 | 拖拉机 | 零(部)件名称 | 连接板 | | | |
| 材料牌号及规格 | | 材料技术要求 | | 毛坯尺寸 | | 毛坯重量 | | 辅助材料 | | |
| 10号钢板,厚度 $\delta_{0.5}$ | | | | 1000mm×2000mm | | 每毛坯可制件数 | 42 | | | |
| 工序号 | 工序名称 | 工序内容 | | 工序简图 | | | 设备 | 工艺装备 | | 工时 |
| 1 | 剪 | 剪条料 1000mm×(47±0.4)mm | | 1000<br>2000  47±0.4 | | | Q11-2×1600<br>剪板机 | 钢直尺(量程200mm) | | |
| | | | | | | | | | | |
| | | | | | | | | | | |
| | | | | | | | | | | |
| | | | | | | | | | | |
| | | | | | | | | | | |
| | | | | | | 设计(日期) | 审核(日期) | 标准化(日期) | 会签(日期) | 批准(日期) |
| 标记 | 处数 | 更改文件号 | 签字 | 日期 | 标记 | 处数 | 更改文件号 | 签字 | 日期 | |

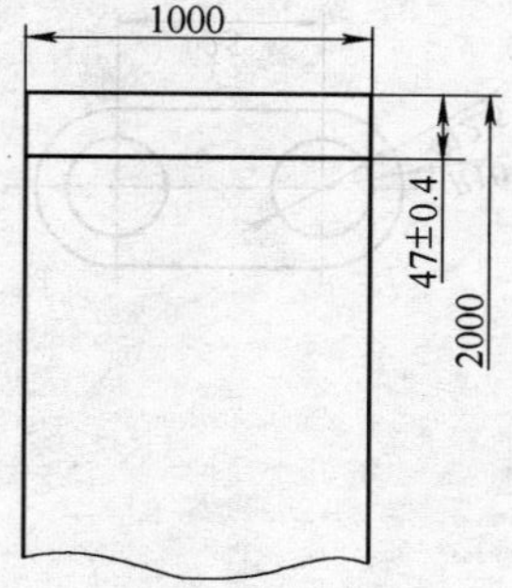

描图

描校

底图号

装订号

项目二 冲裁工艺与冲裁模设计

表 2-24 连接板冲压工序卡(2)

| ××××厂 | 冲压工艺卡片 | | 产品型号 | | 零(部)件图号 | 50,55,214 | | 共 张 | 第 张 |
|---|---|---|---|---|---|---|---|---|---|
| | | | 产品名称 | 拖拉机 | 零(部)件名称 | 连接板 | | | |
| 材料牌号及规格 | 材料技术要求 | | 毛坯尺寸 | | 毛坯重量 | | 辅助材料 | | |
| 10号钢板,厚度 $\delta_{0.5}$ | | | 1000mm×47mm | | | | | | |
| | | | 每毛坯可制件数 | 47 | 设备 | J23-6.3 | 工艺装备 | M50,55,214(1) | 工时 |
| | | | 工序简图 | | | 压力机 | | 落料模 | |
| 工序号 | 工序名称 | 工序内容 | | | | | | | |
| 1 | 冲 | 落料 | | | | | | | |
| | | | | | | | | | |
| | | | | | | | | | |
| | | | | | 设计(日期) | 审核(日期) | 标准化(日期) | 会签(日期) | 批准(日期) |
| 描图 | | | | | | | | | |
| 描校 | | | | | | | | | |
| 底图号 | | | | | | | | | |
| 装订号 | | | | | | | | | |
| 标记 | 处数 | 更改文件号 | 签字 | 日期 | 标记 | 处数 | 更改文件号 | 签字 | 日期 |

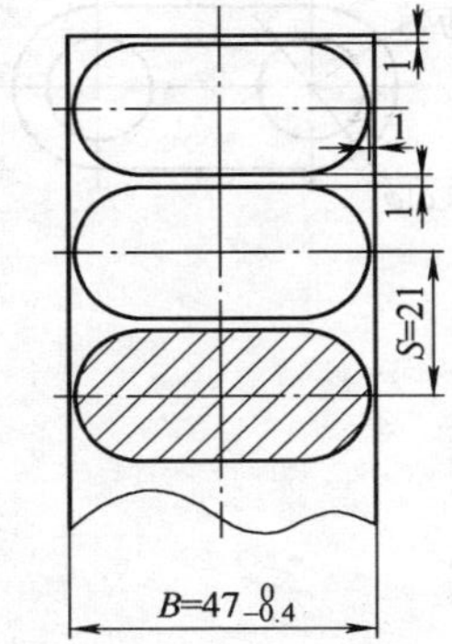

表 2-25 连接板冲压工序卡(3)

| ××××厂 | | 冲压工序卡片 | | 产品型号 | | 零(部)件图号 | 50,55,214 | 第 张 |
|---|---|---|---|---|---|---|---|---|
| | | | | 产品名称 | 拖拉机 | 零(部)件名称 | 连接板 | 共 张 |
| 材料牌号及规格 | | 材料技术要求 | | 毛坯尺寸 | | 毛坯重量 | | 辅助材料 |
| 10号钢板,厚度δ₀.₅ | | | | 半成品 | | 每毛坯可制件数 1 | | 工时 |
| 工序号 | 工序名称 | 工序内容 | 工序简图 | | | | 设备 | 工艺装备 |
| 3 | 冲 | 冲孔 | | | | | J23-6.3 压力机 | M50,55,214(2) 冲孔模 |

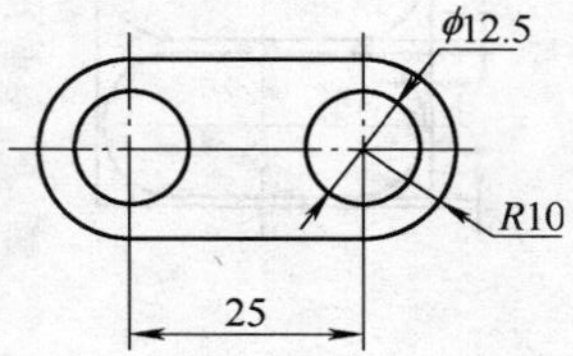

工序简图：φ12.5, R10, 25

| | | | | | 设计(日期) | 审核(日期) | 标准化(日期) | 会签(日期) | 批准(日期) |
|---|---|---|---|---|---|---|---|---|---|
| 描图 | | | | | | | | | |
| 描校 | | | | | | | | | |
| 底图号 | | | | | | | | | |
| 装订号 | | | | | | | | | |
| 标记 | 处数 | 更改文件号 | 签字 | 日期 | 标记 | 处数 | 更改文件号 | 签字 | 日期 |

4)冲裁力的计算。

①落料。

落料力为:$F = Lt\sigma_b = (25 \times 2 + 3.14 \times 20) \times 0.5 \times 420N = 23688N$。

卸料力,采用下顶料装置:$F_1 = K_1 F = 0.07 \times 23688N = 1658N$。

顶料力为:$F_3 = K_3 F = 0.14 \times 23688N = 3316N$。

总冲压力为:$F_总 = F + F_1 + F_3 = 23688N + 1658N + 3316N = 28662N$。

压力机公称力为:$F_公 = (1 \sim 1.2) \times 28662N = (28662 \sim 34394)N$。

②冲孔。

冲孔力为:$F = Lt\sigma_b = 2 \times 3.14 \times 12.5 \times 0.5 \times 420N = 16485N$。

卸料力,采用下顶料装置:$F_1 = K_1 F = 0.07 \times 16485N = 1154N$。

顶料力为:$F_3 = K_3 F = 0.14 \times 16485N = 2308N$。

总冲压力为:$F_总 = F + F_1 + F_3 = 16485N + 1154N + 2308N = 19947N$。

压力机公称力为:$F_公 = (1 \sim 1.2) \times 19947N = (19947 \sim 23936)N$。

5)编写工艺文件。根据以上分析计算,编写连接板工艺文件,见表2-22~表2-25。

【实训与练习】

1. 什么是冲裁件的工艺性?分析冲裁件的工艺性有何实际意义?
2. 什么叫排样?排样的合理与否对冲裁工作有何意义?
3. 什么是搭边?搭边的作用有哪些?
4. 什么是冲模的压力中心?确定模具的压力中心有何作用?
5. 解释曲柄压力机JA31-160A型号的含义。
6. 板料冲裁时,其断面特征怎样?影响冲裁件断面质量的因素有哪些?
7. 冲裁件断面如图2-25所示,分析产生的原因。
8. 冲压制件工艺编制是否合理,对产品质量、生产率、产品成本、工人操作方便与否等都有很大影响,学生应仔细分析推敲,并分组讨论比较,通过老师的点评,逐步提高工艺水平。试以图2-26~图2-28所示的制件为例,讨论其加工工艺,并完成工艺文件的编制。

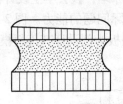
图2-25 冲裁件断面

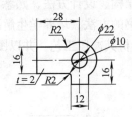
图2-26 制件一

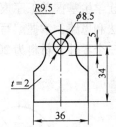
图2-27 制件二

9. 在编写工艺过程中,要学会查阅资料,获取相关数据,并通过必要计算,保证冲压工艺的可行性,请完成下列要求:

1)计算冲裁如图2-29所示制件的压力中心。

2)计算图2-30所示零件落料冲孔复合模的冲裁力、推件力和卸料力。

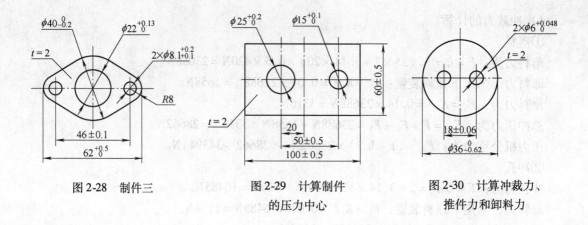

图 2-28 制件三 　　图 2-29 计算制件的压力中心 　　图 2-30 计算冲裁力、推件力和卸料力

## 2.2 单工序冲裁模设计

冲裁模具设计是建立在冲压工艺基础上的，需要根据工艺要求来设计模具。冲裁模具的结构主要有三种形式，即单工序模具、级进模具和复合模具。

(1) 单工序模具　该类模具结构简单，易于制造，但冲裁出的工件精度低（位置精度），工件复杂时，模具数量多，占用人员和设备多，生产率低，适于单件小批量冲压件的生产。

(2) 级进模具　级进模具能够将多种冲压工序组合在一起，排样灵活，可利用空步、空位改善模具的局部强度，但结构复杂、多样，模具制造难度较大，送料精度的高低直接影响冲裁件的位置精度。

(3) 复合模具　复合模具的结构形式相对标准、统一。在冲制相同复合工序工件时，与级进模相比结构复杂。复合工序的数量受模具制造难度和强度的限制不宜过多，但复合模具工作时是在同一工位同时完成多项冲压内容，定位精度高，冲件质量较好。

【任务引入】

根据确定的单工序工艺方案，需设计外形的落料模。本任务从简单的单工序模入手讲解，让学生掌握单工序模具的基本结构、设计方法，熟悉模具工作原理，教会学生设计模具的方法和思路，掌握编写设计计算书的方法，培养学生解决生产实际问题的能力。图 2-1 所示的三个零件，材料为 20 钢，试分析其冲压工艺，并以图 2-31c 垫板为例设计其落料模具。

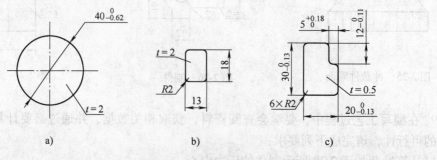

图 2-31 任务零件图
a) 圆片　b) 方板　c) 垫板

# 项目二 冲裁工艺与冲裁模设计

【相关知识点】

## 2.2.1 单工序落料模

### 1. 无导向单工序模

图 2-32 所示的落料模用于冲裁直径为 60mm，厚度为 1mm，材料为 08F 钢的垫圈。

（1）模具的组成 该模具为无导向的单工序落料模，凸模 9、凹模 2 为工作零件。凸模属轴类零件，凹模为孔套类零件，二者配合形成剪切刃口，在外力的作用下将板料切断而形成工件。

固定卸料板 3 的作用是将凸模冲断材料后箍在凸模上的条料从凸模上刮下（图 2-2 中涂黑的件 10），保证后续冲裁时条料能顺利向前推进。卸料板通槽宽 65.1mm，高 15mm，形成送料的空间，并且保证条料相对凹模刃口左右的位置。凸模固定板 4 起安装、固定凸模作用。

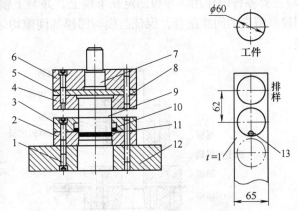

图 2-32 无导向的单工序落料模
1—内六角圆柱头螺钉 2—凹模 3—固定卸料板
4—凸模固定板 5—垫板 6—上模座
7—模柄 8—销钉 9—凸模 10—条料
11—工件 12—下模座 13—挡料销

下模座 12 支撑安装凹模和固定卸料板。上模座 6 支撑安装凸模固定板和模柄 7。模柄 7 是模具与设备的连接零件。挡料销 13 安装在凹模板上，用于限制条料每次送进的距离，保证被冲工件的完整性。

（2）工作过程 工作时，模具安装在设备上，将事先按要求裁好的条料放入凹模上表面的固定卸料板的送料槽中，贴着凹模上表面向前推至挡料销定位，上模的凸模在压力机滑块的带动下对条料施加压力，由凸、凹模形成的剪切刃口将材料切断，被冲落的工件存于凹模孔中，此时条料箍在凸模上，冲裁阶段完成。上模回程（上升），条料被凸模带起，箍在凸模上的条料由固定卸料板刮下，手动抬起条料越过挡料销进入冲孔的空间放下条料，沿凹模上表面向前推至挡料销定位，完成了一次冲压过程。重复进行冲压，积存在凹模洞孔中的工件逐次被向下推动至扩孔部位，工件由下模座孔、工作台孔漏出，此种出件方式的模具又称为漏料的模具结构。

（3）结构特点 模具结构简单，成本低，适于精度较低、小批量的冲压件的生产。模具工作时凸凹模之间的相对运动精度由设备的运动精度保证，由于冲压设备滑块与导轨的导向精度一般较低，极易造成凸凹模的配合间隙不均，易磨损和过早损坏，寿命较短。

模具采用的固定卸料、漏料的形式，易使工件拱弯（锅底形），工作时条料被凸模带动着上下抖动，不安全，使用固定卸料板、挡料销定位送料不方便。成批生产时较少使用此类结构。

### 2. 导板模

无导向单工序模安装到压力机上时，凸模、凹模间隙均匀性调整困难，影响冲裁件的质量和模具寿命。导板模是在原无导向单工序模基础上，增加导板对凸模的导向，形成导板式冲裁模，如图2-33所示。

(1) 模具结构　模具的上模部分由模柄、上模座、垫板、凸模固定板和凸模组成，模柄压入上模座中，上模座、垫板、凸模固定板用螺钉与销钉紧固在一起。模具的下模部分由导板、固定挡料销、凹模、下模座以及导尺组成，它们用螺钉与销钉紧固在一起。

(2) 主要零件的作用　导板固定在下模上，并与下模一起安装在工作台上，与凸模的配合采用较高精度的间隙配合，保证凸模与凹模的间隙均匀，既起导向作用，又有固定卸料板的功能。

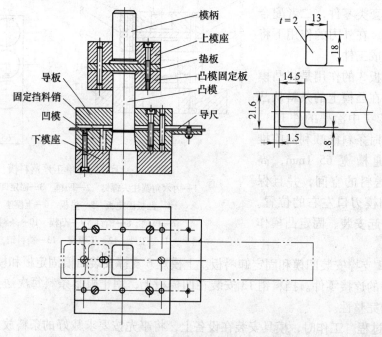

图 2-33　导板式落料模

垫板为淬火钢板，用以承受凸模的压力，避免上模座因冲裁力过大而被压出凹坑，导致凸模上下窜动。凸模和凸模固定板紧配，凸模尾部常采用局部退火处理后铆接在固定板上，然后一起磨平，使其在轴向位置得到可靠的固定。

固定挡料销控制送料节距，采用钩形结构，使安装挡料销的孔和凹模孔壁的距离尽量大些，减少对凹模孔口强度的影响。为了保证条料的顺利送进，导尺的高度必须大于固定销高度与板料厚度之和。上述两种模具的挡料销结构简单，但是送料时必须把条料往上抬才能推进，使用不方便。

(3) 模具工作原理　上模安装在压力机滑块上，随滑块一起移动。当压力机处于上死点时，将条料沿导尺送进，送料距离由固定挡料销控制。控制压力机离合器使上模的凸模向下运动进入导板，然后冲裁条料将冲下来的工件推入凹模，得到所需要的零件。上模随滑块上行，凸模带着条料上移到导板后条料被导板刮下，待凸模继续上行直到上死点，再进行送料，完成一个工作循环。堵在凹模孔内的工件在下一个工作循环时被凸模推下，如此循环往复。

(4)模具特点　这种模具精度较高,使用寿命较长,安装容易,安全性好;但导板孔需要和凸模配制,制造比较困难。工作时凸模不能脱离导板,因此,采用这类冲模时要选用行程较小的压力机(一般不大于20mm)或选用行程能调节的偏心压力机。这类模具适用于冲裁小制件或形状不复杂的制件。

(5)导板设计　导板设计是导板模的关键,导板主要用来对上模导向,保证在冲裁过程中凸模、凹模间隙均匀分布,回程时兼起卸料作用。因此,要求导板与凸模为较高精度的间隙配合,其配合间隙必须小于凸模、凹模间隙。对于薄料($t<0.8$mm),导板与凸模的配合为H6/h5;对于厚料($t>3$mm),其配合为H8/h7。另外,在控制模具行程时,要保证凸模始终不脱离导板。导板一般选用45钢制成,整体进行调质处理。

### 3. 导柱导套冲裁模

导柱导套冲裁模是另一种有导向的冲裁模,图2-34所示是冲制尺寸为30mm×100mm×1mm,材料为Q235的单工序导柱导套落料模结构。

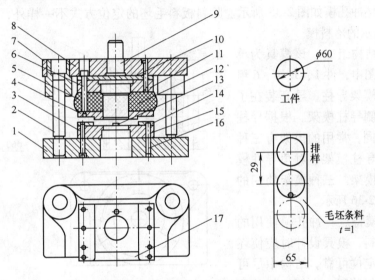

图2-34　有导向的单工序落料模

1—下模座　2—导柱　3—螺钉　4—弹性卸料板　5—橡胶
6—卸料螺钉　7—导套　8—上模座　9—模柄　10—垫板
11—凸模固定板　12—凸模　13—挡料钉　14—侧面导板
15—凹模　16—销钉　17—承料板

(1)模具的组成　该模具为有导向的单工序落料模,下模座1、导柱2、导套7、上模座8组成标准模架,需要时按标准选择即可。标准模架中的导柱导套间为滑动配合,保证上、下模的相对位置,进而保证凸、凹模的相对位置。凸模12、凹模15为工作零件。凸模与凹模洞孔形成轴孔配合成为剪切刃口,在外力的作用下将板料剪断而形成工件。弹性卸料板4、橡胶5、卸料螺钉6组成弹性卸料装置,在结构中起压料和卸料作用。模柄9是模具与设备的连接零件。侧面导板14用于导正条料并保证条料左右方向的位置。

(2)工作过程　工作时模具安装在压力机上,将事先按要求裁好的条料放在承料板上表面上,贴着凹模上表面向前推至挡料销,实现定位。上模由压力机带动下降,导柱、导套首先进入配合以保证上下模运动的正确位置。由件4、5、6组成弹性卸料装置随上模一起向下运动,弹性卸料板4的下端面要比凸模下端面低0.5~1mm,当上模下降时弹性卸料板将先接触条料起压料作用。上模继续下降,橡胶被压缩,凸模将工件冲下并存于凹模孔中,冲裁阶段完成。上模回程(上升),弹性卸料板滞后运动,箍在凸模上的条料由卸料板刮下,完成一次冲压过程。重复进行冲压,积存在凹模洞孔中的工件逐次被向下推动至扩孔部位,工件由下模座孔、工作台孔而漏出。

(3)结构特点 模具有标准模架进行导向,运动精度高,模具间隙易于保证。该模具使用的弹压卸料装置对条料有压平的作用,模具回程时条料无带起过程,送料安全、方便。该结构是冲裁模常用的结构形式。

### 2.2.2 单工序冲孔模

**1. 平板类毛坯冲孔模**

平板类毛坯冲孔模如图2-35所示。除料板料毛坯的定位方式不一样外,其工作原理类似于图2-34所示的落料模。

(1)模具结构组成 该模具为单工序冲孔模。图中,件1、3、4、6组成标准模架,模架导柱、导套装在了后侧,称为后侧导柱模架。根据导柱安放的位置不同,常用的模架有三种类型,即后侧导柱模架、对角导柱模架、中间导柱模架。三种模架使用的模座结构如图2-36所示。

(2)冲孔模特点 冲孔模使用的毛坯为单个坯料,模具设计时应使坯料取放方便,定位可靠。结构中尽可能使用弹压卸料装置,方便坯料的取放,同时对工件起校平作用。采用下模漏料的形式可使模具结构简单,利于清除废料。

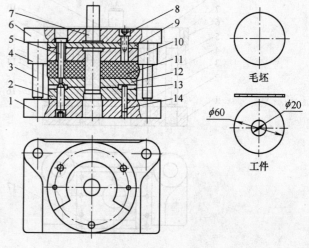

图2-35 单工序冲孔模
1—下模座 2—凹模 3—导柱 4—导套 5—卸料螺钉
6—上模座 7—模柄 8—螺钉 9—垫板 10—固定板
11—橡胶 12—弹性卸料板 13—定位板 14—销钉

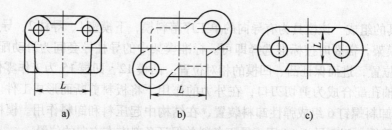

图2-36 常用模座结构
a)后侧导柱模架 b)对角导柱模架 c)中间导柱模架

## 2. 筒形件底部冲孔模

筒形件底部冲孔模结构如图 2-37 所示。

## 3. 侧冲孔模

侧冲孔模结构如图 2-38 所示。

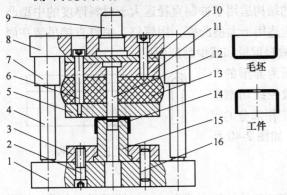
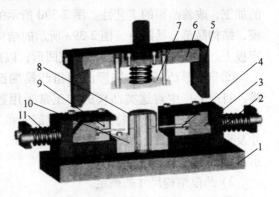

图 2-37 筒形件底部冲孔模
1—下模座 2—螺钉 3—凹模固定板 4—导柱 5—弹性卸料板 6—卸料螺钉 7—导套 8—上模座 9—模柄 10—垫板 11—凸模固定板 12—凸模 13—橡胶 14—工件 15—凹模 16—销钉

图 2-38 侧冲孔模
1—底座 2—限位支撑块 3—滑块 4—冲孔凸模 5—斜楔 6—上模座 7—压料装置 8—待冲坯件 9—凸模固定板 10—冲孔凹模 11—复位弹簧

### 2.2.3 冲裁模主要零部件设计

一套完整的冲模结构，一般都是由工作零件（包括凸模、凹模）、定位零件（包括挡料销、导尺等）、卸料零件（如卸料板）、导向零件（如导柱、导套等）和安装固定零件（包括上模座、下模座、垫板、凸凹模固定板、螺钉和定位销）等五种基本零件组成，其中很多零部件已经完成标准化工作。

#### 1. 工作零件设计

（1）凸模结构及尺寸确定

1）凸模的结构。

① 圆形凸模。圆形凸模指凸模端面为圆形的凸模，目前的加工工艺多以车削、磨削为主。常用的圆形凸模的结构型式如图 2-39 所示。

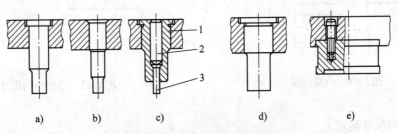

图 2-39 圆形凸模的结构型式
1—保护套 2—支撑柱 3—凸模

图 2-39a、b 所示的两种结构适用于冲裁直径大于材料厚度的小型凸模,为了避免台肩处的应力集中和保证凸模强度、刚度,做成圆滑过渡形式或在中间加过渡段。图 2-39c 所示的结构适用于冲制直径与材料厚度相近的小凸模,是一种组合结构,它是由保护套1、支撑柱2、凸模3组成。由于采用了保护套结构,可以提高凸模的抗弯能力,并避免了细长轴件的加工,改善凸模的工艺性。图 2-39d 所示的结构适用于冲制直径远大于材料厚度的中型凸模,结构简单,易制造。图 2-39e 所示的结构适用于大型凸模,用螺钉、销钉直接吊装在固定板上。凸模外径与端面都加工成凹形,以减轻重量和减少磨削面积。

②非圆形凸模。非圆形凸模指凸模端面为异形的凸模,目前工厂中对这类凸模的加工常采用数控线切割加工。为适应加工设备的特点,其固定部分和工作部分的尺寸及形状常设计成一致,即为直通式凸模,如图 2-40 所示。

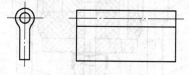

图 2-40 直通式凸模

2) 凸模结构尺寸的确定。

①凸模长度的确定。凸模长度应根据冲模的整体结构来确定。一般情况下,在满足使用要求的前提下,凸模越短,其强度越高,材料越省。

以采用固定卸料板的冲裁模凸模长度为例,如图 2-41 所示。凸模长度为:

$$L = h_1 + h_2 + h_3 + a \tag{2-15}$$

式中 $h_1$——凸模固定板厚度;

$h_2$——卸料板厚度;

$h_3$——导尺厚度;

$L$——凸模长度;

$a$——取 15~20mm,包括凸模进入凹模的深度、凸模修磨量、冲模在闭合状态下卸料板到凸模固定板间的距离,一般应根据具体结构再加以修正。

②凸模结构尺寸的确定。以中小型阶梯凸模为例,结构如图 2-42 所示。其中,$h$ 表示凸模轴向尺寸,$d$ 表示凸模径向尺寸,$L$ 凸模长度为已知(前面已确定)。

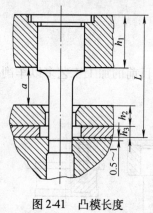

图 2-41 凸模长度

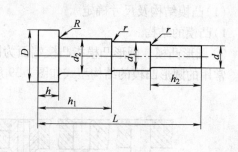

图 2-42 凸模结构尺寸

凸模轴向尺寸确定:

$$h_1 = 固定板厚度 + (3 \sim 5) \text{mm}。$$

$h_2$ = 导尺厚度 + 卸料板厚度 + (3~5)mm。

$h = 3 \sim 5$ mm。

凸模径向尺寸确定：

$d$ 已知（根据被冲工件尺寸确定的刃口尺寸）。

$d_1 = d + (4 \sim 6)$ mm（取整数）。

$d_2 = d_1 + (6 \sim 8)$ mm（取标准整数）。

$D = d_2 + (5 \sim 8)$ mm（取标准整数）。

(2) 凹模结构及尺寸确定

1) 凹模的刃口形式。图 2-43 所示为常用的五种凹模形式。

①柱孔口锥形凹模如图 2-43a 所示，刃口强度较高，修磨后刃口尺寸不变，常用于冲裁形状复杂或精度要求较高的工件。但是在孔口内容易积存冲裁件，增加冲裁力和孔壁的磨损，磨损后孔口形成倒锥形状，使孔口内的冲裁件容易反跳到凹模表面上，影响正常冲裁进行，严重时会损坏冲模，所以刃口高度不适于过大。

②柱孔口直向形凹模如图 2-43b 所示，刃口强度较高，修磨后刃口尺寸无变化，加工简单工件容易漏下。适合冲裁直径小于 5mm 的工件。

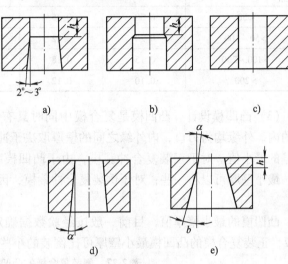

图 2-43 凹模的刃口形式

③直向形凹模如图 2-43c 所示，刃口强度高，刃磨后刃口尺寸无变化，此种结构多用于有顶出装置的模具中。

④锥形凹模如图 2-43d 所示，冲裁件容易漏下，凹模磨损后修磨量较小，但刃口强度不高，刃磨后刃口有变大的趋势，锥形口制造较困难。适于冲制自然漏料、精度不高、形状简单的工件。$\alpha$ 角一般电加工时取 $\alpha = 4' \sim 20'$，机加工经钳工精修时取 $\alpha = 15' \sim 30'$。

⑤图 2-43e 所示为具有锥形柱孔的锥形凹模，其特点是孔口不易积存工件或废料，刃口强度略差，一般用于形状简单，精度要求不高的工件的冲裁。

2) 凹模外形尺寸的确定，如图 2-44 所示。

凹模厚度： $H = Kb$ (2-16)

凹模壁厚：小凹模 $C = (1.5 \sim 2)H$ (2-17)

大凹模 $C = (2 \sim 3)H$ (2-18)

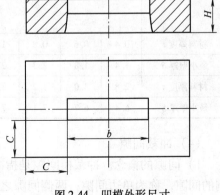

图 2-44 凹模外形尺寸

式中 $b$——凹模孔的最大宽度（mm）；

$K$——系数，见表 2-26；

$H$——凹模厚度,其值为 15~20mm;
$C$——凹模壁厚,其值为 26~40mm。

按上式计算的凹模外形尺寸,可保证凹模有足够的强度和刚度,一般可不再进行强度较核。

表 2-26 系数 $K$ 的数值

| b/mm \ 料厚 t/mm | 0.5 | 1 | 2 | 3 | >3 |
|---|---|---|---|---|---|
| <50 | 0.30 | 0.35 | 0.42 | 0.50 | 0.60 |
| >50~100 | 0.20 | 0.22 | 0.28 | 0.35 | 0.42 |
| >100~200 | 0.15 | 0.18 | 0.20 | 0.24 | 0.30 |
| >200 | 0.10 | 0.12 | 0.15 | 0.18 | 0.22 |

(3) 凸凹模设计 凸凹模是复合模中同时具有落料凸模和冲孔凹模作用的工作零件。它的内、外缘均为刃口,内外缘之间的壁厚取决于冲裁件的尺寸。从强度方面考虑,应限制壁厚的最小值。对于正装复合冲裁模,由于凸凹模装于上模,内孔不会积存废料,胀力较小,最小壁厚可以小一些;对于倒装复合冲裁模,因孔内积存废料,所以最小壁厚应该大一些。

凸凹模的最小壁厚值,目前一般按经验数据确定。倒装复合模的凸凹模最小壁厚见表 2-27,正装复合模的凸凹模最小壁厚可比倒装的小些。

表 2-27 倒装复合模的凸凹模最小壁厚 $\delta$ (单位:mm)

| 材料厚度 t | 0.4 | 0.6 | 0.8 | 1.0 | 1.2 | 1.4 | 1.6 | 1.8 | 2.0 | 2.2 | 2.5 |
|---|---|---|---|---|---|---|---|---|---|---|---|
| 最小壁厚 δ | 1.4 | 1.8 | 2.3 | 2.7 | 3.2 | 3.6 | 4.0 | 4.4 | 4.9 | 5.2 | 5.8 |
| 材料厚度 t | 2.8 | 3.0 | 3.2 | 3.5 | 3.8 | 4.0 | 4.2 | 4.4 | 4.6 | 4.8 | 5.0 |
| 最小壁厚 δ | 6.4 | 6.7 | 7.1 | 7.6 | 8.1 | 8.5 | 8.8 | 9.1 | 9.4 | 9.7 | 10.0 |

(4) 冲裁间隙

1) 间隙的概念。冲裁模间隙是指冲裁的凸模与凹模刃口之间的间隙。凸模与凹模每一侧的间隙,称为单边间隙;两侧间隙之和称为双边间隙。如无特殊说明,冲裁模间隙是指双边间隙。

冲裁模间隙的数值等于凹模刃口与凸模刃口尺寸之差,如图 2-45 所示。

$$Z = D_d - D_p \tag{2-19}$$

式中 $Z$——冲裁间隙(mm);

$D_d$——凹模刃口尺寸（mm）；

$D_p$——凸模刃口尺寸（mm）。

冲裁间隙对冲裁件尺寸精度、模具寿命、冲压力的影响较大，尤其对冲裁断面质量的影响极其重要。因此，冲裁间隙是一个非常重要的工艺参数。

2）合理间隙的确定。

①合理间隙的确定原则。合理间隙是一个范围值，在具体设计冲裁模时，根据零件在生产中的具体要求可按下列原则进行选取：

a. 当冲裁件尺寸精度要求不高，或对断面质量无特殊要求时，为了提高模具使用寿命和减小冲压力，从而获得较大的经济效益，一般采用较大的间隙值。

b. 当冲裁件尺寸精度要求较高，或对断面质量有较高要求时，应选择较小的间隙值。

c. 在设计冲裁模刃口尺寸时，考虑到模具在使用过程中的磨损，会使刃口间隙增大，应按最小间隙值来计算刃口尺寸。

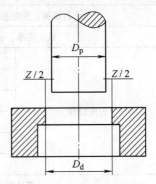

图 2-45 冲裁模间隙

②合理间隙的确定方法。

a. 经验确定法。经验确定法是模具设计人员，根据冲件的质量要求和使用状况凭借多年实践经验确定模具间隙。按间隙的取值大小，应用场合不同，间隙大致可分为四种类型。

大间隙类：取 $Z = (20\% \sim 30\%)t$，多用于较厚的、无装配要求的焊接件冲裁。

中等间隙类：取 $Z = (8\% \sim 12\%)t$，用于综合质量要求较好的、有一定的装配要求的连接件冲裁，是常用的间隙类型之一。

小间隙类：取 $Z = 5\%t$，多用于较薄的、无装配要求的外观件、有色金属焊接件的冲裁，电子、仪表行业应用较多。

极小间隙类：取 $Z = 0.01 \sim 0.02\text{mm}$，只用于精密冲裁和光整冲裁。

b. 查表法。查表法是工厂中设计模具时普遍采用的方法之一，表 2-28 是经验数据表。

表中Ⅰ类适用于断面质量和尺寸精度均要求较高的制件，但使用此间隙时，冲压力较大，模具寿命较低。Ⅱ类适用于一般精度和断面质量的制件，以及需要进一步塑性变形的坯料，Ⅲ类适用于精度和断面质量要求不高的制件，但模具寿命较高。

表 2-28 冲裁间隙分类及双面间隙值 $Z$（$t\%$）

| 制件 | 分类 | | |
|---|---|---|---|
| | Ⅰ | Ⅱ | Ⅲ |
| 低碳钢 08F，10F，Q235，10，20 | 6~14 | >14~20 | >20~25 |
| 中碳钢 45，40Cr13，可伐合金 | 7~16 | >16~22 | >22~30 |
| 高碳钢 T8A，T10A，65Mn 钢 | 16~24 | >24~30 | >30~36 |
| 1060，1050A，1035，1200，H62（软），T1，T2，T3， | 4~8 | >9~12 | >13~18 |
| 黄铜（硬），铅黄铜，纯铜（硬态） | 6~10 | >11~16 | >17~22 |
| 2A12（硬态），锡磷青铜，铝青铜，铍青铜 | 7~12 | >14~20 | >22~26 |
| 镁合金 | 3~5 | | |

(续)

| 制件 | | 分类 | | |
|---|---|---|---|---|
| | | I | II | III |
| 硅钢 D41 | | 5~10 | >10~18 | |
| 红纸板、胶纸板、胶布板 | | 1~4 | 4~8 | |
| 纸、皮革、云母纸 | | 0.5~1.5 | | |
| 表面质量 | 圆角带/mm | 4~7 | 6~8 | 8~10 |
| | 光亮带/mm | 35~55 | 25~40 | 15~25 |
| | 断裂带/mm | 35~50 | 50~60 | 60~70 |
| | 毛刺 | 较小 | 最小 | 小 |
| | 斜角 | 4°~7° | 7°~8° | 8°~11° |
| | 平直度 | 较小 | 小 | 较大 |
| 模具寿命 | | 较低 | 较高 | 最高 |
| 冲压力 | | 较大 | 小 | 最小 |

注：1. 该表所列数值适用于材料厚度 $t<10mm$ 的金属材料，料厚大于 10mm 时，间隙应适当加大比值。
    2. 硬质合金模的冲裁间隙比表中所给值大 25%~30%。
    3. 表中下限值为 $Z_{min}$，上限值为 $Z_{max}$。
    4. 表中"表面质量"各项是参考值。

(5) 凸、凹模刃口尺寸计算　在冲裁过程中，凸、凹模的刃口尺寸及制造公差，直接影响冲裁件的尺寸精度。合理的冲裁间隙，要靠凸、凹模刃口尺寸的准确性来保证。因此，正确地确定冲裁模刃口尺寸及制造公差，是冲裁模设计过程中的一项关键性的工作。

1) 凸、凹模工作刃口尺寸的计算原则。在确定刃口尺寸及制造公差时应遵循下述原则：

①落料件尺寸决定于凹模尺寸。设计落料模时，以凹模为基准，先根据工件尺寸计算凹模工作刃口尺寸，间隙取在凸模上，冲裁间隙通过减小凸模刃口的尺寸来取得。

②冲孔件尺寸决定于凸模尺寸。设计冲孔模时以凸模为基准，先根据工件尺寸计算凸模工作刃口尺寸，间隙取在凹模上，冲裁间隙通过增大凹模刃口的尺寸来取得。

③根据磨损规律，落料时凹模洞孔磨损后增大，设计落料模时，凹模公称尺寸应取制件尺寸公差范围内的较小尺寸；设计冲孔模时，凸模公称尺寸则应取制件孔尺寸公差范围内的较大尺寸。这样，在凸、凹模制造时就储备了一定磨损留量，即使凸、凹模磨损到一定程度，仍能冲出合格制件。这个磨损留量称为备磨量，用 $x\Delta$ 表示。其中，$\Delta$ 为工件的公差值；$x$ 称为磨损系数，其值在 0.5~1 之间，与冲裁件制造精度有关。

其中，磨损后变大的尺寸称为第一类尺寸 $A_j$，磨损后变小的尺寸称为第二类尺寸 $B_j$，磨损后不变的尺寸称为第三类尺寸 $C_j$。

当冲裁件公差等级在 IT10 以上时，$x=1$。

当冲裁件公差等级在 IT11~IT13 时，$x=0.75$。

当冲裁件公差等级在 IT14 时，$x=0.5$。

④不管是落料还是冲孔，在初始设计模具时，冲裁间隙一般采用最小合理间隙值。

⑤冲裁模刃口尺寸的制造偏差方向，原则上采用单向标注，方向指向金属实体内部。即

入体原则。但是对刃口尺寸磨损后不变化的尺寸,制造偏差应取双向偏差且对称标注。

2)圆形凸、凹模刃口尺寸的计算。圆形凸、凹模采用互换加工,设计时需在图样上分别标注凸、凹模的刃口尺寸及制造公差。制造时,必须分别保证凸模、凹模的实际尺寸在图样标注精度范围以内,才能保证冲裁间隙。这种加工工艺加工精度高,难度大,一般只适用于圆形、方形等一些简单凸、凹模。

① 落料时,以凹模为基准,先计算凹模,即:

$$D_{\mathrm{d}} = (D_{\max} - x\Delta)^{+\delta_{\mathrm{d}}}_{0} \tag{2-20}$$

$$D_{\mathrm{p}} = (D_{\mathrm{d}} - Z_{\min})^{0}_{-\delta_{\mathrm{p}}} = (D_{\max} - x\Delta - Z_{\min})^{0}_{-\delta_{\mathrm{p}}} \tag{2-21}$$

② 冲孔时,以凸模为基准,先计算凸模,即:

$$d_{\mathrm{p}} = (d_{\min} + x\Delta)^{0}_{-\delta_{\mathrm{p}}} \tag{2-22}$$

$$d_{\mathrm{d}} = (d_{\mathrm{p}} + Z_{\min})^{+\delta_{\mathrm{d}}}_{0} = (d_{\min} + x\Delta + Z_{\min})^{+\delta_{\mathrm{d}}}_{0} \tag{2-23}$$

③ 孔中心距:

$$L_{\mathrm{d}} = (L_{\min} + 0.5\Delta) \pm 0.125\Delta \tag{2-24}$$

式中 $D_{\mathrm{d}}$——落料凹模公称尺寸(mm);
$D_{\mathrm{p}}$——落料凸模公称尺寸(mm);
$d_{\mathrm{p}}$——冲孔凸模公称尺寸(mm);
$d_{\mathrm{d}}$——冲孔凹模公称尺寸(mm);
$D_{\max}$——落料件上极限尺寸(mm);
$d_{\min}$——冲孔件孔的下极限尺寸(mm);
$\Delta$——制件公差;
$L_{\mathrm{d}}$——同一工步中凹模孔距公称尺寸(mm);
$Z_{\min}$——凸、凹模最小初始双向间隙(mm);
$\delta_{\mathrm{p}}$——凸模下极限偏差,按 IT6~IT7 级选取;
$\delta_{\mathrm{d}}$——凹模上极限偏差,按 IT6~IT7 级选取;
$x$——磨损系数。

3)关于 $\delta_{\mathrm{p}}$、$\delta_{\mathrm{d}}$ 值的确定。

① 按 IT6~IT7 级选取。

② 按经验取 $\delta_{\mathrm{p}} = \delta_{\mathrm{d}} = \Delta/8$。

为了保证冲裁间隙在合理范围内,选定的 $\delta_{\mathrm{p}}$、$\delta_{\mathrm{d}}$ 的值需满足下列关系式:

$$|\delta_{\mathrm{p}}| + |\delta_{\mathrm{d}}| \leq Z_{\max} - Z_{\min} \tag{2-25}$$

③ 根据关系式选取,即:

$$\delta_{\mathrm{d}} = 0.6(Z_{\max} - Z_{\min}) \tag{2-26}$$

$$\delta_{\mathrm{p}} = 0.4(Z_{\max} - Z_{\min}) \tag{2-27}$$

$\delta_{\mathrm{p}}$、$\delta_{\mathrm{d}}$ 值的大小直接影响模具的实际间隙的大小。$\delta_{\mathrm{p}}$、$\delta_{\mathrm{d}}$ 与模具间隙的关系如图 2-46 所示。

**2. 定位零件设计**

模具上定位零件的作用是使毛坯在模具上能有正确的位置。根据使用的毛坯种类不同,把定位零件可分为两大类:一是用于条料定位的;二是用于单个块状毛坯定位的。

（1）条料定位零件　条料在模具上定位有两个内容：一是在送料方向上的定位，用来控制条料的送料节距，称为挡料销，如图 2-32 的件 13 所示。二是用来控制条料晃动的定位，通常称为侧面导板，又称导尺（图 2-33）。

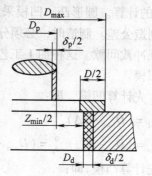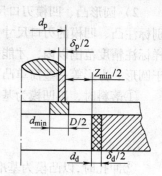

图 2-46　凸、凹模刃口尺寸

1）挡料销。挡料销的作用是保证条料送进时有准确的送进距离，如图 2-47 所示，其结构形式可分为固定挡料销和活动挡料销。图 2-47a、b 所示为固定挡料销，送进时，需要人工抬起条料送进，并将挡料销套入下一个孔中，使定位点靠紧挡料销。其中，图 2-47a 所示是圆柱式挡料销，又称蘑菇形挡料销，结构如图 2-48 所示。圆柱式挡料销的固定部分和工作部分的直径差别较大，不至于削弱凹模的强度，并且制造简单，使用方便，一般固定在凹模上，应用范围较广泛。图 2-47b 所示是钩形挡料销，是蘑菇形挡料销的变形形式，结构如图 2-49 所示，其固定部分的位置可离凹模的刃口更远一些，有利于提高凹模强度。但此种挡料销由于形状不对称，为防止转动需另加定向装置，适用于加工较大、较厚材料的冲压件。

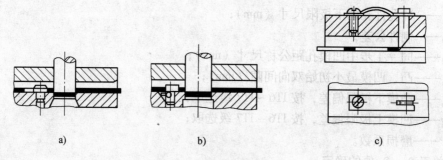

图 2-47　挡料销结构形式
a）蘑菇形挡料销　b）钩形挡料销　c）活动挡料销

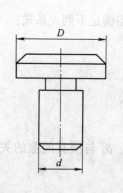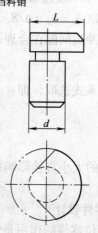

图 2-48　蘑菇形挡料销　　　　　图 2-49　钩形挡料销

图 2-47c 所示为活动挡料销。挡料销在送进方向带有斜面,送进时当搭边碰撞斜面使挡料销跳越搭边而进入下一个孔中,然后将条料后拉,挡料销便抵住搭边而定位。每次送料都应先送后拉。适用于厚度大于 0.8mm 的冲压材料,因为废料需有一定的强度,如料太薄,则不能带动挡料销活动。

2)侧面导板。采用条料或带料冲裁时,一般选用侧面导板或导料销来导正材料的送进方向。侧面导板常用于单工序模和级进模。导料销是导尺的简化形式,多用于有弹性卸料板的单工序模,其结构形式如图 2-50 所示。

侧面导板其结构形式有分离式和整体式两种,如图 2-51 所示。分离式是分别制造的两件长条板件,固定于凹模上方而实现对条料的定位。整体式是固定卸料板的下方按送料的尺寸要求加工出一通槽形成的,可简化模具结构,只适用于固定卸料板的单工序或连续工序的冲裁模中。

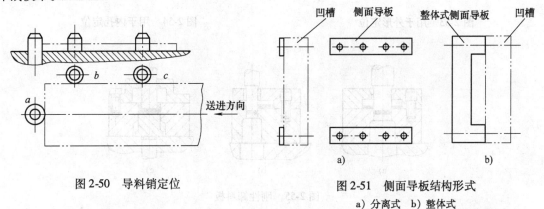

图 2-50 导料销定位

图 2-51 侧面导板结构形式
a) 分离式　b) 整体式

导尺的厚度根据条料的厚度、质量情况和工件的定位形式而定。两侧导尺定位部分之间的距离,在单工序模具中,应等于条料宽度加上 0.2~1.0mm 的间隙。

(2) 单个毛坯定位零件　单个毛坯进行冲压加工时,一般采用定位板或定位销定位。

1)定位销。定位销定位主要用于单个毛坯的外形定位,如图 2-52 所示。

2)定位板。定位板定位既可用于外形定位,亦可用于内孔定位。用于外形定位的如图 2-53 所示。用于内孔定位的如图 2-54 所示。

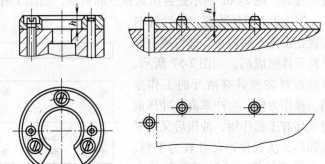

图 2-52 定位销定位

### 3. 其他零部件设计

(1) 卸料板及卸料装置

1)卸料板。卸料板一般分为刚性卸料板和弹性卸料板两种形式。

图 2-55 所示为刚性卸料板。其中,图 2-55a 所示是封闭式刚性卸料板,适用于冲压厚度

在 0.5mm 以上的条料。图 2-55b 所示是悬臂式刚性卸料板，适用于窄而长的毛坯。图 2-55c 所示是弓形刚性卸料板，适用于简单的弯曲模和拉深模。刚性卸料板用螺钉和销钉固定在下模上，能承受较大的卸料力，其卸料可靠、安全，但操作不便，生产率不高。刚性卸料板与凸模间的单边间隙一般取 0.1~0.5mm。刚性卸料板的厚度取决于卸料力大小及卸料尺寸，一般取 5~12mm。

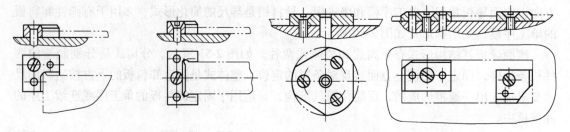

图 2-53　用于外形定位　　　　　图 2-54　用于内孔定位

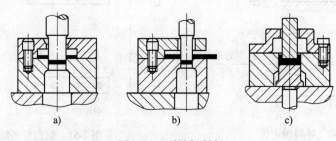

图 2-55　刚性卸料板
a）封闭式　b）悬臂式　c）弓形

图 2-56 所示为弹性卸料板。其中，图 2-56a 所示是平板式弹性卸料板，适用于无侧面导板的模具。图 2-56b 所示是台阶式弹性卸料板，适用于有侧面导板的模具。

2）弹性卸料装置。弹性卸料装置是由弹性卸料板、卸料螺钉和弹性元件组成的，如图 2-57 所示。弹性卸料装置具有敞开的工作空间，操作方便，生产率高，冲压前对毛坯有压紧作用，冲压后又可平稳卸料，从而使冲裁件较为平整。但由于受弹簧、橡胶等零件的限制，卸料力较小，且结构复杂，可靠性与安全性不如刚性卸料板。

①卸料螺钉的设计。卸料螺钉基本属于模具专用零件，结构如图 2-58 所示。卸料螺钉的结构尺寸确定如下：

$M$ = 标准螺纹直径（6~8mm）。

$d = M + (4~6\text{mm})$。

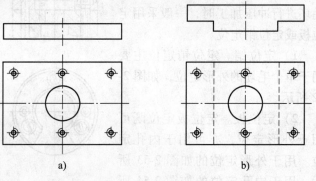

图 2-56　弹性卸料板
a）平板式　b）台阶式

$D = d + (6 \sim 8\text{mm})$。

$H = $ 卸料板厚度 $- (1 \sim 2\text{mm})$。

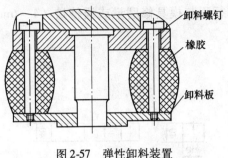

图 2-57　弹性卸料装置

图 2-58　卸料螺钉

模具无垫板时，$L = $ 凸模长度 $-$ 卸料板厚度 $+ (1 \sim 2\text{mm})$。

模具有垫板时，$L = $ 凸模长度 $-$ 卸料板厚度 $+$ 垫板厚度 $+ (1 \sim 2\text{mm})$。

注意，一副模具中有若干件卸料螺钉，在设计制造时必须保证 $L$ 尺寸一致，才能保证使卸料板与凸模垂直。

②弹簧和橡胶的选择。弹簧和橡胶是模具中广泛应用的弹性零件，主要用于卸料、推件和压边等场合。圆钢丝螺旋压缩弹簧和橡胶的选用方法如下：

a. 圆钢丝螺旋压缩弹簧的选择。模具设计时，弹簧一般是按照标准选用的，选择圆钢丝螺旋压缩弹簧的步骤为：

第一步：根据模具结构初步确定弹簧根数 $N$，并计算出每根弹簧分担的卸料力（或推件力、压边力）$F_{卸}/N$。

第二步：根据预压力 $F_{预}$（$\geqslant F_{卸}/N$）和模具结构尺寸，从标准弹簧表中初选出若干个规格的弹簧，这些弹簧需满足最大工作负荷 $F_1 > F_{卸}$ 的条件。

第三步：根据所选弹簧的规格，分别计算出各弹簧的 $s_1 = $ 自由高度 $H_0 -$ 受负荷 $F_1$ 时的高度 $H_1$。并根据负荷—行程曲线，查出各弹簧受载荷 $F_{卸}$ 时的 $s_{预}$，并算出 $s_{总} = s_{预} + s_{工作} + s_{修磨}$。满足 $s_1 \geqslant s_{总}$ 要求的弹簧，为可进行选择的弹簧。

第四步：检查弹簧的装配长度（即弹簧预压缩后的长度 $=$ 弹簧的自由长度 $H_0 -$ 预压缩量 $s_{预}$）、根数、直径是否符合模具结构空间尺寸，如符合要求，则为最后选定的弹簧规格，否则需重选。这一步骤，一般在绘图过程中检查。

b. 橡胶的选择。橡胶允许承受的负荷比弹簧大，且安装调整方便，成本低，是模具中广泛使用的弹性元件。橡胶在受压力方向所产生的变形与其所受到的压力不成正比关系，其特性曲线如图 2-59 所示。橡胶所能产生的压力为

$$F = Ap \tag{2-28}$$

式中　$A$——橡胶的横截面积（$\text{mm}^2$）；

$p$——与橡胶压缩量有关的单位压力（MPa），见表 2-29，也可由图 2-59 查出。

为了保证橡胶的正常使用，不致于过早损坏，应控制其允许的最大压缩量 $s_{总}$，一般取自由高度 $H_{自由}$ 的 35% ~ 45%，而橡胶的预压缩量 $s_{预}$，一般取 $H_{自由}$ 的 10% ~ 15%。橡胶的工作行程为：

$$s_{工作} = s_{总} - s_{预} = (0.25 \sim 0.30) H_{自由} \tag{2-29}$$

所以橡胶的自由高度为：

$$H_{自由} = s_{工作}/(0.5 \sim 0.30) \approx (3.5 \sim 4.0)s_{工作} \quad (2\text{-}30)$$

式中，$s_{工作}$——卸料板、推件块或压边圈等的工作行程与模具修磨量或调整量（4～6mm）之和再加 1～2mm。

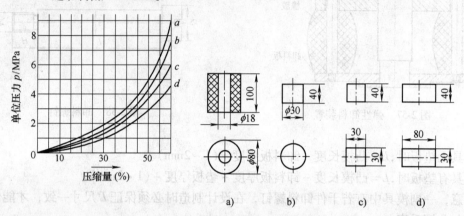

图 2-59　橡胶的特性曲线
a）圆筒形　b）圆柱形　c）、d）矩形

表 2-29　橡胶压缩量与单位压力值

| 压缩量（%） | 10 | 15 | 20 | 25 | 30 | 35 |
|---|---|---|---|---|---|---|
| 单位压力/MPa | 0.26 | 0.5 | 0.74 | 1.06 | 1.52 | 2.10 |

橡胶的高度 $H$ 与直径 $D$ 之比必须在下式范围内：

$$0.5 \leq H/D \leq 1.5 \quad (2\text{-}31)$$

如果超过 1.5，应将橡胶分成若干段，在其间垫钢垫圈，并使每段橡胶的 $H/D$ 值仍在上式范围内。

橡胶断面面积的确定，一般是凭经验估计，并根据模具空间大小进行合理布置。同时，在橡胶装上模具后，周围要留有足够的空隙位置，以允许橡胶压缩时断面尺寸的胀大。选用橡胶时的计算步骤如下：

第一步：根据工作行程 $s$ 工作计算橡胶的自由高度 $H_{自由}$。

$$H_{自由} = (3.5 \sim 4.0)s_{工作} \quad (2\text{-}32)$$

第二步：根据 $H_{自由}$ 计算橡胶的装配高度 $H_2$。

$$H_2 = (0.85 \sim 0.9)H_{自由} \quad (2\text{-}33)$$

第三步：在模具装配时，根据模具大小确定橡胶的断面面积。

（2）模架　模架是由上模座、下模座、导柱、导套组成，如图 2-60 所示。模架按安装导柱的数量不同可分为两导柱模架和多导柱模架；中小型模架均为两导柱模架，两导柱模架按导柱安装的位置不同又可分为后侧导柱、中间导柱和对角导柱模架。中小型模架

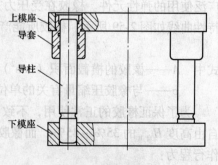

图 2-60　模架的组成

已标准化部件（由生产厂家组装完成），可按照国家标准选用。

（3）模柄　模柄的作用是将模具的上模座固定在压力机的滑块上。常用的模柄形式如图2-61所示。图2-61a所示为整体式模柄，模柄与上模座做成整体，用于小型模具。图2-61b所示为带台阶的压入式模柄，它与模座安装孔用H7/n6配合，可以保证较高的同轴度和垂直度，适用于各种中小型模具。图2-61c所示为带螺纹的旋入式模柄，与上模连接后，为防止松动，拧入防转螺钉紧固，垂直度精度较差，主要用于小型模具。图2-61d所示为凸缘式模柄，用螺钉、销钉与上模座紧固在一起，适用于较大的模具。图2-61e所示为浮动式模柄。它由模柄、球面垫块和联接板组成，这种结构可以通过球面垫块消除压力机导轨误差对冲模导向精度的影响，适用于精密冲模。

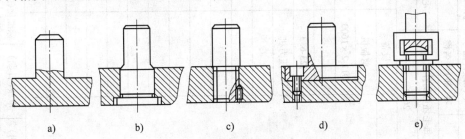

图2-61　模柄类型
a）整体式　b）压入式　c）旋入式　d）凸缘式　e）浮动式

## 【任务实施】

产品零件图是制定冲压工艺方案和模具设计的重要依据。在冲裁模设计之前，首先要仔细阅读冲裁件产品零件图，从产品的零件图入手，进行冲裁件工艺性分析和经济性分析。如果要批量生产如图2-31c所示的零件，需进行以下的分析计算。

**1. 零件工艺性分析**

本任务所加工的垫板零件结构简单，外形转角处无尖角，零件的公差等级为IT11～IT13，不需要加工内孔，选用冲压加工方法可以达到设计要求。该产品大批量生产，分摊到每个产品的模具成本很小，符合冲压加工的经济性要求。

**2. 垫板落料模总体方案的确定**

根据冲裁件的生产批量、尺寸精度的高低、尺寸大小、形状复杂程度、材料的厚薄、冲模制造条件与冲压设备条件等多方面因素，拟定出冲压工艺，然后选出一种最佳方案。

1）工艺方案确定。本产品的形状简单，只由一道落料工序组成，因此其冲压加工工艺方案是下料—落料，见工艺卡片（表2-30）。

2）垫板落料模类型的确定。

方案一：采用无导向简易冲裁模。

方案二：采用导板导向冲裁模。

方案三：采用导柱、导套导向冲裁模。

三种方案比较分析：

方案一，无导向简单冲裁模结构简单、模具制造容易、成本低，但冲模在使用安装时麻烦，周边间隙均匀性不容易保证，冲裁精度低且模具寿命低。它适用于精度要求低、形状简单、批量小或试制的冲裁件。

表2-30 垫板冲压工艺卡片

| ××××厂 | | 冲压工艺卡片 | | 产品型号 | | JUS530.05.00 | 零(部)件图号 | | JUS530.05.00 | 共 张 | 第 张 |
|---|---|---|---|---|---|---|---|---|---|---|---|
| | | | | 产品名称 | | 拖拉机 | 零(部)件名称 | | 垫板 | | |
| 材料牌号及规格 | | 材料技术要求 | | 毛坯尺寸 | | 每毛坯可制件数 | 毛坯重量 | | 辅助材料 | | |
| 钢板 $\delta_{0.5}$ 20 | | | | 1000mm×2000mm | | 2610 | | | | | |
| | | | | 零件图 | | | | | | | |
| 工序号 | 工序名称 | 工序内容 | | | | | 设备 | | 工艺装备 | | 工时 |
| 1 | 剪 | 剪条料 1000mm×32$_{-0.5}^{0}$mm | | | | | 剪板机 Q11-2×1600 | | 钢直尺(量程200mm) | | |
| 2 | 冲 | 落料 | | | | | 压力机 J23-6.3 | | 落料模 MJUS530.05.00 | | |
| | | | | | | | | | | | |
| | | | | | | | 设计(日期) | 审核(日期) | 标准化(日期) | 会签(日期) | 批准(日期) |
| 描图 | | | | | | | | | | | |
| 描校 | | | | | | | | | | | |
| 底图号 | | | | | | | | | | | |
| 装订号 | | | | | | | | | | | |
| 标记 | 处数 | 更改文件号 | 签字 | 日期 | | | 标记 | 处数 | 更改文件号 | 签字 | 日期 |

零件图尺寸：$12_{-0.11}^{0}$，$5_{0}^{+0.18}$，$20_{-0.13}^{0}$，$30_{-0.13}^{0}$，$6\times R2$

方案二，导板导向简单冲裁模比无导向简单冲裁模高、使用寿命较长，但该结构模具的导板兼起卸料作用，对于0.5mm厚的条料不宜采用该方案卸料。

方案三，导柱导套导向冲裁模导向准确、可靠，能保证冲裁间隙均匀、稳定，因此冲裁精度高，使用寿命长。对于大批量生产时，模具成本已不是主要考虑因素，可以采用此方案。

综合以上分析，垫板落料模应采用方案三。

3）垫板落料模结构形式的确定。

①操作方式选择手工送料。

②定位方式的选择。条料的送料过程主要考虑两个方向定位，一个是送料的宽度方向（导向），另一个是送料的长度方向（控制送料距离）。本例使用导料销和挡料销定位，如图2-62所示。

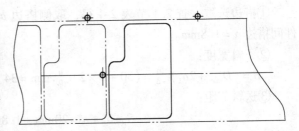

图2-62 条料的定位

4）卸料方式的选择。卸料方式主要有刚性卸料和弹性卸料，如图2-63所示，本例中板料的厚度较薄（0.5mm），不适宜采用刚性结构卸料（图2-63a），图2-63b、c均可以使用。

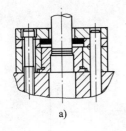 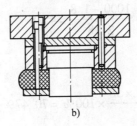 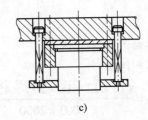

图2-63 卸料装置

5）出料方式的选择。出料方式主要有下出料和上出料两种，如图2-64所示。由于板料薄，为了保证制件的平面度，采用上出料的方式较好，此结构在冲裁时兼起压料作用，加工后制件平整度好。

6）垫板落料模结构简图。结构简图主要反映模具的具体结构方案，只要画出模具的工作零件、定位零件、卸料零件等工艺结构零件即可，然后根据结构简图进行具体零件设计，最终根据设计好的简图来完成模具装配图。结构简图如图2-65所示，模具上模部分主要由上模座、凸模固定板、凸模、卸料机构等零件组成，下模部分主要由下模座、导料销、挡料销、凹模、顶件板等零件组成。

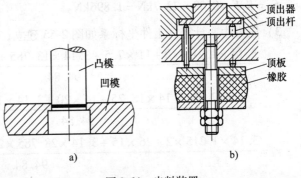

图2-64 出料装置
a）下出料 b）上出料

模具工作过程：当压力机滑块处于上死点时，开始送料，然后滑块带动上模部分向下运动，待卸料板压住板料时凸模继续向下冲裁板料，进入凹模，完成对板料的冲裁，获得所需要的工件，此后压力机上行，在弹簧的作用下，卸料板推下紧卡在凸模上的板料，进入凹模内的工件由顶件块顶出，完成一个工作循环。

**3. 垫板落料模设计计算**

1）工艺计算。

①搭边选取：查 2.1 节表 2-4 得，取侧搭边 $a_1 = 2\text{mm}$，工件间搭边 $a = 1.8\text{mm}$。

②条料宽度：

$$B = (D_{\max} + 2a_1)_{-\Delta}^{0} = (30 + 2 \times 2)_{-0.5}^{0}\text{mm} = 34_{-0.5}^{0}\text{mm}$$

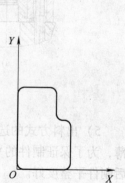

图 2-65 垫板落料模结构简图

③送料节距：

$$S = b' + a = 20\text{mm} + 1.8\text{mm} = 21.8\text{mm}$$

④每条料可加工件数：根据以上计算，下料尺寸定为 $34_{-0.5}^{0}\text{mm} \times 1000\text{mm}$，则

$$\frac{2000}{34} = 58.8$$

可见，每张 $1000\text{mm} \times 2000\text{mm}$ 钢板可剪条料 58 件。

$$\frac{1000 - 1.8}{21.8} = 45.8$$

可见，每条料可冲制件 45 个。

⑤材料利用率：

$$\eta = \frac{(15 \times 12 + 18 \times 20) \times 45 \times 58}{1000 \times 2000} \times 100\% = 70.47\%$$

2）冲压力计算。

①冲裁力的计算：$F = Lt\sigma_b = 94.84 \times 0.5 \times 500\text{kN} \approx 23.7\text{kN}$

②卸料力、顶件力计算：查 2.1 节表 2-2 得，卸料系数 $K_1 = 0.05$，顶件系数 $K_2 = 0.08$，则

$$F_1 = K_1 F = 0.05 \times 23.7\text{kN} = 1.185\text{kN};$$

$$F_2 = K_2 F = 0.08 \times 23.7\text{kN} = 1.896\text{kN}。$$

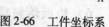

图 2-66 工件坐标系

3）压力中心计算。工件坐标系如图 2-66 建立，根据压力中心计算公式得：

$$x_0 = \frac{3.14 \times 1.215 \times 2 + 11 \times 7.5 + 3.14 \times 13.785 + 8 \times 20 + 3.14 \times 16.215}{94.84}\text{mm}$$

$$+ \frac{1 \times 17.5 + 3.14 \times 18.75 + 14 \times 20 + 3.14 \times 18.785 + 16 \times 10}{94.84}\text{mm} = 9.7\text{mm}$$

$$y_0 = \frac{3.14 \times 1.215 \times 2 + 26 \times 15 + 3.14 \times 28.785 \times 2 + 11 \times 30 + 8 \times 24 + 3.14 \times 19.215}{94.84}\text{mm}$$

$$+ \frac{1 \times 18 + 3.14 \times 16.785 + 14 \times 9}{94.84}\text{mm} = 14.3\text{mm}$$

4)模具刃口尺寸计算。凸模、凹模采用配作加工的方法加工。尺寸 20mm($A_1$)、30mm($A_2$)和 5 个 $R2$mm($A_3$)均为第一类尺寸;1 个 $R2$mm($B_1$)为第二类尺寸;5mm($C_1$)和 12mm($C_2$)为第三类尺寸;未注尺寸 $R2$mm 按 IT13 级计算($R2_{\ 0}^{+0.14}$mm)。

根据制件尺寸的公差等级(IT11~IT13),刃口磨损系数 $x$ 均为 0.75。

$A_1 = (A_{max} - x\Delta)_{\ 0}^{+0.25\Delta} = (20 - 0.75 \times 0.13)_{\ 0}^{+0.25 \times 0.13}$ mm $= 19.9_{\ 0}^{+0.03}$ mm。

$A_2 = (A_{max} - x\Delta)_{\ 0}^{+0.25\Delta} = (30 - 0.75 \times 0.13)_{\ 0}^{+0.25 \times 0.13}$ mm $= 29.9_{\ 0}^{+0.03}$ mm。

$A_3 = (A_{max} - x\Delta)_{\ 0}^{+0.25\Delta} = (2.14 - 0.75 \times 0.14)_{\ 0}^{+0.25 \times 0.14}$ mm $= 2.04_{\ 0}^{+0.035}$ mm。

$B_1 = (B_{min} + x\Delta)_{-0.25\Delta}^{\ 0} = (2 + 0.75 \times 0.14)_{-0.25 \times 0.14}^{\ 0}$ mm $= 2.1_{-0.035}^{\ 0}$ mm。

$C_1 = C \pm 0.125\Delta = \left(5 + \dfrac{1}{2} \times 0.18 \pm 0.125 \times 0.18\right)$ mm $= (5.09 \pm 0.023)$ mm。

$C_2 = C \pm 0.125\Delta = \left(12 - \dfrac{1}{2} \times 0.11 \pm 0.125 \times 0.11\right)$ mm $= (11.945 \pm 0.014)$ mm。

凹模、凸模的刃口尺寸如图 2-67 所示

**4. 模具主要零件设计**

1)凹模设计。

凹模厚度:$H = Kb = 0.3 \times 30$mm $= 9$mm,取 $H = 15$mm。

凹模长度:$L = b + 2c = 30$mm $+ 2 \times 30$mm $= 90$mm。

凹模宽度:$B = b' + 2c = 20$mm $+ 2 \times 30$mm $= 80$mm。

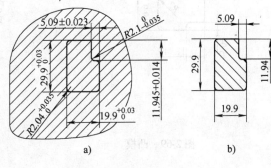

图 2-67 凹模、凸模刃口尺寸示意图
注:凸模按凹模配作,保证周边间隙 0.04mm。

另外,凹模上应该布置四个与下模座连接的螺纹孔和两个定位销,还有挡料销孔,如图 2-68 所示。

2)凸模设计。凸模的截面形状为异形,考虑到模具制造方便,凸模设计成上下一样的形状,与凸模固定板的连接方式采用铆接形式。

凸模的长度主要由凸模固定板厚度、卸料行程、弹簧预压缩长度等尺寸决定,暂取 56mm,如图 2-69 所示。

3)凸模固定板设计。凸模固定板厚度取凹模厚度的 80%~100%,考虑到凸模的形状,本任务取 20mm。一般情况下,凸模固定板可以选择与凹模外形一致。本任务中考虑到弹簧的安装位置和模具封闭高度等因素,将凸模固定板宽度缩小,如图 2-70 所示。

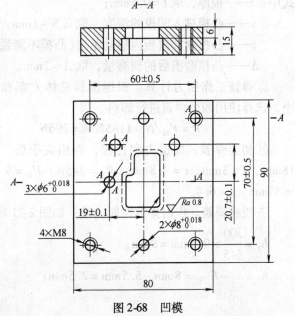

图 2-68 凹模

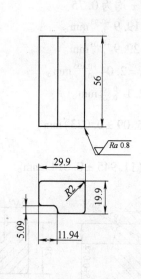

图 2-69 凸模

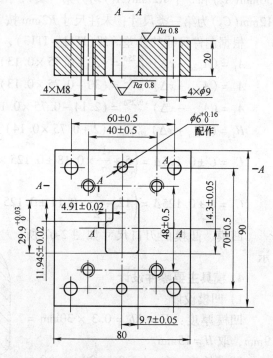

图 2-70 凸模固定板

4）卸料装置设计。

① 结构确定。根据前面分析，选择图 2-63c 所示的卸料方式。

② 卸料行程确定：$h_{工作} = t + a + b + \Delta = 5.5 mm$

式中　$t$——板厚，取 $t = 0.5 mm$；

　　　$a$——凸模进入凹模的深度，取 $0.5 \sim 1 mm$；

　　　$b$——凸模在卸料板内移动距离（凸模不能脱离卸料板），取 $b = (3 \sim 5) mm$；

　　　$\Delta$——凸模磨损后的预磨量，取 $\Delta = 2 mm$。

③ 弹簧工作压力计算。根据模具总体方案和卸料力大小，选择使用四个弹簧进行卸料。

$$P = F_{卸}/N = 1185N/4 = 296N$$

④ 初选弹簧。根据力和行程，查相关手册，选择 $D = 18mm$，$d = 3mm$，$t = 4.8mm$，$P_2 = 345N$，$H_2 = 9.2mm$，$H_0 = 35mm$，$n = 6.4$。

⑤ 校核弹簧。作出弹簧性能曲线，如图 2-71 所示。

$h_1 = \dfrac{300}{345} \times 9.2 mm = 8 mm$；

$h_0 = h_1 - h_{工作} = 8mm - 5.5mm = 2.5mm$；

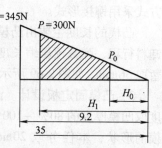

图 2-71 弹簧性能曲线

$P_0 = \dfrac{2.5}{9.2} \times 345\text{N} = 93.75\text{N}$。

根据 $h_1$ 和 $h_0$ 设计卸料机构长度尺寸。

5) 定位机构设计。定位尺寸如图 2-72 所示。

6) 顶出装置设计。如图 2-73 所示的顶出装置，要求保证顶件块的行程不小于 2.5mm，顶出动力可以由弹簧、橡胶圈、压缩空气产生。

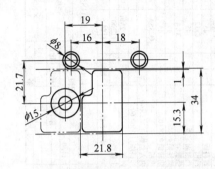

图 2-72 定位尺寸的确定

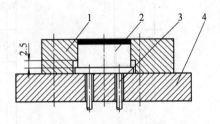

图 2-73 顶出装置
1—凹模　2—顶件块　3—顶杆　4—下模座

7) 上、下模座设计。上、下模座选用标准模架的模板，在上面加工螺钉孔、销孔等，位置按与其连接的凸模固定板和凹模孔位置确定，其厚度分别为：

$H_{上} = (1 \sim 1.3)H_{凹} = (20 \sim 26)\text{mm}$，取 $H_{上} = 22\text{mm}$。

$H_{下} = (1.3 \sim 1.5)H_{凹} = (26 \sim 30)\text{mm}$，取 $H_{下} = 28\text{mm}$。

**5. 垫板落料模装配图绘制**

模具装配图如图 2-74 所示。

**6. 模具主要零件图**（略）

【实训与练习】

1. 单工序冲裁模主要由哪几部分组成？
2. 什么是模具间隙？其大小对冲裁件质量有什么影响？
3. 确定冲裁凸、凹模刃口尺寸的基本原则是什么？
4. 如图 2-75 所示零件，材料为 Q235 钢，板厚为 2mm，试确定落料凹、凸模尺寸。
5. 如图 2-76 所示零件，材料为 10 钢，料厚 2mm，采用配作法加工，求凸、凹模刃口尺寸及公差。
6. 凹模厚度尺寸、外形尺寸、刃口形式应如何设计？
7. 导板式冲模的导板作用有哪些？其间隙大小有何要求？
8. 试分析导柱导套式冲裁模的结构、特点。
9. 凸模垫板的作用是什么？如何正确设计垫板？
10. 模架有哪些种类？各有何特点？

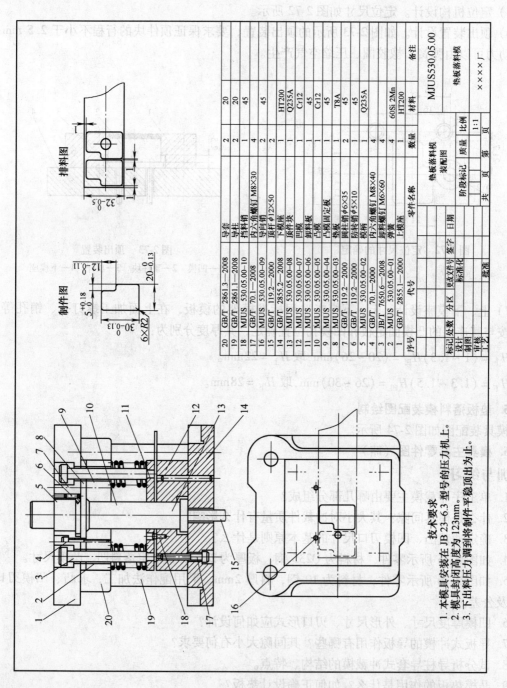

图2-74 垫板落料模装配图

项目二 冲裁工艺与冲裁模设计

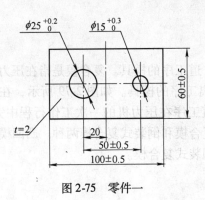

图 2-75 零件一

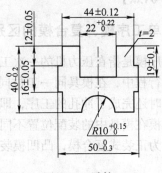

图 2-76 零件二

## 2.3 复合冲裁模设计

单工序模结构简单，模具制造周期短，但工人操作麻烦，需要分几套模具冲压，冲压件质量难以保证。因此在模具设计时，可以把两道以上的工序进行组合，在压力机一次行程中完成加工。本任务主要研究复合模结构。

【任务引入】

复合模是在压力机的一次行程中，同一工位上同时完成两道或两道以上不同冲裁工序的冲模。它在结构上的主要特征是有一个或几个具有双重作用的工作零件——凸凹模。图 2-77 所示为落料冲孔复合模工作部分的结构原理图，凸凹模 5 兼起落料凸模和冲孔凹模的作用，它与落料凹模 3 配合完成落料工序，与冲孔凸模 2 配合完成冲孔工序。冲裁结束后，冲裁件卡在落料凹模内，由推件块 1 推出，条料箍在凸凹模上由卸料板 4 卸下，冲孔废料卡在凸凹模孔内由冲孔凸模逐次推下。

某公司批量生产如图 2-78 所示的零件，材料为 Q235A。通过本任务学习，学生掌握复合冲裁模的基本结构、设计方法，培养学生综合处理问题的能力。

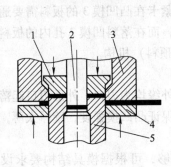

图 2-77 复合模结构原理
1—推件块  2—冲孔凸模  3—落料凹模  4—卸料板  5—凸凹模

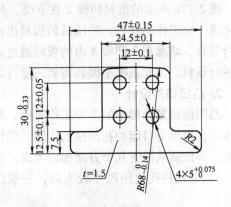

图 2-78 过渡垫板

71

# 冲压成形工艺与模具设计

## 【相关知识点】

### 2.3.1 单工序模、复合模的区别

单工序模是指在压力机的一次工作行程中完成一道工序的模具。复合模是指在压力机的一次工作行程中,在模具同一工位同时完成数道分离工序的模具。如图 2-79 所示,在落下外形的同时还完成了冲孔的工序,即落料和冲孔两道工序在压力机的一次工作行程中完成。根据凸凹模在模具中的装配位置不同,分为正装式复合模和倒装式复合模两种。凸凹模装在上模的称为正装式复合模,凸凹模装在下模的称为倒装式复合模。

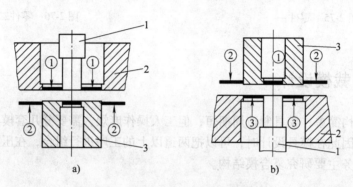

图 2-79 正装、倒装复合模原理图
a) 倒装复合模 b) 正装复合模
1—冲孔凸模 2—落料凹模 3—凸凹模(落料凸模和冲孔凹模组合)

**1. 倒装复合模与正装复合模的区别**

图 2-79a 所示的落料凹模 2 在上模、凸凹模 3 在下模的复合模称为倒装复合模。当该模具完成一次工作循环后,冲压后的板料出现以下现象:紧扣在凸凹模 3 的板料需要通过力②进行卸料,含在落料凹模 2 孔内的板料通过力①进行打料,而在凸凹模 3 孔内的板料由下一循环的冲裁力向下推出,因此该类型模具需要两套卸(打)料机构。

图 2-79b 所示的落料凹模 2 在下模、凸凹模 3 在上模的复合模称为正装复合模。当该模具完成一次工作循环后,冲压后的板料出现以下现象:紧卡在凸凹模 3 的板料需要通过力②进行卸料,堵塞在凸凹模 3 内的板料通过力①进行打料,而在落料凹模 2 孔内的板料通过力③进行顶料,因此该类型模具需要三套(卸料、打料、顶料)机构。

**2. 凸凹模的设计**

凸凹模是复合模中的主要工作零件,其工作面的内外缘均为刃口,外形刃口起落料凸模的作用,内形刃口起冲孔凹模的作用。设计关键主要是保证凸凹模强度,壁厚太薄,易发生开裂,因此需从以下几个方面加以考虑:

1)冲裁件孔边距尺寸较大时,一般凸凹模强度足够,可根据模具结构要求设计凸凹模。

2)冲裁件孔边距尺寸较小时,凸凹模壁厚应受最小值限制。

对于正装式复合模,内孔不积存废料,胀力小,最小壁厚可以小些。当冲裁黑色金属时可取材料厚度的 1.5 倍,但不小于 0.7mm,当冲裁有色金属时可取材料厚度的 1 倍,但不小

于 0.5mm；对于倒装式复合模，内孔积存废料多，胀力大，故最小壁厚应大些，数值可查表 2-31 或图 2-80。

表 2-31 倒装复合模的凸凹模最小壁厚 $\delta$

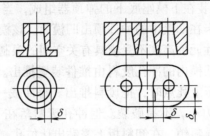

（单位：mm）

| 材料厚度 $t$ | 0.4 | 0.5 | 0.6 | 0.7 | 0.8 | 0.9 | 1.0 | 1.2 | 1.4 | 1.5 | 1.75 |
|---|---|---|---|---|---|---|---|---|---|---|---|
| 最小壁厚 $\delta$ | 1.4 | 1.6 | 1.8 | 2.0 | 2.3 | 2.5 | 2.7 | 3.2 | 3.6 | 3.8 | 4.0 |
| 材料厚度 $t$ | 2.0 | 2.2 | 2.5 | 2.75 | 3.0 | 3.5 | 4.0 | 4.5 | 5.0 | 5.5 | |
| 最小壁厚 $\delta$ | 4.9 | 5.2 | 5.8 | 6.3 | 6.7 | 7.8 | 8.5 | 9.3 | 10 | 12 | |

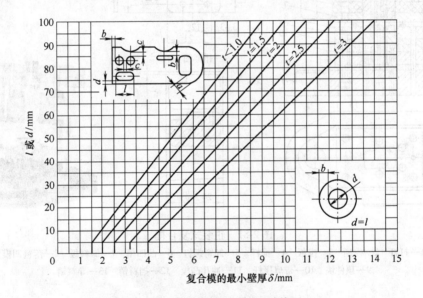

图 2-80 凸凹模最小壁厚经验线图

注：1. $a$ 是直边间距离，$b$ 是圆弧与直边距离，$c$ 是圆弧与圆弧距离。
2. $b = 0.9a$，$c = 0.8a$。
3. 本线图 $a$ 值适用于 $\tau_b \leqslant 400$MPa 的冲压材料，对于 $\tau_b \leqslant 600$MPa 的冲压材料应乘以 1.2。
4. 圆弧部分狭边长度 $l$ 按弦长计算，同心圆狭边长度等于直径。

### 2.3.2 正装、倒装复合模

**1. 正装复合模结构**

（1）正装复合模工作过程与基本结构 图 2-81 所示为正装式落料冲孔复合模。凸凹模

6在上模，落料凹模8和冲孔凸模11在下模。工作时，板料以导料销13和挡料销12定位。上模下压，凸凹模外形和落料凹模8进行落料，落下料卡在凹模中，同时冲孔凸模与凸凹模内孔进行冲孔，冲孔废料卡在凸凹模孔内。卡在凹模中的冲裁件由顶件装置顶出。顶件装置由带肩顶杆10和顶件块9及装在下模座底下的弹顶器组成，当上模上行时，原来在冲裁时被压缩的弹性元件恢复，把卡在凹模中的冲件顶出凹模面。该模具采用装在下模座底下的弹顶器推动顶杆和顶件块，弹性元件高度不受模具有关空间的限制，顶件力大小容易调节，可获得较大的顶件力。卡在凸凹模内的冲孔废料由推件装置推出。推件装置由打杆1、推板3和推杆4组成。当上模上行至上死点时，把废料推出。每冲裁一次，冲孔废料被推下一次，凸凹模孔内不积存废料，胀力小，不易破裂。但冲孔废料落在下模工作面上，清除废料麻烦。由于采用固定挡料销和导料销，在卸料板上需钻出让位孔。

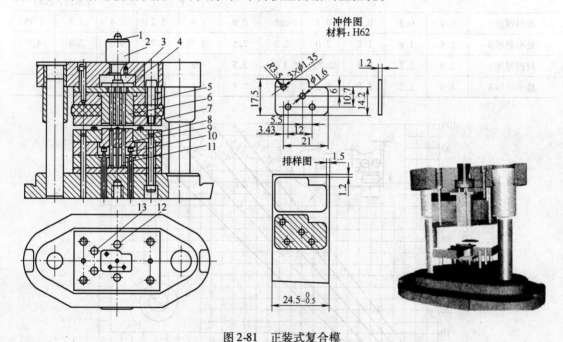

图 2-81 正装式复合模
1—打杆　2—模柄　3—推板　4—推杆　5—卸料螺钉　6—凸凹模　7—卸料板　8—落料凹模
9—顶件块　10—带肩顶杆　11—冲孔凸模　12—挡料销　13—导料销

（2）正装复合模的结构设计　图 2-82 所示是一副正装的垫圈冲裁复合模。

从图 2-82 正装复合模工作过程可以看出，正装式复合模工作时，板料是在压紧的状态下分离，冲出的冲裁件平直度较高。但由于弹顶器和弹性卸料装置的作用，分离后的冲裁件容易被嵌入边料中，影响操作，从而影响了生产率。

**2. 倒装复合模结构**

（1）倒装复合模工作过程与基本结构　图 2-83 为倒装式复合模，该模具的凸凹模18装在下模，落料凹模7和冲孔凸模17装在上模。倒装式复合模通常采用刚性推件装置，冲孔废料直接由冲孔凸模从凸凹模内孔推下，无顶件装置，结构简单，操作方便，但如果采用直刃壁凹模洞口，凸凹模内有积存废料，胀力较大，当凸凹模壁厚较小时，可能导致凸凹模破裂。

项目二 冲裁工艺与冲裁模设计

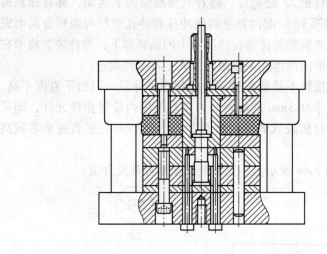
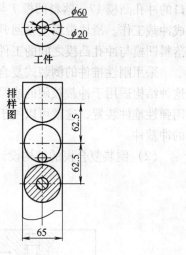

图 2-82 垫圈冲裁正装复合模

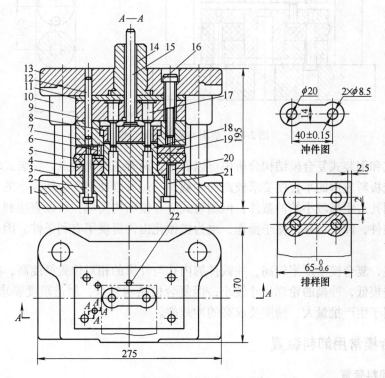

图 2-83 倒装复合模
1—下模座 2—卸料螺钉 3—导柱 4—凸凹模固定板 5—橡胶
6—导料销 7—落料凹模 8—推件块 9—凸模固定板 10—导套
11—垫板 12—销钉 13—上模座 14—模柄 15—打杆
16—紧固螺钉 17—冲孔凸模 18—凸凹模 19—卸料板
20—销钉 21—紧固螺钉 22—挡料销

工作时，条料沿导料销6送至挡料销22处定位。随着上模滑块向下运动，具有锋利刃口的冲孔凸模17、落料凹模7与凸凹模18一起冲裁条料使冲件和冲孔废料与条料分离而完成冲裁工作。滑块带动上模回升时，卸料装置将箍在凸凹模上的条料卸下，推件装置将卡在落料凹模与冲孔凸模之间的工件向下推出掉落在下模面，由人工将工件取走。

采用刚性推件的倒装式复合模，板料不是处在被压紧的状态下冲裁，因而平直度不高。这种结构适用于冲裁较硬的或厚度大于0.3mm的板料。如果在上模内设置弹性元件，即采用弹性推件装置，这就可以用于冲制材质较软的或板料厚度小于0.3mm且平直度要求较高的冲裁件。

（2）倒装复合模的结构设计　图2-84所示是一副倒装的垫圈冲裁复合模。

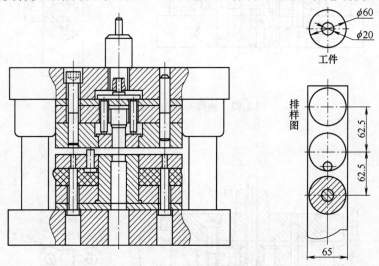

图2-84　垫圈冲裁倒装复合模

从正装式和倒装式复合模结构分析中可以看出，两者各有优缺点。正装式较适用于冲制材质较软的或板料较薄的平直度要求较高的冲裁件，还可以冲制孔边距较小的冲裁件。而倒装式不宜冲制孔边距离较小的冲裁件，但倒装式复合模结构简单，可以直接利用压力机的打杆装置进行推件，卸件可靠，便于操作，也为机械化出件提供了有利条件，因此，应用十分广泛。

综上所述，复合模生产率较高，冲裁件的内孔与外缘的相对位置精度高，板料的定位精度要求比级进模低，冲模的轮廓尺寸较小，但复合模结构复杂，制造精度要求高，成本高。复合模主要用于生产批量大、精度要求高的冲裁件。

## 2.3.3　复合模常用卸料装置

**1. 弹性卸料装置**

弹性卸料装置主要用于卸下箍在凸凹模的条料，它是由弹性卸料板、卸料螺钉和弹性元件组成。基本结构已在2.2.3节介绍过，也可参照图2-82和图2-84的结构设计。

**2. 推件装置**

推件装置是利用装在上模部分的顶板、推杆、推块将工件或废料从上模中推出的装置，其结构形式有以下几种。

（1）正装复合模推件装置

1）中心单孔推料结构形式如图 2-85 所示，由推杆 1 和推块 2 组成。设计时推块与凸凹模内孔无需配合，四周可留有 0.2mm 左右的间隙，但要保证装配后推块下端面高出凸凹模下端面 0.5~1mm，利于废料清除。

2）多孔推料结构形式如图 2-86 所示，推杆 1 通过顶板 2 和废料推杆 3 把废料从凸凹模中推出。该结构要在上模座中开出顶板 2 的推料活动空间，会降低上模座工作强度和垫板的支撑刚度。应合理设计顶板的形状，增大模座对垫板的支承。

（2）倒装复合模推件装置

1）中心推杆结构如图 2-87 所示，是由推杆 1 和推件块 2 组成，推杆 1 通过推件块 2 将工件推下。设计时推件块 2 外轮廓应与凹模采用 H8/f8 的配合形式，推件块内孔与凸模采用非配合形式，四周可留有 0.2~0.5mm 的间隙，可克服制造、装配误差对小凸模影响。

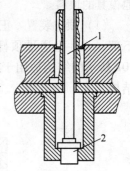

图 2-85　中心单孔推料
1—推杆　2—推块

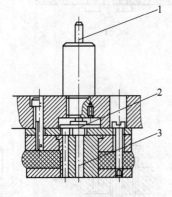

图 2-86　多孔推料
1—推杆　2—顶板　3—废料推杆

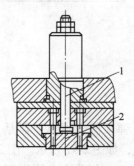

图 2-87　中心推杆结构
1—推杆　2—推件块

2）周边推杆结构如图 2-88 所示，该结构推料时是由推杆 1 通过顶板 2、顶杆 3、推块 4 将工件推下。图中顶板 2 设置在加厚的垫板中，应合理设计顶板的形状，不影响模座对垫板的支承。

3）薄料冲裁推出装置如图 2-89 所示。薄料或涂油冲裁时，工件容易粘附在推件块下端面上，可在推件块上增设弹顶器加以克服。

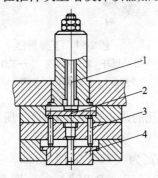

图 2-88　周边推杆结构
1—推杆　2—顶板　3—顶杆　4—推块

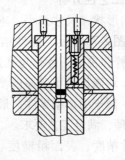

图 2-89　薄料冲裁推出装置

### 3. 弹顶装置

弹顶装置多用于正装复合模中将料从凹模内向上顶出，也可用于单工序模、级进模或其他模具的顶料。

（1）顶件装置　正装复合模中常用的顶件装置如图 2-90 所示。弹顶器置于下模座的下部，弹性力通过顶杆（卸料螺钉）2 推动顶件块 1 向上，将工件从凹模中顶出。图 2-90a 所示的结构适用于顶件块带台肩的结构。图 2-90b 所示的结构适用于顶件块无台肩的结构。

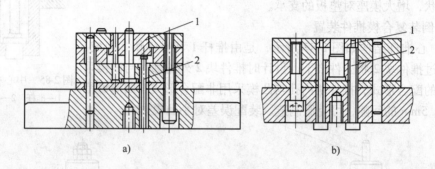

图 2-90　顶件装置
1—顶件块　2—顶杆

（2）下弹顶器　下弹顶器是为顶件装置提供弹性力的装置，如图 2-91 所示。图 2-91a 所示为通用的弹顶器，顶杆 1 在弹性力的作用下推动下模中的顶板。弹顶器用螺杆 4 与下模座 2 连接，并置于工作台（垫板）3 的孔中。通过调节螺母 5 可调整弹顶力的大小。图 2-91b 所示为用碟形弹簧来代替弹性体，能产生较大的弹性力，但工作时压缩量常受到较大限制。

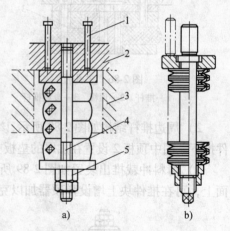

图 2-91　下弹顶器
1—顶杆　2—下模座　3—工作台（垫板）　4—螺杆　5—调节螺母

### 【任务实施】

**1. 零件工艺性分析**

1）结构形状、尺寸大小。本任务的冲裁件"过渡垫板"如图 2-78 所示，制件结构简单、形状对称，无细长的悬臂和狭槽，各孔与孔边的距离为 5.23mm 和 6.25mm，均满足最小壁厚的要求，制件最大尺寸为 47.5mm，属于中小型零件，最小尺寸为 5，不小于冲孔的最小孔径（$0.1t$），所以该制件尺寸设计合理，满足工艺要求。

2）尺寸精度、表面粗糙度、位置精度。制件底部宽为（47±0.15）mm，上部宽为（24.5±0.1）mm，孔中心距为（12.5±0.1）mm 和（12±0.05）mm，圆弧半径为 $68_{-0.14}^{0}$mm，其余未注公差属于自由尺寸，所有尺寸的公差等级不高于 IT11 级，利用普通冲裁可以保证精度要求。零件表面粗糙度无特殊要求，位置精度要求不高（按未注公差处理），普通冲裁可以满足要求。

3）冲裁件的材料性能。材料为Q235A，其塑性好，抗拉强度适中，具有良好的冲裁性能。

4）冲压加工的经济性分析。大批量生产该制件，分摊到每个制件的模具成本较低，而且用冲压加工的方法可以保证产品质量的稳定、材料利用率高、操作简单、生产率高等优点。

结论：通过以上工艺分析，此制件适合冲裁。

### 2. 冲压工艺方案确定

该制件包括落料和冲孔两道工序，可以有以下四种方案：

方案一：先落料后冲孔，采用单工序模生产。

方案二：先冲孔后落料，采用单工序模生产。

方案三：冲孔-落料连续冲压，采用级进模生产。

方案四：冲孔-落料复合冲压，采用复合模生产。

方案一、方案二模具结构简单，但因该零件有落料、冲孔两道工序，需要两套模具，且需要进行两次定位，带来定位累计误差，导致孔的位置精度不高，而且生产率低，不适合大批量生产，方案二比方案一更难定位。

方案三只需一套模具，生产率高，而且能够实现自动化送料，但零件的冲压精度稍差，欲要保证冲压位置精度，需要在模具上设置导正销。

方案四也只要一套模具，生产率也很高，虽然模具的结构复杂，但冲压件精度容易得到保证，而且该制件的几何形状简单对称，模具制造并不十分困难。

通过以上四种方案的分析可看出，用级进模和复合模都能生产，但由于该制件形状精度要求较高，故可优先采用方案四生产。

查表2-31可知，倒装复合模的凸凹模最小壁厚为3.8mm，根据零件图要求其最小壁厚为2.73mm，最小壁厚不能满足倒装复合模的条件。该尺寸（2.73mm）——可以根据零件图的尺寸公差推算出最小壁厚为2.73mm大于1.5倍板厚（1.5mm×1.5=2.25mm），满足正装复合模的要求，因此为保证凸凹模强度，选择使用正装复合模生产。

结论：采用正装复合模。

### 3. 模具结构形式的确定

1）操作方式的选择。选择手工送料的方式。

2）定位方式的选择。采用两个导料销进行送料方向的控制，采用一个挡料销控制送料距离（35±0.1）mm，其结构如图2-92所示。

3）卸料方式的选择。卸料方式主要有刚性卸料和弹性卸料，其中弹性卸料装置在工作过程中还兼起压料作用。该冲裁件板厚1.5mm，使用弹性卸料更有利于保证冲裁件的平面度，其结构如图2-93所示。

正装复合模工作时凹模内不能留有制件，必须在冲裁每次冲程中进行出料。如图2-94所示，其顶件力由橡胶圈产生。同时，在冲裁过程中，凸凹模中还有冲孔后的废料，使用刚性卸料机构打出，其结构如图2-95所示。

### 4. 模具结构草图及工作原理

根据以上分析，该模具采用正装结构复合模，如图2-96所示。上模部分由凸凹模、卸料装置、打料装置等组成。下模部分由落料凹模、顶件装置等组成。

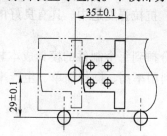

图 2-92 过渡垫板排料图

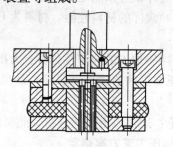

图 2-93 卸料装置

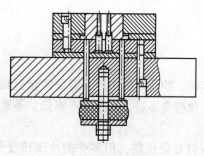

图 2-94 顶件装置

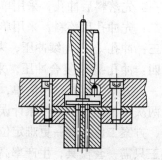

图 2-95 打料装置

模具的工作原理：板料沿导向装置送料定位后，在压力机的一次行程中对板料完成冲孔和落料两个工序，然后卸料装置卸下套在凸凹模上的条料，保证下一循环顺利送料；在此同时打料装置将留在凸凹模孔内的废料打出，顶件装置将留在落料凹模内的冲裁件顶出，完成一个工作循环。

**5. 设计计算**

（1）工艺计算

1）搭边的确定。查 2.1 节表 2-4 得其侧搭边值 $a_1$ = 1.8mm，工件间搭边值 $a$ = 1.5mm。

2）条料料宽。$B_{-\Delta}^{0} = (D_{max} + 2a_1)_{-\Delta}^{0} = (47.5 + 2 \times 1.8)_{-\Delta}^{0}$mm = $50.75_{-0.5}^{0}$mm（$\Delta$ 由 2.1 节表 2-6 查得，$\Delta$ = 0.5），将该值圆整得：$B_{-\Delta}^{0} = 51_{-0.5}^{0}$mm

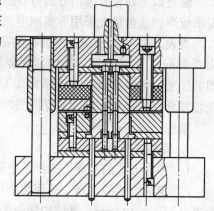

图 2-96 模具结构图

3）送料节距为 $S$ = 31.8mm。

4）排样图如图 2-97 所示。

5）每条料可加工件数。根据以上计算，下料尺寸定为 $51_{-0.5}^{0}$mm × 1000mm，由于 2000/51 = 39.2，所以每张 1000mm × 2000mm 钢板可剪条料 39 件。由于（1000 − 1.8）/31.8 = 31.4，所以，每条料可冲制件 31 个。

（2）压力中心的确定

1）把坐标原点建立在四个小圆的对称中心线上，使四个小圆对坐标轴的力矩之和为零。压力中心的确定如图 2-98 所示。

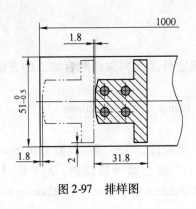
图 2-97 排样图

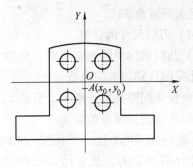
图 2-98 压力中心

2）每一个凸模刃口周长及压力中心坐标。

冲裁外形轮廓周长为：

$L_1 = 47 \times 2\text{mm} + 29 \times 2\text{mm} = 152\text{mm}$

$y_1 = \dfrac{21.4 \times 0.25 \times 2 + 24.5 \times 11.5 - 11.25 \times 11 \times 2 - 7.5 \times 14.75 \times 2 - 47 \times 18.5}{152}\text{mm}$

$= -6.88\text{mm}$（公式中的尺寸是从 CAD 图中测量得到）

$x_1 = 0$

3）冲模的压力中心坐标。

冲孔周长为：

$L_2 = 4\pi d = 4 \times 3.14 \times 5\text{mm} = 62.8\text{mm}$

$y_0 = \dfrac{-7.29 \times 152}{152 + 62.8}\text{mm} = -5.2\text{mm}$

$x_0 = 0$

(3) 计算冲压力 查表得材料的抗拉强度 $\sigma_b = 450\text{MPa}$，卸料系数 $K_1 = 0.05$，顶件系数 $K_3 = 0.06$。

落料力为：$F_{落} = Lt\sigma_b = 152 \times 1.5 \times 450\text{kN} = 102.6\text{kN}$。

冲孔力为：$F_{冲} = Lt\sigma_b = 62.8 \times 1.5 \times 450\text{kN} = 42.39\text{kN}$。

冲裁力为：$F = F_{冲} + F_{落} = 42.39 + 102.6\text{kN} \approx 145\text{kN}$。

卸料力为：$F_1 = K_1 F_{落} = 0.05 \times 102.6\text{kN} = 5.13\text{kN}$。

顶件力为：$F_3 = K_3 F = 0.06 \times 145\text{kN} = 8.7\text{kN}$。

该落料冲孔复合模采用正装结构及弹压卸料和上出件方式。

故总的冲压力为：$F_{总} = F + F_1 + F_3 = 145\text{kN} + 5.13\text{kN} + 8.7\text{kN} = 158.83\text{kN}$。

压力机公称压力的确定：$F = 1.1F_{总} = 1.1 \times 158.83\text{kN} \approx 174.7\text{kN}$

初选公称压力为 250kN 的开式双柱可倾 J23-25 型压力机。压力机具体参数为：滑块行程 65mm，滑块行程次数 55 次/min，最大封闭高度 270mm，封闭高度调节量 65mm，滑块中心线至床身距离 200mm，立柱距离 270mm，工作台尺寸（前后×左右）370mm×560mm，工作台孔尺寸 $\phi$260mm，垫板厚度尺寸 50mm，模柄孔尺寸（直径×深度）$\phi$40mm×60mm，床身最大可倾角30°。

(4) 刃口尺寸的计算

1) 凸模和凹模的制造方式。根据零件的形状，决定外形落料采用配合加工的方法，四个内孔采用分别加工法制造。

2) 模具间隙选取。查2.2节表2-28得：$Z_{min} = 0.14mm$，$Z_{max} = 0.20mm$。

3) 模具制造精度的确定。

①配合加工的方法：凹模按 1/4Δ 选择，凸模按凹模配作，保证周边间隙为 0.09mm。

②分别加工的方法：凸、凹模分别按 IT6 级和 IT7 级公差等级制造，$\delta_d = 0.012mm$，$\delta_p = 0.008mm$，经验证 $|\delta_p| + |\delta_d| \leq Z_{max} - Z_{min}$，$0.008mm + 0.012mm = 0.02mm < 0.06mm$（满足间隙公差条件）。

4) 磨损系数 $x$ 确定。$4 \times \phi 5^{+0.075}_{0} mm$ 为孔类尺寸，经查公差表知公差等级为 IT11 级，取 $x = 0.75$。$A_1 = (47 \pm 0.15)mm$，$A_2 = (24.5 \pm 0.1)mm$，$A_3 = 7.5mm$，$A_4 = R68^{0}_{-0.14}mm$；$A_5 = R2mm$，其公差等级分别为 IT12、IT12、IT14、IT10、IT14；其磨损系数分别取 $x_1 = 0.75$，$x_2 = 0.75$，$x_3 = 0.5$，$x_4 = 1$，$x_5 = 0.5$。

5) 刃口尺寸计算。

落料凹模尺寸为：

$$D_{A_1} = (D_{max} - x_1 \Delta)^{+\frac{1}{4}\Delta}_{0} = (47.15 - 0.75 \times 0.3)^{+\frac{1}{4} \times 0.3}_{0} mm = 46.925^{+0.075}_{0} mm$$

$$D_{A_2} = (D_{max} - x_2 \Delta)^{+\frac{1}{4}\Delta}_{0} = (24.6 - 0.75 \times 0.2)^{+\frac{1}{4} \times 0.2}_{0} mm = 24.45^{+0.05}_{0} mm$$

$$D_{A_3} = (D_{max} - x_3 \Delta)^{+\frac{1}{4}\Delta}_{0} = (7.5 - 0.75 \times 0.36)^{+\frac{1}{4} \times 0.36}_{0} mm = 7.32^{+0.09}_{0} mm$$

$$D_{A_4} = (D_{max} - x_4 \Delta)^{+\frac{1}{4}\Delta}_{0} = (68 - 1 \times 0.14)^{+\frac{1}{4} \times 0.14}_{0} mm = 67.86^{+0.035}_{0} mm$$

$$D_{A_5}(大) = (D_{max} - x_5 \Delta)^{+\frac{1}{4}\Delta}_{0} = (2.3 - 0.5 \times 0.3)^{+\frac{1}{4} \times 0.3}_{0} mm = 2.15^{+0.075}_{0} mm$$

$$D_{A_5}(小) = (d_{min} + x_5 \Delta)^{0}_{-\frac{1}{4}\Delta} = (2 + 0.1 \times 0.3)^{0}_{-\frac{1}{4} \times 0.3} mm = 2.15^{0}_{-0.075} mm$$

$$D_{A_6} = (D_{max} - x_6 \Delta)^{+\frac{1}{4}\Delta}_{0} = (30 - 0.75 \times 0.33)^{+\frac{1}{4} \times 0.33}_{0} mm = 29.753^{+0.083}_{0} mm$$

冲孔凸模、凹模尺寸为：

$$d_{凸} = (d_{min} + x \Delta)^{0}_{-\delta_{凸}} = (5 + 0.75 \times 0.075)^{0}_{-0.008} mm = 5.06^{0}_{-0.008} mm$$

$$d_{凹} = (d_{凸} + Z_{min})^{+\delta_{凹}}_{0} = 5.15^{+0.012}_{0} mm$$

中心距为：

$$L_1 = \left(12 \pm \frac{1}{8} \times 0.1\right) mm = (12 \pm 0.013) mm$$

$$L_2 = \left(12.5 \pm \frac{1}{8} \times 0.2\right) mm = (12.5 \pm 0.025) mm$$

**6. 模具主要零件设计**

(1) 凹模设计　凹模是模具中最主要零件之一，其结构形状和尺寸大小对模具其他零件有很大影响，因此，首先应该确定凹模尺寸。

1）凹模孔口形式。因为模具出料方式为上顶料，冲裁时凹模内只有一个工件，考虑到制造方便，可以采用直刃壁孔口凹模（图2-99）。

凹模刃口高度不宜过大，一般可按材料的厚度($t$)选取：$t<0.5$mm 时，$h=(3\sim5)$mm；$t=(0.5\sim5)$mm 时，$h=(5\sim10)$mm；$t>(5\sim10)$mm 时，$h=(10\sim15)$mm。一般选取刃口高度 $h=6$mm。

2）凹模厚度。
$$H = Kb \quad (\geqslant 15\text{mm})$$

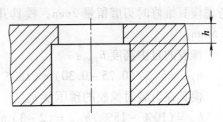

图2-99 刃口形式

式中　$b$——凹模刃口的最大尺寸；
　　　$K$——系数，考虑板料厚度的影响，查2.2节表2-26得$K=0.4$。

故 $H = Kb = 0.4 \times 47.15$mm $= 18.86$mm。考虑到制件的形状，圆整取 $H=24$mm。

3）凹模外形尺寸。

凹模壁厚：$c = (1.5\sim2)H = (1.5\sim2) \times 25$mm $= (37.5\sim50)$mm，取 $c=40$mm。

凹模外形尺寸：$L = b + 2c = (47 + 2 \times 40)$mm $= 127$mm。
$$B = b_1 + 2c = (30 + 2 \times 40)\text{mm} = 110\text{mm}。$$

查表得凹模周界：$L=125$mm，$B=125$mm。故凹模的外形尺寸为 120mm × 120mm × 24mm。

4）凹模材料。凹模应有高的硬度和适应的韧性，可选Cr12，刃口部分进行淬火处理。

(2) 凸模设计

1）凸模长度计算：采用弹性卸料板则，即
$$L = h_1 + h_2 + t + h$$

式中　$L$——凸模长度；
　　　$h_1$——凸模固定板厚度；
　　　$h_2$——卸料板厚度；
　　　$t$——材料厚度；
　　　$h$——增加长度，$h$包括凸模的修磨量，凸模进入凹模的深度 $0.5\sim1$mm，凸模固定板与卸料板之间的安全距离等，一般取 $10\sim20$mm，取 $h=16$mm。

$L = (0.6\sim0.8) \times 25$mm $+ 18$mm $+ 1.5$mm $+ 16$mm $= (50.5\sim55.5)$mm，取 $L=54$mm。

2）凸模材料：选用Cr12，淬火后硬度达 58~62HRC。

3）固定方式：因凸模截面形状适宜采用线切割加工的方法制造，上下形状一致，故与凸模固定板连接方式采用铆接形式。

(3) 凸模固定板的设计　外形尺寸取和凹模外形一样的尺寸，其厚度取凹模厚度的 60%~80%，即 $H_1 = (0.6\sim0.8)H = (0.6\sim0.8) \times 25$mm $= 15\sim20$mm，取 $H_1 = 15$mm，则外形尺寸为 120mm × 120mm × 15mm。

(4) 卸料板的设计　材料选用 Q235A 钢，长和宽的尺寸取与凸模固定板相同的尺寸，厚度为 8~12mm，取 10mm。

(5) 上、下垫板的设计　材料选用 T10A 钢，长和宽的尺寸与凹模尺寸相同。垫板的厚度一般为 3~10mm，取厚度 $H_2 = 8$mm，则外形尺寸为 120mm × 120mm × 8mm。

(6) 橡胶的选用

1) 卸料橡胶的自由高度。

总的工作行程 $h_{工件}$：根据工件材料厚度为 1.5mm，冲裁时凸模进入凹模深度为 1mm，考虑模具维修时刃磨留量 2mm，模具开启时卸料板高出凸模 1mm，则总的工作行程 $h_{工件}$ = 5.5mm。

橡胶的自由高度 $h_{自由}$：

$$h_{自由} = h_{工件}/(0.25 \sim 0.30) = (18.5 \sim 22)\text{mm}，取 h_{自由} = 20\text{mm}$$

模具在组装时橡胶的预压量 $h_{预}$：

$$h_{预} = (10\% \sim 15\%)h_{自由} = (2 \sim 3)\text{mm}，取 h_{预} = 3\text{mm}$$

由此可知，模具中安装橡胶的空间高度尺寸为 17mm。

2) 截面尺寸确定。查 2.2 节图 2-29，选取矩形橡胶，其单位压力 $p$ = 2MPa，则

$$A \geq F_卸/p = 5130\text{N}/2\text{MPa} = 2565\text{mm}^2$$

考虑到凸模安装孔面积 $(47 + 1) \times (7.5 + 0.5)\text{mm}^2 + (24.5 + 1) \times (22.5 + 0.5)\text{mm}^2$ = 970.5mm²

橡胶垫截面积为：2565mm² + 970.5 = 3535.5mm²

选用与凹模外形相同的橡胶形状，其面积大于 3535.5mm²，足够使用。

(7) 导向销 导向销直径为 $\phi$8mm、长度为 6mm，并位于条料的左侧，材料采用 45 钢，淬火处理，硬度为 40～45HRC，与凹模的配合为 H7/m6。

(8) 挡料销 挡料销是用来控制送料节距的。选用圆柱销，直径为 8mm、长度为 3mm，材料为 45 钢。采用淬火处理，硬度为 40～45HRC，与凹模的配合为 H7/m6。

(9) 防转销 为了防止模柄的转动，采用了一个防转销，其尺寸为：$d$ = 6mm，$L$ = 5mm。

(10) 模架的选用 材料为 HT200 钢，上模座参照 GB/T 2855.1—2008 选取外形尺寸为 125mm × 125mm × 30mm，下模座参照 GB/T 2855.2—2008 选取外形尺寸为 125mm × 125mm × 35mm。

(11) 模柄的选择 选用旋入式模柄，材料 Q235，并加防转销，根据压力机 JG23-25 的相关参数可知，模柄的外形安装尺寸为：$\phi$40mm × 60mm。

(12) 螺栓、销钉的选择 上模座连接螺栓选用 M10 × 40，下模座固定螺钉选用 M10 × 50；上模座连接销钉选用 6 × 40；下模座连接销钉选用 6 × 50。

**7. 压力机相关参数的校核**

模具的闭合高度 $H$ = 180mm。

$$H_{min} + 10\text{mm} \leq H \leq H_{max} - 5\text{mm}$$
$$215\text{mm} + 10\text{mm} \leq H \leq 270\text{mm} - 5\text{mm}$$

即

$$225\text{mm} \leq H \leq 265\text{mm}$$

闭模高度 $H$ = 180mm < 225mm 故不满足要求；又压力机本身带了一块厚度为 50mm 的垫板，加上此垫板则能满足要求。

**8. 装配图和主要零件图**

根据以上设计计算，过渡垫板落料冲孔复合模装配图如图 2-100 所示；主要零件的零件图如图 2-101～图 2-110 所示。

# 项目二 冲裁工艺与冲裁模设计

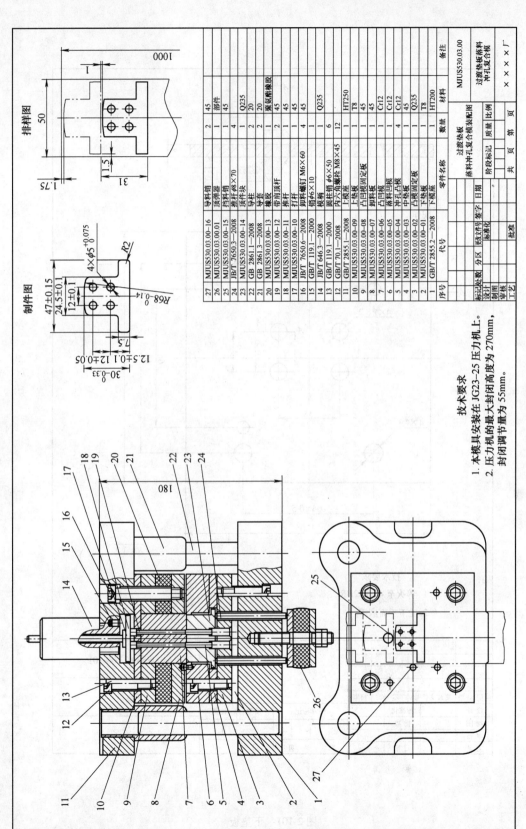

图2-100 过渡垫板落料冲孔复合模装配图

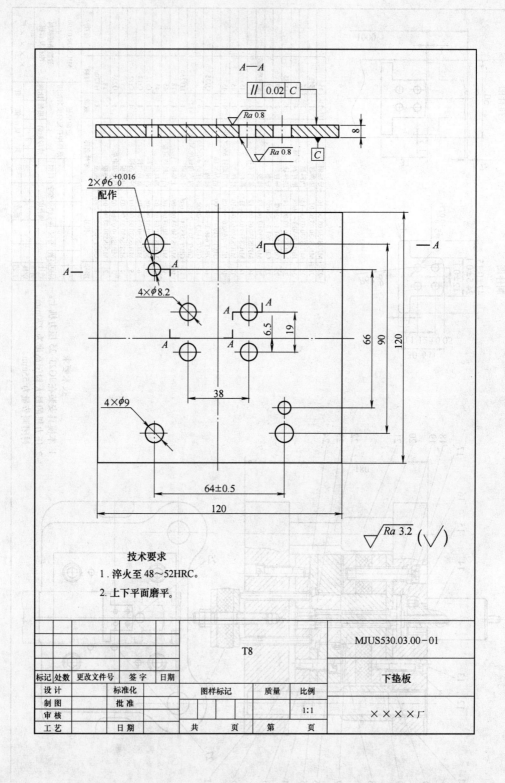

图 2-101 下垫板

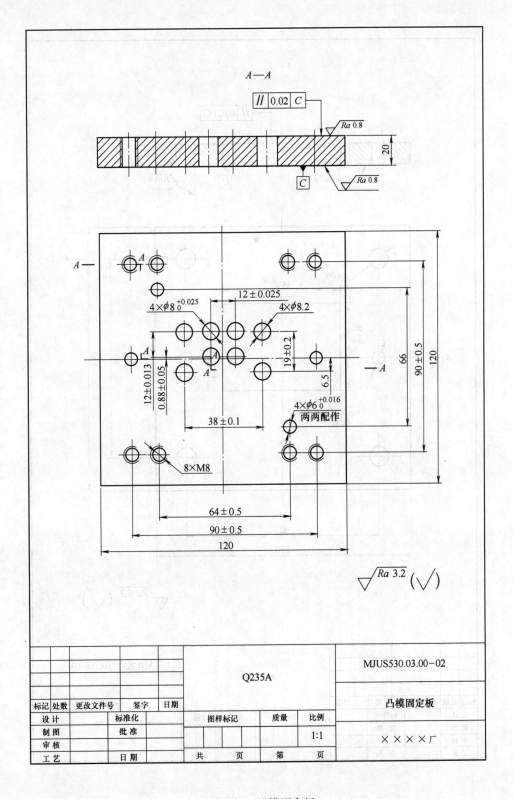

图 2-102 凸模固定板

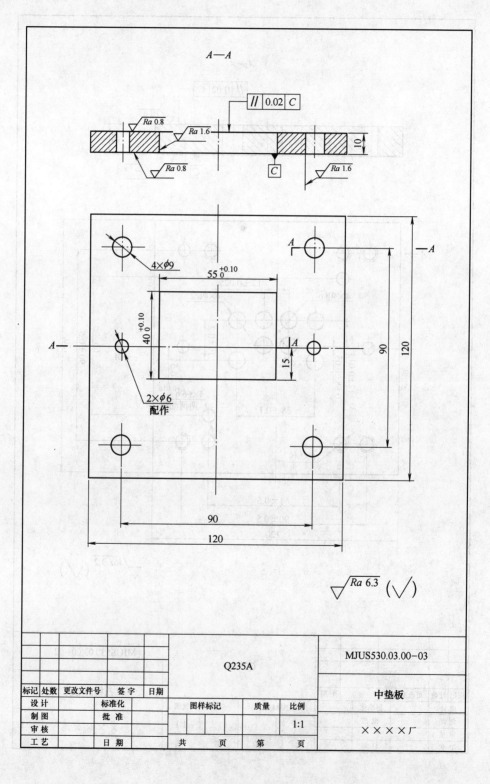

图 2-103 中垫板

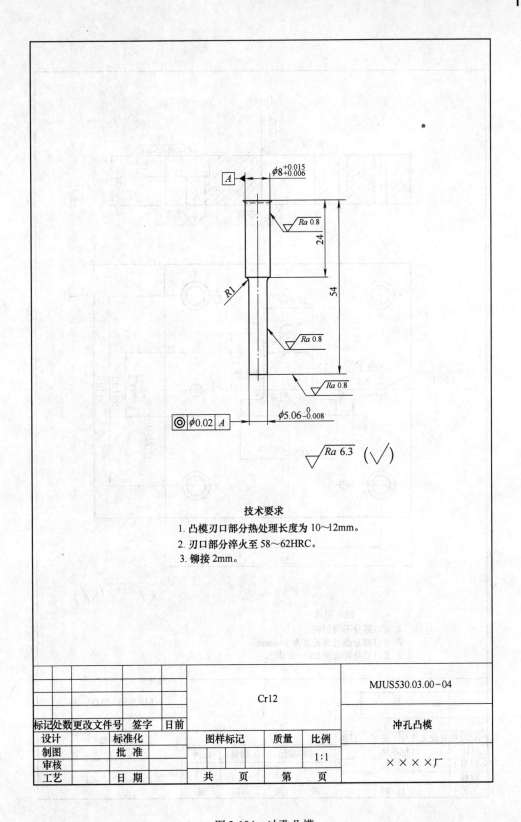

图 2-104 冲孔凸模

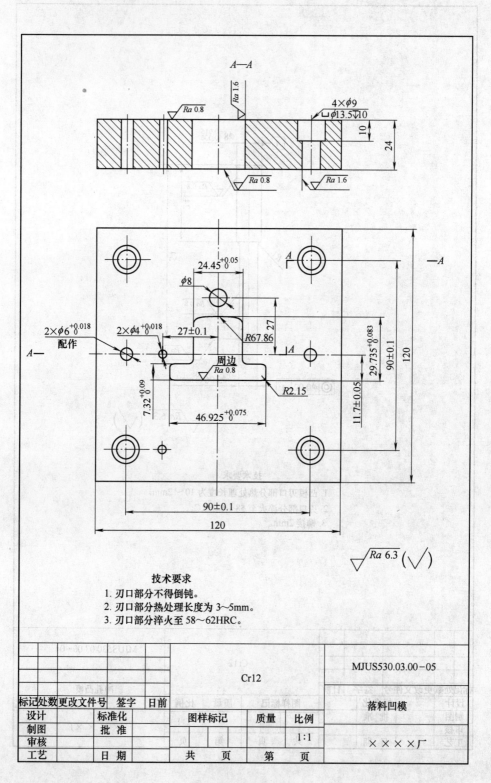

图 2-105 落料凹模

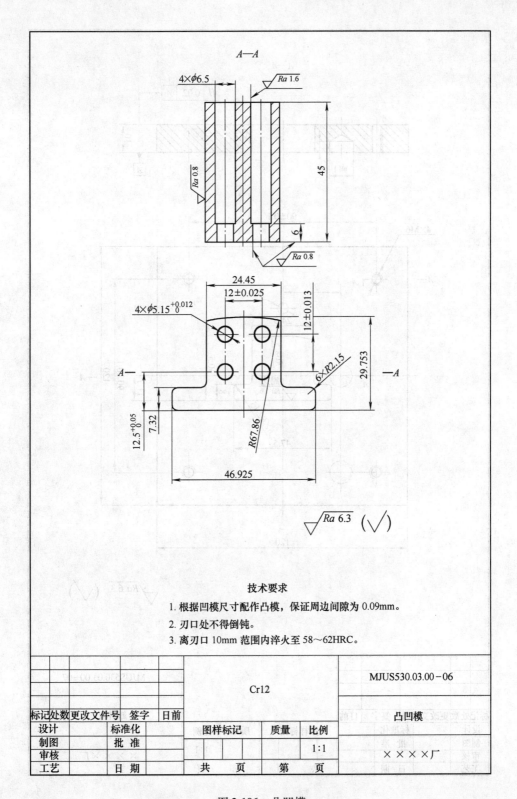

图 2-106 凸凹模

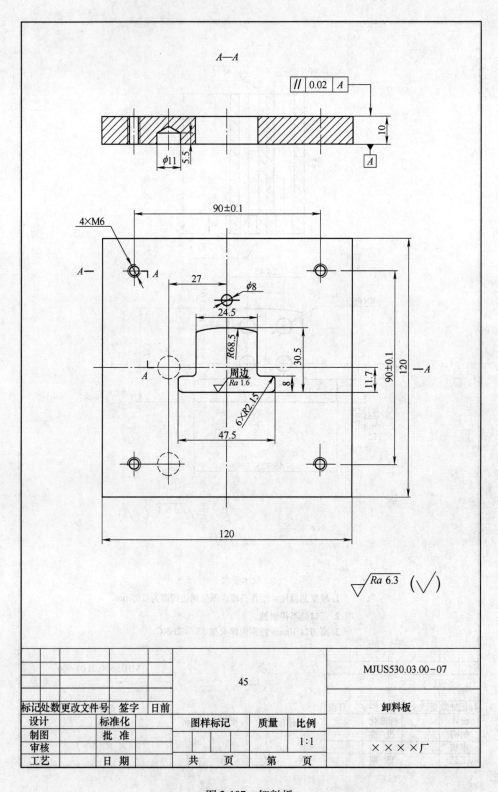

图 2-107 卸料板

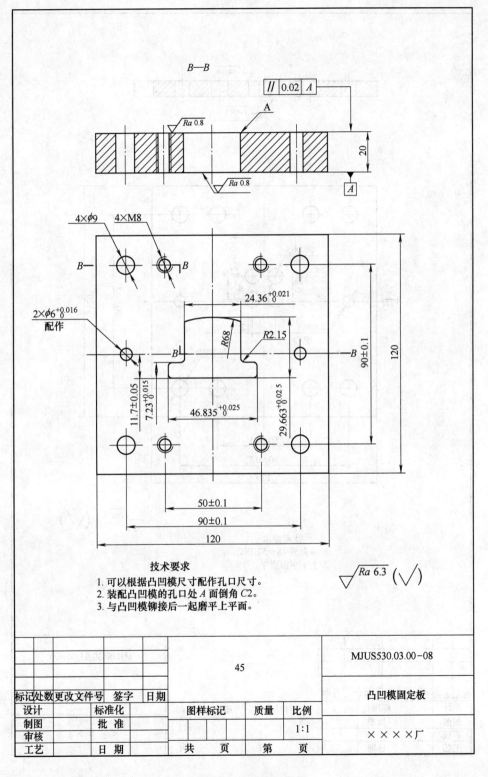

图 2-108 凸凹模固定板

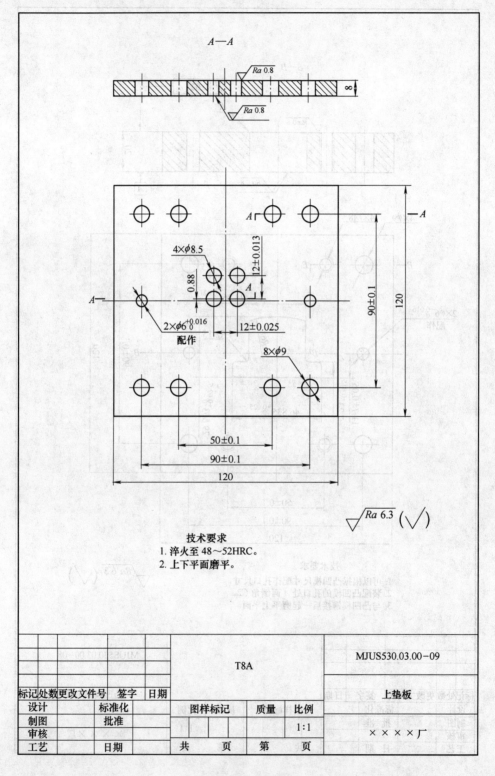

图 2-109 上垫板

## 项目二 冲裁工艺与冲裁模设计

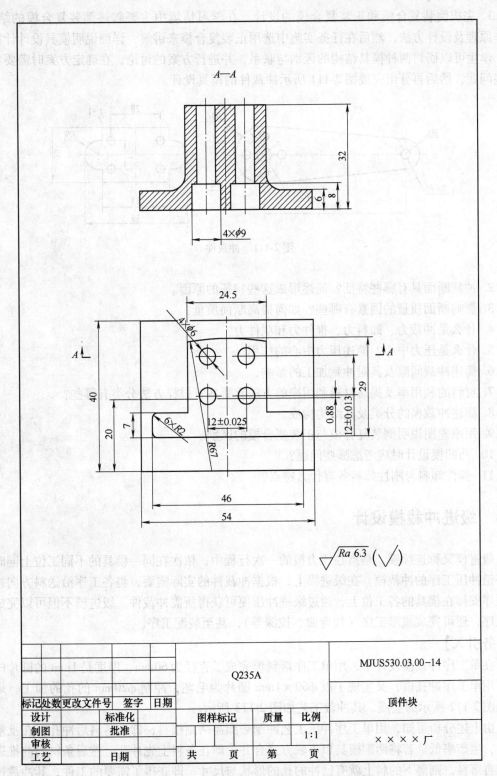

图 2-110 顶件块

## 【实训与练习】

1. 完成倒装复合模和正装复合模的设计。在学习情境中主要叙述倒装复合模的结构、工作原理及设计方法,然后在任务实施中选用正装复合模来讲解,详细说明模具设计计算过程。学生可以研讨两种模具结构的区别与联系,并进行方案的讨论,在确定方案时需要考虑哪些问题,然后再分组完成图 2-111 所示冲裁件的模具设计。

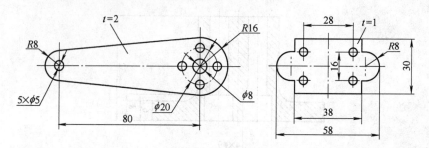

图 2-111 冲裁件

2. 冲裁断面具有哪些特征?简述形成这些特征的原因。
3. 影响断面质量的因素有哪些?如何提高断面质量?
4. 什么是冲裁力、卸料力、推件力和顶件力?
5. 什么是压力中心?简述压力中心的作用。
6. 简述冲裁间隙及其对冲裁加工的影响。
7. 材料的利用率及提高材料利用率的方法有哪些?排样方法分类有哪些?
8. 简述冲裁模的分类及其结构构成。
9. 用原理图说明倒装复合模与正装复合模的区别。
10. 凸凹模设计时应考虑哪些问题?
11. 弹性卸料与刚性卸料各有什么特点?

## 2.4 级进冲裁模设计

级进模又称连续模,是指在压力机的一次行程中,依次在同一模具的不同工位上同时完成多道冲压工序的冲裁模。在级进模上,根据冲裁件的实际需要,将各工序沿送料方向按一定顺序安排在模具的各工位上,通过级进冲压便可获得所需冲裁件。级进模不但可以完成冲裁工序,还可完成成形工序(如弯曲、拉深等),甚至装配工序。

## 【任务引入】

在单工序冲裁模设计中,用单工序落料模完成了直径为 60mm,厚度是 1mm 的圆片的加工。用单工序冲孔模,又实现了以 $\phi 60 \times 1mm$ 圆片为毛坯,冲制 $\phi 20mm$ 的孔的加工。最终得到图 2-112 所示的垫圈,其冲裁工艺如图 2-113 所示。

由上述分析可知,用单工序冲压工艺冲制垫圈需两副模具,即先落料后冲孔。在批量生产时,生产率低。若将两副模具以串联方式合并,即在条料上先冲孔,然后条料向前推进一步,再落料,则落下的料上就有已冲的孔的形状与尺寸,即获得了需要的工件,其冲裁过程如图 2-114 所示。

项目二　冲裁工艺与冲裁模设计

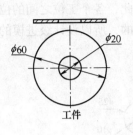

图 2-112　垫圈

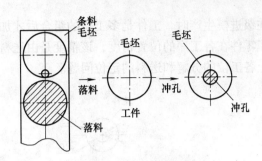

图 2-113　单工序冲裁工艺

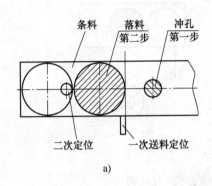

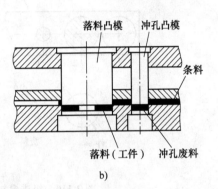

a)

b)

图 2-114　级进模冲裁过程
a)冲裁次序排样　b)冲裁模具示意图

本任务以大批量生产图 2-115 所示的垫圈的模具设计为例，学习级进冲裁模的设计。垫圈材料为 Q235A，板厚 1.5mm，试进行工艺分析，并设计模具。

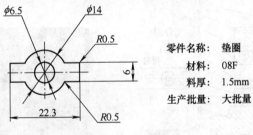

| 零件名称： | 垫圈 |
| 材料： | 08F |
| 料厚： | 1.5mm |
| 生产批量： | 大批量 |

图 2-115　垫圈

## 【相关知识点】

### 2.4.1　级进模与复合模的区别

级进模是指压力机在一次行程中依次在几个不同的位置上同时完成多道冲压工序的冲模，也称为连续模或跳步模。如图 2-116a 所示，在压力机的一次行程中，在工位 1 完成冲孔（$\phi$10mm）工序，在工位 2 完成落料（$\phi$25mm）工序，此时两个工位正好完成工件的两道工序（$\phi$25mm 落料和 $\phi$10mm 冲孔），按此工序要求设计的模具称为级进模。

如图 2-116b 所示，在压力机的一次行程中后，在工位 1 上既完冲孔（$\phi$10mm）又完成落料（$\phi$25mm），两个工序在同一工位上完成，按此工序要求设计的模具称为复合模。

在级进模生产时，工件是多工位的组合后才加工出来，因此，各个工位之间的位置关系反映了零件在各工序的位置精度，该精度是由送料定位来保证的，所以设计级进模的关键是零件上各工位的分解和送料的定位问题。

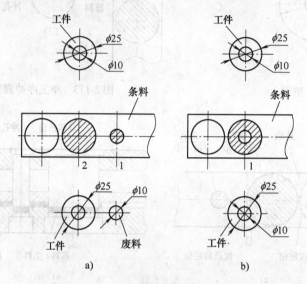

图 2-116 级进模与复合模工序区别

## 2.4.2 级进冲裁模典型结构

### 1. 无导向单排级进冲裁模

模具结构如图 2-117 所示。冲制的工件是图 2-112 所示的垫圈。

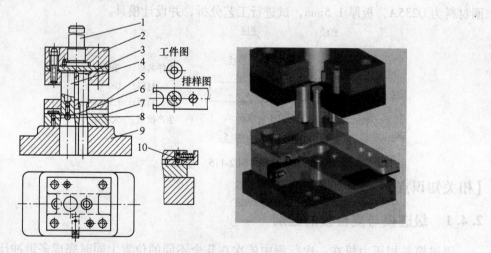

图 2-117 无导向单排级进模结构
1—模柄 2—上模座 3—冲孔凸模 4—落料凸模 5—固定卸料板
6—导正销 7—凹模 8—固定挡料销 9—下模座 10—始用挡料销

（1）结构组成 模具由模柄1、上模座2、冲孔凸模3、落料凸模4、导正销6、凸模固定板、垫板和螺、销钉组成上模，其中落料凸模的结构如图2-118所示；由固定卸料板5兼导料板（结构如图 2-119 所示）、凹模 7（结构如图 2-120 所示）、固定挡料销 8（结构为蘑菇形挡料销）、下模座 9、始用挡料销 10 组成下模。

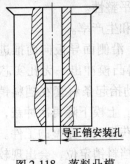

图 2-118 落料凸模

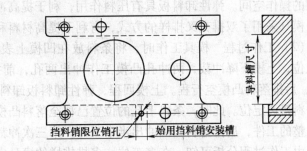

图 2-119 固定卸料板

（2）工作过程 模具工作时，将条料放在凹模上表面上，沿整体式固定卸料板的导料槽向前推进至始用挡料销处（用手压住始用挡料销可使始用挡料销伸出导料板挡住条料，松开手后在弹簧作用下始用挡料销便缩进导料板以内不起挡料作用）定位，限定条料的初始位置，松开始用挡料销进行冲孔。始用挡料销在弹簧作用下复位。条料再送进一个送料节距，以固定挡料销粗定位，以装在落料凸模端面上的导正销进行精定位，保证零件上的孔与外圆的相对位置精度。在落料的同时，在冲孔工位上又冲出孔，这样连续进行冲裁直到条料或带料冲完为止。

**2. 有导向双排级进冲裁模**

模具结构如图 2-121 所示。

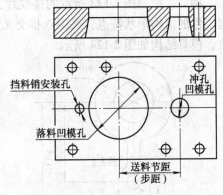

图 2-120 凹模

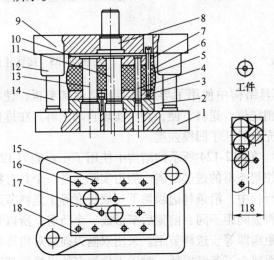

图 2-121 有导向双排级进模结构

1—下模座 2—凹模 3—弹性卸料板 4—冲孔凸模 5—卸料螺钉 6—橡胶
7—凸模固定板 8—模柄 9—上模座 10—垫板 11—落料凹模 12—导套
13—落料凸模 14—导柱 15—销钉 16—螺钉 17—挡料销 18—侧面导板

(1) 结构特点  在图 2-121 中使用了由下模座 1、上模座 9、导套 12 和导柱 14 组成的标准模架导向，保证上下模工作时的正确位置。弹压卸料装置使送料方便，卸料平稳且具有较大的操作空间。弹性卸料板具有压料作用，利于提高冲件的平整性。

模具采用了双排交叉排样的方式，有利于提高材料利用率和生产率。

(2) 工作过程  模具工作时，将条料放在凹模上表面上，沿侧面导板向前推进至挡料销定位，上模下降冲裁，两冲孔凸模工作冲出两孔，前排落料凸模冲出一无孔实芯片（废料），后排落料凸模空行程。上模回程，弹性卸料板卸料。手动抬起条料套在挡料销上，利用条料搭边定位。此时，条料上孔的位置已移至落料凸模下方。上模下降再次冲裁，前排冲出完整的工件，后排落料凸模冲出半个工件。第三次冲裁即可获得两个完整的工件。

由工作过程分析可知，在多工位、多排排样的模具中使用挡料销定位，会出现较多的前端废料，甚至尾端废料，将严重地影响材料的实际利用率。

**3. 侧刃定位级进冲裁模**

例如，冲制图 2-122 所示的接线片工件，材料为锡青铜 QSn6.5-0.1，厚度为 0.5mm。根据工件的结构形状特点，采用双排交叉斜排方式，如图 2-123 所示。定位方式采用双侧刃定位，模具结构如图 2-124 所示。

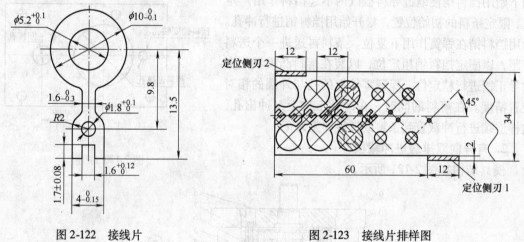

图 2-122 接线片　　　　　　　　　　图 2-123 接线片排样图

(1) 模具特点  模具结构中使用了导向模架和弹性卸料板，使模具冲裁、卸料平稳。使用侧刃定位代替挡料销定位，送料方便，利于实现自动送料。在排样设计和凹模结构设计时，增加了空步工位，充分保证了凹模强度。

(2) 侧刃定位原理  在图 2-124 所示的结构中使用了一对侧刃 12，代替了始用挡料销、固定挡料销和导正销来控制条料的送进距离。侧刃实际上是一个具有特殊功用的凸模，其作用是在压力机每次冲压行程中，沿条料边缘切下一块长度等于送料节距的料边。由于沿送料方向上，侧刃前后两导料板间距不同，前宽后窄形成一个凸肩，所以条料上只有切去料边的部分方能通过，通过的距离即等于送料节距。采用双侧刃前后对角排列，在料头和料尾冲压时都能起定距作用，从而减少了条料损耗，对于工位较多的级进模都应采用这种结构方式。

**4. 弹压卸料、顶料级进冲裁模**

冲制图 2-125 所示的工件，材料为 H62 黄铜，工件要求平整、无毛刺，其模具结构如图 2-126 所示。

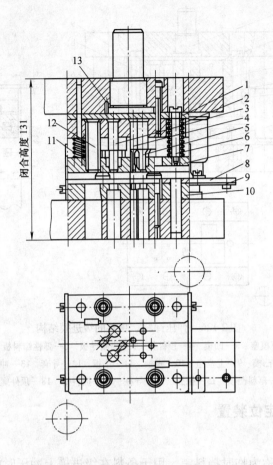

图 2-124 侧刃定位的级进模结构
1—垫板 2—固定板 3—落料凸模 4、5—冲孔凸模 6—卸料螺钉
7—卸料板 8—导料板 9—承料板 10—凹模 11—弹簧
12—侧刃 13—止转销

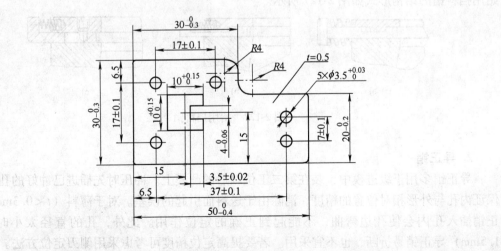

图 2-125 冲裁件

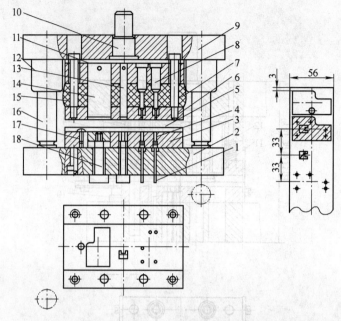

图 2-126 弹压卸料、顶料的级进模结构

1—顶杆 2—下模座 3—凹模 4—顶件杆 5—侧面导板 6—弹性卸料板 7—卸料螺钉
8—冲孔凸模 9—上模座 10—模柄 11—垫板 12—导套 13—冲孔凸模
14—落料凸模 15—橡胶 16—导柱 17—挡料销 18—顶件螺钉

### 2.4.3 级进模常用定位装置

**1. 始用挡料销**

始用挡料销有时又称为临时挡料销,用于条料在级进模上冲压时的首次定位。级进模有若干个工位,当采用固定挡料销定位时,就会产生 $n-1$ 个前端废件($n$ 是工位数量)。要消除前端废件,就需用始用挡料销挡料。始用挡料销的数目视级进模的工位数而定,理论上一副模具应安装的始用挡料销的个数为 $n-1$ 个,但一般不超过三个,否则会使模具操作不便。始用挡料销的结构形式如图 2-127 所示。

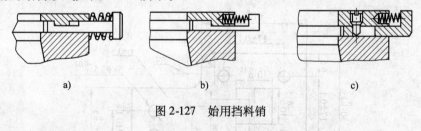

图 2-127 始用挡料销

**2. 导正销**

导正销多用于级进模中,装在第二工位以后的凸模上。冲压时先插进已冲好的孔中,以保证内孔与外形相对位置的精度,消除由于送料而引起的误差。对于薄料($t<0.3$mm),导正销插入孔内会使孔边弯曲,不能起到正确的定位作用。此外,孔的直径太小时($d<1.5$mm)导正销易折断,也不宜采用。若要提高定位精度可考虑采用侧刃定位方法。

(1)导正销的形式 导正销的形式及适用情况如图 2-128 所示。

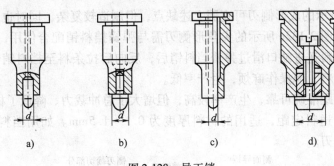

图 2-128 导正销

a) $d<5mm$   b) $d>5mm$   c) $d<12mm$   d) $d>12mm$

（2）导正销的设计　导正销工作部分的基本结构如图 2-129 所示。它是由直线与圆弧两部分构成，直线部分高 $h$ 不宜太大，否则不易脱件；也不能太小，一般取 $h=(0.5\sim1)t$。考虑到冲孔后弹性变形收缩，导正销直径比冲孔的凸模直径要小一些，具体数值见表 2-32。

表 2-32　导正销间隙

| 冲孔凸模直径 $d$/mm<br>材料厚度 $t$/mm | 1.5~6 | 6~10 | 10~16 | 16~24 | 24~32 | 32~42 | 42 以上 |
| --- | --- | --- | --- | --- | --- | --- | --- |
| <1.5 | 0.04 | 0.06 | 0.06 | 0.08 | 0.09 | 0.10 | 0.12 |
| 1.5~3 | 0.05 | 0.07 | 0.08 | 0.10 | 0.12 | 0.14 | 0.16 |
| 3~5 | 0.06 | 0.08 | 0.10 | 0.12 | 0.16 | 0.18 | 0.20 |

冲孔凸模、导正销及挡料销之间的相互位置关系见图 2-130 所示。它们之间关系为：

$$h = D + a$$
$$c = D/2 + a + d/2 + 0.1\text{mm}$$

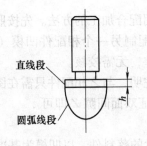

图 2-129　导正销基本结构

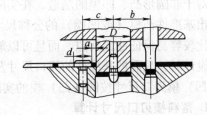

图 2-130　导正销位置关系

**3. 定距侧刃**

侧刃是以切去条料旁侧少量材料来限定送料节距（步距）的，如图 2-131 所示。侧刃断面的长度等于步距，侧刃前后导尺两侧之间的距离不等，相差尺寸 $b$。因此，只有用侧刃切去长度等于步距的料边后，条料才有可能向前送进一个步距。一般侧刃必须与侧面导板组合使用，才能实现可靠定位。

根据侧刃断面形状，常用的侧刃可分为三种，如图 2-132 所示。其中图 2-132a 所示为长方形侧刃，该种侧刃制造简单，但当侧刃刃部磨钝后，会使条料边缘处出现毛刺而影响正常送进。图 2-132b 所示的成形侧刃可克服上述缺点,但制造较复杂,同时也增大了切边宽度,材料利用率降低。图 2-132c 所示的尖角形侧刃需与弹簧挡料销配合使用,侧刃在条料边缘冲切角形缺口,条料送进缺口滑过弹簧挡料销后,反向后拉条料至挡料销卡住缺口而定距。其优点是不浪费材料,但操作麻烦,生产率低。

总之,侧刃定距准确可靠,生产率较高,但增大了总冲裁力、降低了材料利用率。侧刃一般用于级进模的送料定距,适用的材料厚度为 0.1~1.5mm。如用挡料销能满足定距要求,一般不采用侧刃。

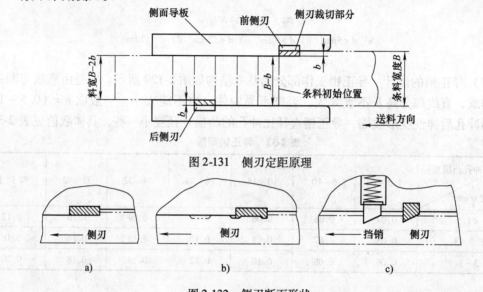

图 2-131 侧刃定距原理

图 2-132 侧刃断面形状
a) 长方形侧刃 b) 成形侧刃 c) 尖角形侧刃

## 2.4.4 非圆形凸、凹模刃口尺寸计算

对于非圆形凸、凹模的制造,在实际生产中往往采用配合加工的方法。先按照工件尺寸计算出基准件凸模(或凹模)的公称尺寸及公差,然后配制另一个相配件凹模(或凸模),这样比较容易保证冲裁间隙,而且可以放大基准件的公差,无需校核。

设计时,只需把基准件的刃口尺寸及制造公差详细注明,与之相配件只需在图样上注明凸(凹)模刃口尺寸按凹(凸)模的实际尺寸配制,保证双面间隙 $Z$ 即可。

**1. 落料模刃口尺寸计算**

(1) 分析各尺寸磨损变化情况 冲制如图 2-133 所示的落料件,以凹模为基准,配制凸模。分析凹模刃口尺寸磨损后的变化情况。方法为:

1) 以工件轮廓线为基础向外做一定距离的等距线(以虚线表示),如图 2-134 所示。
2) 比较虚线与对应工件轮廓线的长短:虚线段增长的即为磨损后增大的尺寸,称为 $A$ 类尺寸;虚线段减短的即为磨损后减小的尺寸,称为 $B$ 类尺寸;虚线段即没有增长也没有减短的即为磨损后不变的尺寸,称为 $C$ 类尺寸。
3) 图 2-133 所示落料件磨损后尺寸分类:

$A$ 类尺寸有:$120_{-0.5}^{0}$ mm,$75_{-0.4}^{0}$ mm。

$B$ 类尺寸有:$20_{0}^{+0.12}$ mm,$26_{0}^{+0.12}$ mm。

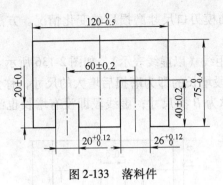

图 2-133 落料件

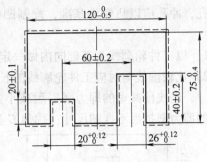

图 2-134 落料件刃口磨损变化

$C$ 类尺寸有：$(60 \pm 0.2)$mm，$(20 \pm 0.1)$mm，$(40 \pm 0.2)$mm。

（2）刃口尺寸计算公式

1）凹模磨损后刃口尺寸变大的 $A$ 类尺寸，设计计算时在能保证冲裁件合格的前提下，应尽量做小些，以便使模具具有较大的磨损寿命。即

$$A_d = (A_{max} - x\Delta)_0^{+\delta_d} \tag{2-34}$$

2）凹模磨损后刃口尺寸变小的 $B$ 类尺寸，设计计算时在能保证冲裁件合格的前提下，应尽量做大些，以便使模具具有较大的磨损寿命。即

$$B_d = (B_{min} + x\Delta)_{-\delta_d}^0 \tag{2-35}$$

3）凹模磨损后刃口尺寸大小不变化的 $C$ 类尺寸，设计计算时应尽量做到工件公差带的中间位置。即

$$C_d = C_{平均} \pm 0.125\Delta \tag{2-36}$$

式中 $A_d$、$B_d$、$C_d$——凹模刃口尺寸；

$A_{max}$、$B_{min}$、$C_{平均}$——工件的最大、最小和平均尺寸。

（3）工件刃口尺寸计算（设 $x = 0.75$，$\delta_d = 0.025$mm）

1）$A$ 类尺寸凹模刃口尺寸计算。

由 $A_d = (A_{max} - x\Delta)_0^{+\delta_d}$ 可知：

$A_{d120} = (120 - 0.75 \times 0.5)$mm $= 119.675_0^{+0.025}$mm，$A_{d75} = (75 - 0.75 \times 0.4)$mm $= 74.7_0^{+0.025}$mm。

2）$B$ 类尺寸凹模刃口尺寸计算。

由 $B_d = (B_{min} + x\Delta)_{-\delta_d}^0$ 可知：

$B_{d20} = (20 + 0.75 \times 0.12)$mm $= 20.09_{-0.025}^0$mm，$B_{d26} = (26 + 0.75 \times 0.12)$mm $= 26.09_{-0.025}^0$mm。

3）$C$ 类尺寸凹模刃口尺寸计算。

由 $C_d = C_{平均} \pm 0.125\Delta$ 可知：

$C_{d60} = (60 \pm 0.125 \times 0.2)$mm $= (60 \pm 0.025)$mm，$C_{d20} = (20 \pm 0.125 \times 0.1)$mm $= (20 \pm 0.0125)$mm，

$C_{d40} = (40 \pm 0.125 \times 0.2)$mm $= (40 \pm 0.025)$mm。

**2. 冲孔模刃口尺寸计算**

（1）分析各尺寸磨损变化情况　如图 2-135 所示，在 100mm×100mm 平板上冲制"凹"

字形孔，冲孔应以凸模为基准，配制凹模。分析凸模刃口尺寸磨损后的变化情况。方法如下：

1）以工件轮廓线为基础向内做一定距离的等距线（以虚线表示），如图2-136所示。

2）比较虚线与对应工件轮廓线的长短：虚线段增长的即为磨损后增大的尺寸，称为 $A$ 类尺寸；虚线段减短的即为磨损后减小的尺寸，称为 $B$ 类尺寸；虚线段即没有增长也没有减短的即为磨损后不变的尺寸，称为 $C$ 类尺寸。

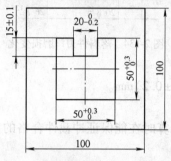

图2-135 冲孔件

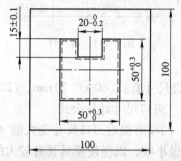

图2-136 冲孔件刃口磨损变化

3）图2-135所示冲孔件磨损后尺寸分类：

$A$ 类尺寸有：$20_{-0.2}^{0}$ mm。

$B$ 类尺寸有：$50_{0}^{+0.3}$ mm（两个尺寸）。

$C$ 类尺寸有：$(15 \pm 0.1)$ mm。

(2) 刃口尺寸计算公式　冲孔模刃口尺寸磨损变化情况，通过上述分析，可发现同样存在着落料时磨损后变大、变小和不变的三种磨损情况，所不同的是，现在计算的是凸模的刃口尺寸，但仍可用上述三个式子进行计算。只需将式中脚标"d"改为脚标"p"即可。

$$A_p = (A_{max} - x\Delta)_{0}^{+\delta_d} \quad (2-37)$$

$$B_p = (B_{min} + x\Delta)_{-\delta_p}^{0} \quad (2-38)$$

$$C_p = C_{平均} \pm 0.125\Delta \quad (2-39)$$

(3) 工件刃口尺寸计算（设 $x = 0.75$，$\delta_p = 0.02$ mm）

1）$A$ 类尺寸凸模刃口尺寸计算。

由 $A_p = (A_{max} - x\Delta)_{0}^{+\delta_d}$ 可知：

$A_{p20} = (20 - 0.75 \times 0.2)$ mm $= 19.85_{0}^{+0.02}$ mm。

2）$B$ 类尺寸凸模刃口尺寸计算。

由 $B_p = (B_{min} + x\Delta)_{-\delta_p}^{0}$ 可知：

$B_{p50} = (50 + 0.75 \times 0.3)$ mm $= 50.225_{-0.02}^{0}$ mm。

3）$C$ 类尺寸凸模刃口尺寸计算。

由 $C_p = C_{平均} \pm 0.125\Delta$ 可知：

$C_{p15} = (15 \pm 0.125 \times 0.2)$ mm $= (15 \pm 0.025)$ mm。

【任务实施】

**1. 零件工艺性分析**

本任务的冲裁件"垫圈"如图2-115所示。

(1) 冲裁件的材料性能　材料为 Q235A，具有良好的冲裁性能。

(2) 结构分析　该零件形状虽然较简单，但是属于异形，用普通机械加工方法难以加工，而用线切割虽能加工，但效率低、生产成本较高，故不适合大批量生产。零件形状对称、规则，无尖角，毛坯可选用钢板，适合采用冲压工艺进行加工。

(3) 尺寸分析　该零件所有尺寸均为未注公差，属于自由公差，按 IT14 级确定零件的公差，一般冲压均能满足其尺寸精度要求。

(4) 冲压加工的经济性分析　大批量生产该制件，分摊到每个制件的模具成本较低，而且用冲压加工的方法可以保证产品质量的稳定、材料利用率高、操作简单、生产率高等优点。

结论：该制件可以用冲压加工的方法加工。

**2. 工艺方案的确定**

该零件采用冲压工艺加工时，包括落料、冲孔两个基本工序，按其不同组合形式，有四种工艺方案：

方案一：先落料，再在钻床上钻孔进行加工。

方案二：先落料，后冲孔，采用单工序模进行加工。

方案三：落料和冲孔复合冲压，采用复合模进行加工。

方案四：冲孔-落料连续冲压，采用级进模进行生产。

方案一只需一套落料模，但需在钻床上加工，再要求一套钻模，工人操作不方便，生产率低，两道工序间的定位误差大，零件的位置精度低。

方案二模具结构简单，但需两道工序、两副模具，生产率低；两次定位累积误差大。

方案三只需一副模具，冲压件的形状精度和尺寸精度容易保证，制件孔边距远大于凸凹模允许的最小壁厚（最小壁厚见 2.2 节表 2-27），考虑到生产率，可以考虑用复合冲压工序，但模具结构较方案一复杂。

方案四也只需一副模具，生产率也很高，并且容易实现自动化生产，由于此制件所有尺寸都属于自由公差，尺寸精度要求并不高，只要在模具上设置导正销导正，足够保证冲压件的几何精度，所以此制件既可以用复合模也可以用级进模进行冲压生产。

结论：此制件采用导正销级进模生产，即方案四。

**3. 模具结构形式的确定**

(1) 操作方式的选择　选择手工送料的方式。

(2) 定位方式的选择

1) 粗定位：使用导料板控制条料的送进方向，用挡料销控制送料距离。

2) 精定位：用导正销导正条料，控制零件位置精度。

(3) 卸料方式的选择　采用弹性卸料装置。

**4. 工艺计算**

(1) 排料图的设计

1) 搭边值的确定。根据 $t = 1.5$ mm，查 2.1 节表 2-4 得侧向搭边值 $a_1 = 1.5$ mm；工件间搭边值 $a = 1.2$ mm。

2) 条料宽度的确定。

$$B = (D_{max} + 2a_1 + Z_1)_{-\Delta}^{0}$$

式中　$D_{max}$——冲裁件垂直于送料方向的最大尺寸；
　　　$Z_1$——导料板与条料之间间隙，查2.1节表2-7，取$Z_1=0.5$；
　　　$\Delta$——条料宽度的公差。

$B = (22.3 + 2 \times 1.5 + 0.5)_{-0.15}^{0}$ mm $= 25.8_{-0.15}^{0}$ mm，圆整取 $26_{-0.15}^{0}$ mm。

实际搭边值为：$a_1 = (26 - 22.3)$ mm$/2 = 1.85$ mm。

3) 确定条料的长度。选定1000mm×2000mm×1.5mm钢板，采取宽度方向下料，下料尺寸为 $26_{-0.15}^{0}$ mm×1000mm，条料长为1000mm。

4) 确定送料节距：
$$S = 14\text{mm} + 1.2\text{mm} = 15.2\text{mm}$$

5) 每条料可加工制件数：
$$n = (1000 - 18.5)/15.2 = 65.7$$

取 $n = 65$。

6) 排料图：根据以上数据，对工件进行排料，如图2-137所示。

(2) 冲压力的计算

1) 落料力：$F_{落} = Lt\sigma_b$。

式中，$L$——落料件周长；
　　　$t$——板厚；
　　　$\sigma_b$——材料的抗拉强度，取 $\sigma_b = 500$MPa。

$F_{落} = Lt\sigma_b = 61.8$mm$\times 1.5$mm$\times 500$MPa$= 46.35$kN。

2) 冲孔力：$F_{冲} = Lt\sigma_b = \pi \times 6.5$mm$\times 1.5$mm$\times 500$MPa$= 15.308$kN。

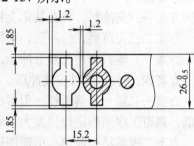

图2-137　排料图

3) 冲裁力：$F = F_{落} + F_{冲} = 46.35$kN$+ 15.31$kN$= 61.66$kN。

4) 卸料力：$F_1 = K_1 F$。

查2.1节表2-2得：$K_1 = 0.045$，则 $F_1 = 0.045 \times 61.66$kN$= 2.775$kN。

5) 推件力：$F_2 = nK_2 F = 4 \times 0.055 \times 61.66$kN$= 13.57$kN。

式中　$n$——凹模中含有制件数量，$n = 6/1.5 = 4$；
　　　$K_2$——系数，查2.1节表2-2，取 $K_2 = 0.055$。

6) 冲压力：$F_{总} = F + F_1 + F_2 = 61.66$kN$+ 2.775$kN$+ 13.57$kN$= 78$kN。

7) 选择压力机：$P = (1.1 \sim 1.3)F_{总} = (1.1 \sim 1.3) \times 78$kN$= 85.8 \sim 101.4$kN。

选取J23-10型压力机。

8) 压力机主要参数：公称力100kN，滑块行程45mm，滑块行程次数145次/min，最大封闭高度180mm，封闭高度调节量35mm，滑块中心线至床身距离130mm，立柱距离180mm，工作台尺寸（前后×左右）240mm×370mm，垫板厚度35mm，模柄孔尺寸 $\phi 30 \times 55$mm，床身最大可倾角35°。

(3) 压力中心的计算　建立压力中心坐标系如图2-138所示，由图可知落料件周长 $L_1 = 61.8$mm，冲孔件周长 $L_2 = 20.4$mm，则

$$x_0 = \frac{L_2 x_2}{L_1 + L_2} = \frac{20.4 \times 15.2}{61.8 + 20.4}\text{mm} = 3.8\text{mm}; \quad y_0 = 0$$

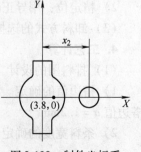

图2-138　制件坐标系

(4) 模具工作尺寸的计算 通过分析制件的形状,其外形的落料凸模、凹模采用配作加工的方法制造,冲孔的凸模、凹模采用分开加工的方法制造。

1) 查 2.2 节表 2-28,取 $Z_{min} = 0.09$ mm,$Z_{max} = 0.12$ mm。

2) 磨损系数的确定。制件的尺寸均为未注公差,按 IT12 级处理,其磨损系数取 $x = 0.75$。

3) 制件公差的确定。根据凸模、凹模刃口尺寸计算公式,落料凹模尺寸 $\phi 14$、22.3、6 和 $R0.5$ 为 $A$ 类尺寸,冲孔凸模尺寸 $\phi 6.5$,查公差表格,各尺寸按 IT12 级,入体方向标注,各尺寸公差如下:

$A_1 = \phi 14_{-0.18}^{0}$ mm,$A_2 = 22.3_{-0.21}^{0}$ mm,$A_3 = 6_{-0.12}^{0}$ mm,$A_4 = R0.5_{-0.1}^{0}$ mm,$d = \phi 6.5_{0}^{+0.15}$ mm。

4) 冲孔的凸模、凹模的制造精度。冲孔的凸模、凹模分别按 IT6、IT7 级公差等级制造,查公差得:

$$\delta_p = 0.009 \text{mm}, \delta_d = 0.015 \text{mm}。$$

则 $\delta_p + \delta_d = 0.009$ mm $+ 0.015$ mm $= 0.024$ mm。

可见:$\delta_p + \delta_d < Z_{max} - Z_{min}$,满足间隙公差条件。

5) 冲孔的凸模、凹模尺寸:

$d_p = (d_{min} + x\Delta)_{-\delta_p}^{0} = (6.5 + 0.75 \times 0.15)_{-0.009}^{0}$ mm $= 6.613_{-0.009}^{0}$ mm。

$d_d = (d_p + Z_{min})_{0}^{+\delta_d} = (6.613 + 0.09)_{0}^{+0.015}$ mm $= 6.703_{0}^{+0.015}$ mm。

6) 落料凸模、凹模的制造精度。按制件公差的 $1/4\Delta$ 选取。

7) 落料凹模尺寸:

$A_1 = (14 - 0.75 \times 0.18)_{0}^{+\frac{1}{4} \times 0.18}$ mm $= 13.864_{0}^{+0.045}$ mm。

$A_2 = (D_{max} - x\Delta)_{0}^{+\delta_d} = (22.3 - 0.75 \times 0.21)_{0}^{+\frac{1}{4} \times 0.21}$ mm $= 22.143_{0}^{+0.053}$ mm。

$A_3 = (6 - 0.75 \times 0.12)_{0}^{+\frac{1}{4} \times 0.12}$ mm $= 5.19_{0}^{+0.03}$ mm。

$A_4 = (d_{min} + x\Delta)_{-\frac{1}{4}\Delta}^{0} = (0.4 + 0.75 \times 0.1)_{-\frac{1}{4} \times 0.1}^{0}$ mm $= 0.475_{-0.025}^{0}$ mm。

8) 落料凸模尺寸。根据凹模尺寸配作凸模,保证周边间隙为 $0.09 \sim 0.12$ mm。

**5. 主要零件设计**

(1) 整体式凹模轮廓尺寸的确定

凹模厚度:$H = Kb = 0.4 \times 30$ mm $= 12$ mm,取 $H = 15$ mm。

凹模壁厚:$C = (1.5 \sim 2)H = 22.5 \sim 30$ mm,取 $C = 40$ mm。

式中  $b$——凹模刃口的最大尺寸;

$K$——系数,考虑板料厚度的影响,查 2.2 节表 2-26,得 $K = 0.35 \sim 0.42$,取 $K = 0.4$。

凹模外形尺寸:

长度:$A = b + 2c = 22.3$ mm $+ 2 \times 40$ mm $= 102.3$ mm

宽度:$B = b' + 2c = 14$ mm $+ 2 \times 40$ mm $= 94$ mm。

直壁式凹模的刃口强度较高,修磨后刃口尺寸不变,因此凹模形状采用直壁式的。选择对角式导柱模架,考虑选用标准模架,确定凹模的尺寸为:$A = 120$ mm,$B = 100$ mm,$H = 15$ mm。

凹模外形如图 2-139 所示。

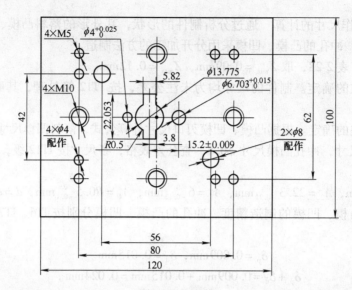

图 2-139 凹模

(2) 凸模固定板的设计　取凸模固定板的外形尺寸与凹模外形尺寸一致,其厚度取凹模厚度的 0.6~0.8 倍,即 9~12mm,考虑到凸模的最大尺寸为 22mm,为保证固定的稳定取 15mm 厚度,故凸模固定板的外形尺寸为:120mm×100mm×15mm。

凸模固定板上面布置两组尺寸,一个是与上模座、垫板固定的四个连接螺栓孔和两个定位销孔;另一个是与卸料板连接的四个卸料螺钉孔。但还应考虑紧固螺钉及销钉的位置,其布置尺寸如图 2-140 所示。

固定板上的凸模安装孔与凸模采用过渡配合 H7/m6,装配后凸模与凸模固定板铆接而成。凸模固定板只起连接作用,材料选用 Q235 钢。

(3) 卸料板外形尺寸的确定　外形尺寸与凸模固定板相同,厚度取凹模厚度的 60%~80%,确定卸料板外形尺寸为 120mm×100mm×8mm,考虑到凹模上面装有导料板,故卸料板结构形状如图 2-141 所示。因卸料板工作时受到卸料力的作用,故材料选用 45 钢。

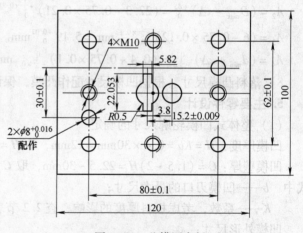

图 2-140 凸模固定板

(4) 导料板的确定　冲压材料厚度为 1.5mm,选用导料板厚度为 6mm。由两个对称结构的导料板与凹模装配后起导料作用,因此装配后的导料板尺寸与凹模外形尺寸一致,导料板外形如图 2-142 所示。导料板材料为 T8A,经淬火热处理。

(5) 垫板的确定　垫板外形尺寸与凸模固定板相同,厚度取 6mm,材料取 T10A,经淬火热处理。

(6) 弹簧的选择

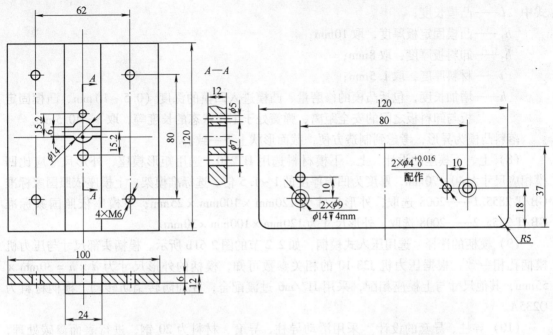

图 2-141　卸料板　　　　　图 2-142　导料板

1) 计算弹簧所需产生的弹力。根据总卸料力 $F_卸$ 以及模具结构估计弹簧个数 $N=4$，计算每个弹簧所受的负荷：

$$F_预 = F_卸/N = 2775\text{N}/4 = 693.8\text{N}$$

2) 初选弹簧规格。根据 $F_预$ 的大小，查附录，初选以下四种弹簧规格，见表 2-33，使所选弹簧的工作极限负荷 $F_j$ 大于 $F_预$。

表 2-33　四种规格弹簧

| $D$/mm | $d$/mm | $t$/mm | $P_2$/N | $H_2$/mm | $H_0$/mm | $n$ | $f$/mm |
|---|---|---|---|---|---|---|---|
| 25 | 4.5 | 6.5 | 751 | 8 | 40 | 5.1 | 1.58 |
|  |  |  |  | 10.5 | 50 | 6.7 |  |
|  |  |  |  | 12.9 | 60 | 8.2 |  |
|  |  |  |  | 15.3 | 70 | 9.7 |  |

3) 选择弹簧。检查弹簧最大允许压缩量，如满足下式，则弹簧选得合适：

$$h_预 + h_工 + h_{修磨} = 5\text{mm} + 2\text{mm} + 3\text{mm} = 10\text{mm}$$

式中　$h_预$——弹簧预压缩量，取 5mm；

　　　$h_工$——卸料板工作行程，一般取料厚加 0.5～1mm；

　　　$h_{修磨}$——凸、凹模修磨量，一般取 (1～3)$t$，取 3mm。

4) 弹簧工作图如图 2-143 所示。

(7) 凸模外形尺寸的设计与形状的选择　由于采用弹性卸料板，凸模长度：

$$L = h_1 + h_2 + t + h = (10+8+1.5+40.5)\text{mm}$$
$$= 60\text{mm}$$

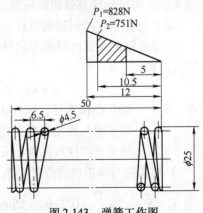

图 2-143　弹簧工作图

式中　　$L$——凸模长度；

　　　　$h_1$——凸模固定板厚度，取 10mm；

　　　　$h_2$——卸料板厚度，取 8mm；

　　　　$t$——材料厚度，取 1.5mm；

　　　　$h$——增加长度，包括凸模的修磨量、凸模进入凹模的深度（0.5~1）mm、凸模固定板与卸料板之间的安全距离、弹簧处于工作状态的长度等，取 $h = 40.5$mm。

落料凸模为异形，考虑到制造方便，截面形状上下一致。

(8) 上、下模座的设计　上、下模材料选用 HT250，选用矩形模座，外形尺寸应比凹模相应尺寸大 40~70mm，厚度为凹模厚度的 1~1.5 倍。选标准模架：上模座依照国家标准 GB/T 2855.1——2008 选取，外形尺寸为 120mm×100mm×25mm；下模座依照国家标准 GB/T 2855.2——2008 选取，外形尺寸为 120mm×100mm×30mm。

(9) 模柄的选择　选用压入式模柄，如 2.2 节的图 2-61b 所示。模柄头部尺寸与压力机模柄孔相一致，根据压力机 J23-10 的相关参数可知，模柄的外形尺寸为 $d \times h = 30$mm×55mm，其他尺寸与上模座相配，采用 H7/m6 过渡配合，并加防转销防转动。模柄材料为 Q235A。

(10) 导柱、导套的设计　采用滑动导柱、导套，材料为 20 钢，进行表面渗碳处理，渗碳后的淬火硬度为 58~62HRC，导柱依照国家标准 GB/T 2861.1——2008 选取，外形尺寸为 20mm×120mm；导套依照国家标准 GB/T 2861.3——2008 选取，外形尺寸为 20mm×65mm×23mm。

(11) 螺钉、销钉的选择

1) 螺钉的选择。上模座、垫板和凸模固定板用内六角头螺栓 M10×35 连接，数量 4 个；定位销 $\phi$8×35，数量 2 个。下模座与凹模选用内六角头螺栓 M10×35 连接，数量 4 个；定位销 $\phi$8×35，数量 2 个。导料板与凹模用内六角头螺栓 M5×18 连接，数量各 2 个；定位销 $\phi$4×18，数量各 2 个。

2) 卸料螺栓的选择。根据卸料力为 2775N，布置 4 个卸料螺栓，每个卸料螺栓所承受的卸料力不少于 693N，查相关手册可选用 M5 规格螺栓足够满足强度要求。

螺栓长度为垫板厚度 + 凸模固定板厚度 + 弹簧压缩后长度 + 上模座孔配合长度 + 卸料板行程 = (64 − 10 + 40 + 8 + 5)mm = 69mm，取螺栓的系列长度为 70mm（通过调整上模座配合长度来保证得到标准系列的卸料螺栓）。

(12) 导正销与挡料销的设计

1) 导正销的头部由圆锥形的导入部分和圆柱形的导正部分组成。导正销的公称尺寸可按下式计算：

$$d = d_T - a = 6.61\text{mm} - 0.07\text{mm} = 6.54\text{mm}$$

式中　　$d_T$——冲孔凸模直径，取 6.61mm；

　　　　$a$——导正销与冲孔凸模直径的差值（导正销间隙），见表 2-32，查得 $a = 0.07$mm，导正销圆柱段高度由 $h = (0.5 \sim 1)t$，取 $h = 1$。

2) 挡料销与导正销的位置关系。挡料销与导正销的中心距为

$$s_1 = S - \frac{D_T}{2} + \frac{D}{2} + 0.1\text{mm} = 15\text{mm} - \frac{13.864 - 0.009}{2}\text{mm} + \frac{6}{2}\text{mm} + 0.1\text{mm} \approx 11.07\text{mm}$$

式中 $S$——送料节距,取 15mm;
$D_T$——落料凸模直径,取 $(13.864 \sim 0.009)$mm;
$D$——挡料销头部直径,取 6mm。

### 6. 压力机相关参数的校核

模具的闭合高度 $H$ 应介于压力机的最大装模高度 $H_{max}$ 与最小装模高度 $H_{min}$ 之间,否则就不能保证正常的安装与工作。其关系为 $H_{min} + 10\text{mm} \leq H_{装模} \leq H_{max} - 5\text{mm}$,满足闭合高度要求,但 $H_{装模} = 140\text{mm} < H_{min} + 10\text{mm} = 135\text{mm} + 10\text{mm} = 145\text{mm}$,故应加垫板保证正常的安装。

### 7. 装配图

根据以上计算分析,绘制垫圈落料冲孔级进模装配图,如图 2-144 所示。

## 【知识拓展】——冲裁模的试模与调整

### 1. 模具调试的目的

通过试冲可以发现模具设计与制造的缺陷,找出产生原因,对模具进行适当的调整和修理后再进行试冲,直到模具能正常工作,才能将模具正式交付生产使用。模具试冲、调整简称调试,调试的目的有以下几点:

1)鉴定模具的质量。验证该模具生产的产品质量是否符合要求,确定该模具能否交付生产使用。

2)帮助确定产品的成形条件和工艺规程。模具通过试冲与调整,生产出合格产品后,可以在试冲过程中,掌握和了解模具使用性能,产品成形条件、方法和规律,从而对产品批量生产时的工艺规程制定提供帮助。

3)帮助确定工艺和模具设计中的某些尺寸。对于形状复杂或精度要求较高的冲压成形零件,在工艺和模具设计中,有个别难以用计算方法确定的尺寸,如拉深模的凸模、凹模圆角半径等,必须经过试冲,才能准确确定。

4)帮助确定成形零件毛坯形状、尺寸及用料标准。在冲模设计中,有些形状复杂或精度要求较高的冲压成形零件,很难在设计时精确地计算出变形前毛坯的尺寸和形状,为了要得到较准确的毛坯形状、尺寸及用料标准,只有通过反复试冲才能确定。

5)通过调试,发现问题,解决问题,积累经验,有助于进一步提高模具设计和制造水平。

由此可见,模具调试过程十分重要,是必不可少的。但调试的时间和试冲次数应尽可能少,这就要求模具设计与制造质量过硬,最好一次调试成功。在调试过程中,合格冲压件数的取样一般应在 20~1000 件之间。

### 2. 冲裁模的试模与调整

1)凸模、凹模配合深度。凸模、凹模的配合深度,通过调节压力机连杆长度来实现。凸模、凹模配合深度应适中,不能太深或太浅,以能冲出合适的零件为准。

2)凸模、凹模间隙。冲裁模的凸模、凹模间隙要均匀。对于有导向零件的冲模,其调整比较方便,只要保证导向件运动顺利即可;对于无导向冲模,可以在凹模刃口周围衬以纯铜皮或硬纸板进行调整,也可以用透光及塞尺测试等方法在压力机上调整,直到凸模、凹模互相对中,且间隙均匀后,用螺钉将冲模紧固在压力机上,进行试冲。试冲后检查试冲的零件,看是否有明显毛刺,并判断断面质量,如果试冲的零件不合格,应松开并再按前述方法继续调整,直到间隙合适为止。

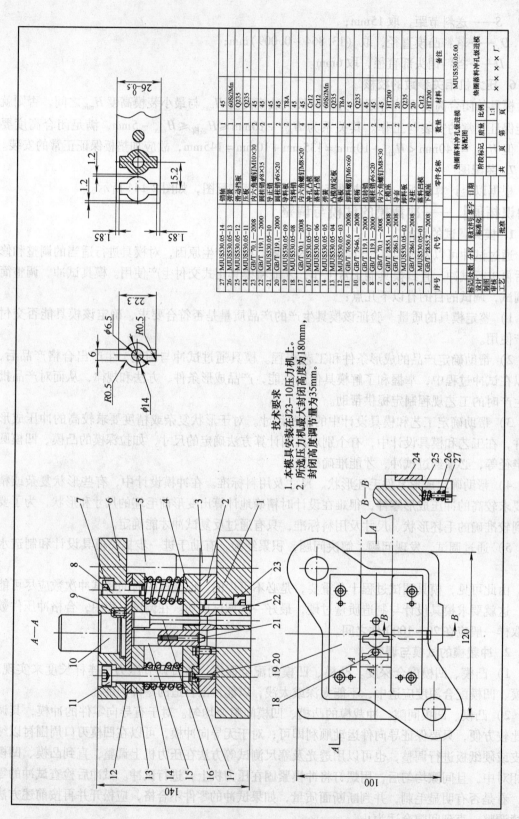

图2-144 垫圈落料冲孔级进模装配图

3）定位装置的调整。检查冲模的定位零件（定位销、定位块、定位板）是否符合定位要求，定位是否可靠。如位置不合适，在试模时应进行修整，必要时要更换。

4）卸料装置的调整。卸料装置的调整主要包括卸料板或顶件器是否工作灵活；卸料弹簧及橡胶弹性是否合适，卸料装置运动的行程是否足够；漏料孔是否畅通；打料杆、推料杆是否能顺利推出废料。若发现故障，应进行调整，必要时可更换。

冲裁模试冲时常见的故障、原因及调整方法见表2-34。

表2-34 冲裁模试冲时常见的故障、原因及调整方法

| 试冲常见故障 | 产生原因 | 调整方法 |
| --- | --- | --- |
| 送料不畅通或料被卡死 | 两导料板之间的尺寸过小或有斜度 | 根据情况锉修或重装导料板 |
| | 凸模与卸料板之间的间隙过大，使搭边翻扭 | 减小凸模与卸料板之间的间隙 |
| | 用侧刃定距的冲裁模，导料板的工作面和侧刃不平行，使条料卡死 | 重装导料板 |
| | 侧刃与侧刃挡块不密合，形成毛刺，使条料卡死 | 修整侧刃挡块消除间隙 |
| 刃口相咬 | 上模座、下模座、固定板、凹模、垫板等零件安装面不平行 | 修整有关零件，重装上模或下模 |
| | 凸模、导柱等零件安装不垂直 | 重装凸模或导柱 |
| | 导柱与导套配合间隙过大，使导向不准 | 更换导柱或导套 |
| | 卸料板的孔位不正确或歪斜，使冲孔凸模位移 | 修整或更换卸料板 |
| 卸料不正常 | 由于装配不正确，卸料机构不能动作。如卸料板与凸模配合过紧，或因卸料板倾斜而卡死 | 修整卸料板、顶板等零件 |
| | 弹簧或橡皮的弹力不足 | 更换弹簧或橡皮 |
| | 凹模和下模座的漏料孔没有对正，料不能排出 | 修整漏料孔 |
| | 凹模有倒锥度造成工件堵塞 | 修整凹模 |
| 冲件质量不好：<br>1. 有毛刺<br>2. 冲件不平<br>3. 落料外形和内孔位置不正，成偏位现象 | 刃口不锋利或淬火硬度低 | 合理调整凸模和凹模的间隙及修磨工作部分的刃口 |
| | 配合间隙过大或过小 | |
| | 间隙不均匀，使冲件一边有显著带斜角毛刺 | |
| | 凹模有倒锥度 | 修整凹模 |
| | 顶料杆和工件接触面过小 | 更换顶料杆 |
| | 导正销与预冲孔配合过紧，将冲件压出凹陷 | 修整导正销 |
| | 挡料销位置不正 | 修正挡料销 |
| | 落料凸模上导正销尺寸过小 | 更换导正销 |
| | 导料板和凹模送料中心线不平行，使孔位偏斜 | 修整导料板 |
| | 侧刃定距不准 | 修磨或更换侧刃 |

【实训与练习】

1. 计算冲裁如图2-145所示零件的凸凹模刃口尺寸及其公差。

2. 试分析如图2-146所示零件的冲裁工艺性，并确定其冲裁工艺方案（零件按大批量生产）。

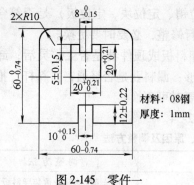

图 2-145 零件一

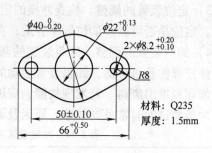

图 2-146 零件二

3. 针对图 2-147 所示的工件，请分别确定排样方法和搭边值，计算其材料的利用率，并画出排样图。（材料：硅钢片。厚度：$t=0.8\mathrm{mm}$）

4. 计算冲裁图 2-148 所示工件所用模具的刃口尺寸，并确定制造公差。（材料厚度：$t=1\mathrm{mm}$。材料：10 钢）

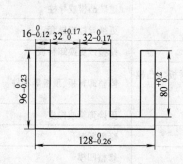

图 2-147 零件三

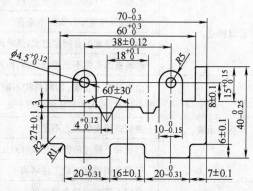

图 2-148 零件四

5. 图 2-149 所示零件的材料为 Q235 钢，料厚为 2mm。试确定凸、凹模分别加工时刃口尺寸，并计算冲压力，确定压力机的公称力。

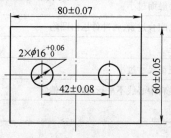

图 2-149 零件五

# 项目三　弯曲工艺与弯曲模设计

## 项目目标

1. 以 V 形件为例，了解弯曲工艺及弯曲件的结构工艺性分析、弯曲变形过程分析，了解弯曲变形规律、弯曲件质量的影响因素及防止措施。
2. 掌握弯曲工艺设计和弯曲模典型结构组成及工作过程分析。
3. 学生具备中等复杂程度的弯曲件工艺性分析、工艺计算和典型结构选择的基本能力，初步具备根据弯曲件质量问题正确分析原因并给出防止措施的能力。

【能力目标】

熟悉模具设计基本方法，能够进行一般复杂程度弯曲模的设计。

【知识目标】

- 熟悉弯曲概念及弯曲变形特点，能分析判断弯曲件易出现的质量问题及控制措施。
- 能够较合理地制定弯曲件成形工艺方案，进行弯曲工艺的计算。
- 掌握弯曲件展开尺寸的计算方法，合理确定弯曲模间隙及模具工作尺寸。
- 掌握弯曲模的典型结构、设计要点及工作部分结构设计。

## 项目引入

弯曲是使材料产生塑性变形，形成一定角度或一定曲率形状零件的冲压工序。弯曲的材料有板料、型材，也有棒料、管材。弯曲工序可利用模具在普通压力机上进行，也可使用其他专门的弯曲设备进行。弯曲件形状各异，结构有所不同。图 3-1 所示为典型的各种弯曲件。由于应用最广泛的弯曲是对板料的弯曲，所以，本项目主要研究板料弯曲。

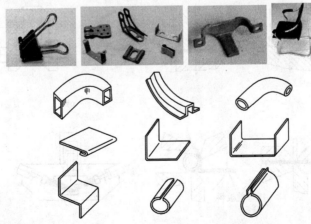

图 3-1　弯曲成形的典型零件

图 3-2 所示为典型托架制件，材料为 08 钢板，年产量 2 万件，零件表面要求无明显划痕，孔边缘无变形。试制定其冲压工艺过程并确定其模具结构。通过对托架进行工艺分析，

了解弯曲变形的特点，会进行工艺计算，能编制工艺文件。

## 项目分析

通过本任务的学习训练，掌握弯曲工艺设计，包括弯曲件质量分析、展开长度计算、弯曲力计算、弯曲件结构工艺性以及工艺方案设计等，培养解决生产中弯曲工艺方面问题的能力。

本任务主要讲述以下六个内容：
1) 弯曲概念及弯曲变形。
2) 弯曲件工艺性分析。
3) 冲压成形工艺方案的确定（工序安排）。
4) 弯曲工艺计算。
5) 弯曲模的典型结构。
6) 弯曲模工作部分零件的设计。

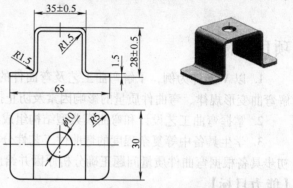

图 3-2 托架

## 相关知识

## 3.1 弯曲概念及弯曲变形

### 3.1.1 弯曲概念

（1）弯曲的成形工艺　弯曲是把平面的毛坯料制成具有一定角度和尺寸要求的零件的一种塑性成形工艺。弯曲工艺根据被加工毛坯形状、使用工具和设备不同，分为压弯、折弯、滚弯和拉弯等，如图 3-3 所示。

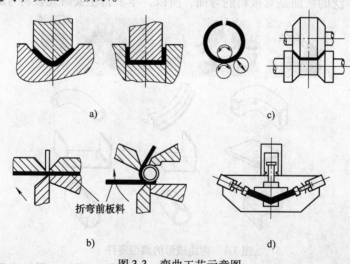

图 3-3 弯曲工艺示意图
a) 模具弯曲　b) 折弯　c) 滚弯　d) 拉弯

图 3-4 所示为用模具进行压弯成形的几种典型形状的零件。

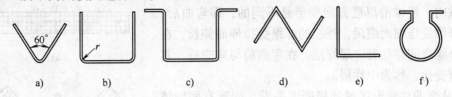

图 3-4 压弯成形的典型形状

（2）弯曲模的基本结构与组成　图 3-5 所示是一副 V 形件弯曲模，主要由弯曲凹模 3 和弯曲凸模 4 组成模具的成形部件。由定位板 10、顶杆 7 组成定位装置。

## 3.1.2 弯曲变形

（1）弯曲变形过程分析　图 3-6 所示为弯曲 V 形件的变形过程。在开始弯曲时，板料的弯曲内侧半径大于凸模的圆角半径。随着凸模的下压，毛坯与凹模工作表面逐渐靠紧，弯曲半径由 $r_0$ 变为 $r_1$，弯曲力臂也由 $l_0$ 变为 $l_1$。凸模继续下压，毛坯弯曲区逐渐减小，直到与凸模三点接触，这时的曲率半径已由 $r_1$ 变成了 $r_2$；此后，毛坯的直边部分则向与以前相反的方向弯曲；到行程终了时，凸、凹模对毛坯进行校正，使其圆角、直边与凸模全部靠紧。凸模、板料与凹模三者完全压合后，如果再增加一定的压力，对弯曲件施压，则称为校正弯曲。没有这一过程的弯曲称为自由弯曲。

（2）弯曲变形特点　为了分析板料在弯曲时的变形情况，可在长方形的板料侧面上画出正方形网格，然后将板料进行弯曲，如图 3-7 所示。

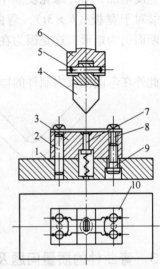

图 3-5　V 形件弯曲模
1—下模板　2、5—圆柱销　3—弯曲凹模
4—弯曲凸模　6—模柄　7—顶杆
8、9—螺钉　10—定位板

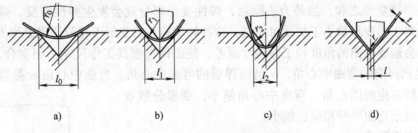

图 3-6　弯曲 V 形件的变形过程

观察网格的变化，可看出弯曲时变形的特点如下：

1）弯曲时，在弯曲角 $\varphi$ 的范围内，网格发生显著变形，而板料的平直部分，网格仍保持原来的正方形。因而可知，弯曲变形只发生在弯曲件的圆角附近，直线部分则不产生塑性变形。

2)分析网格的纵向线条可以看出,在弯曲前 $aa = bb$,弯曲后则 $aa < bb$。由此可见,在弯曲区域内,纤维沿厚度方向变形是不同的,即弯曲后,内缘的纤维受压缩而缩短,外缘的纤维受拉伸而伸长,在内缘与外缘之间存在着一层纤维,在弯曲前与弯曲后,其长度没有变化,称为中性层。

3)从弯曲件变形区域的横断面来看,变形有两种情况(图3-8)。

①对于窄板($b \leq 3t$),在宽度方向产生显著变形,沿内缘宽度增加,沿外缘宽度减小,断面略呈扇形。

②对于宽板($b > 3t$),弯曲后在宽度方向无明显变化,断面仍为矩形,这是因为在宽度方向不能自由变形所致。

此外在弯曲区域内制件的厚度有变薄现象。

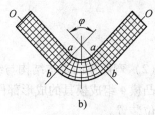

图3-7 弯曲前后网格变化
a)弯曲前 b)弯曲后

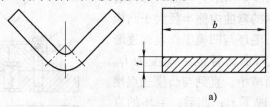

图3-8 弯曲区域的断面变化
a)宽板($b > 3t$) b)窄板($b \leq 3t$)

### 3.1.3 弯曲件的质量问题及其防止措施

弯曲是一种变形工艺,由于弯曲变形过程中变形区应力应变分布的性质、大小和表现形态不尽相同,加上板料在弯曲过程中要受到凹模摩擦阻力的作用,所以在实际生产中弯曲件容易产生许多质量问题,常见的是回弹、弯裂、偏移、翘曲与断面畸变。

(1)回弹对工件形状和尺寸精度的影响

1)弯曲件回弹现象。弯曲成形是一种塑性变形工艺。弯曲变形是在力的作用下发生的弹性变形与塑性变形之和,当外力去除后,弹性变形部分就会发生弹性恢复,弹性变形消失,会使保留下的变形量小于加载时的量。这种卸载前后的变形不相等的现象称为回弹。弯曲时的回弹会造成弯曲的角度和工件尺寸误差,使工件与模具工作尺寸不相吻合,如图3-9所示,$\alpha_T$是回弹前的弯曲中心角,$\alpha$是回弹后的弯曲中心角。弯曲中心角$\alpha$是弯曲件圆角变形区圆弧所对应的圆心角。弯曲中心角越小,变形分散效果越明显,最小弯曲半径相应也越小。

回弹的表现形式:

①弯曲回弹会使工件的圆角半径增大,即 $r > r_T$。

②弯曲回弹会使弯曲件的弯曲中心角减小,即 $\alpha < \alpha_T$。

2)影响弯曲回弹的因素。

①材料的力学性能。回弹角与材料的屈服强度$\sigma_s$成正比,与弹性模量$E$成反比。

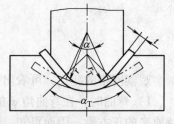

图3-9 弯曲回弹现象

②材料的相对弯曲半径 $r/t$。$r/t$ 表示弯曲带内材料的变形程度，当其他条件相同时，回弹角随 $r/t$ 值的增大而增大。因此，可按 $r/t$ 的比值来确定回弹角的大小。

③弯曲制件的形状。形状复杂的弯曲件回弹小。一般弯曲 U 形制件比 V 形制件的回弹角小。

④模具间隙。在弯曲 U 形制件时，模具的间隙对回弹角有较大的影响，间隙越大，回弹角也就越大。

⑤校正程度。在弯曲终了时进行校正，可增加圆角处的塑性变形程度，从而可达到减小回弹的目的。校正程度取决于校正力大小，校正力的大小是靠调整压力机滑块位置来实现的。随着校正程度的不同，回弹角减小的程度也不一样，校正程度越大，回弹角越小。

3) 减少回弹的措施。

①在弯曲件的结构设计时考虑减少回弹，如在弯曲部位增加压筋连接带等结构；选材时考虑回弹问题，尽量选择弹性模量 $E$ 较大的材料。

②在设计弯曲工艺时，弯曲工艺前安排退火工序；用校正弯曲代替自由弯曲；采用拉弯工艺代替压弯。

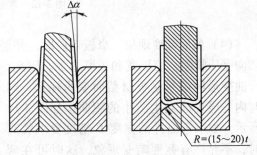

图 3-10　回弹补偿

③在模具结构设计时，可设计出相应的回弹补偿值，如图 3-10 所示；集中压力，加大变形压应力成分，如图 3-11 所示；合理选择模具间隙和凹模直壁的深度；使用弹性凹模或凸模弯曲成形。

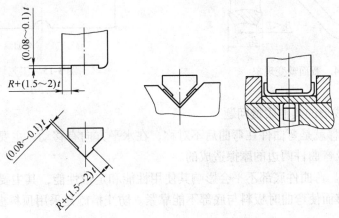

图 3-11　集中压力，加大变形压应力成分

（2）扭曲与翘曲现象　在弯曲过程中，由于应力的变化，弯曲力矩的不平衡，以及模具间隙的不均匀使得凸、凹模对材料的挤压程度不同，模具弯曲会造成工件沿弯曲线方向的翘曲和绕弯曲线方向扭曲现象，如图 3-12 所示。

（3）开裂现象　弯曲过程中板料外层受到拉应力作用，当超过抗拉强度时，就会出现裂纹，如图 3-13 所示。防止弯曲开裂可采用以下措施：1）选择塑性好的材料，采用经过退火或正火处理的软材料，如此可减小开裂；2）毛坯的表面质量要好，且要无划伤、潜伏裂纹、毛刺及冷作硬化等缺陷；3）弯曲时排样要注意板料或卷料的轧制方向。

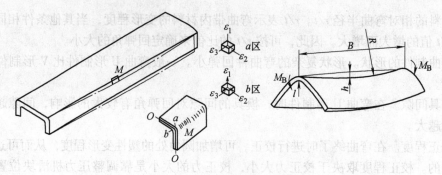

图 3-12　弯曲件的扭曲与翘曲

（4）截面畸变现象　窄板弯曲时，外层切向受拉伸长，引起板宽和板厚的收缩；内层切向受压收缩，使板宽和板厚增加。因此，弯曲变形的结果是板材截面变为梯形，同时内外层表面发生微小的翘曲，如图 3-14 所示。如果弯曲件的宽度 $B$ 精度要求较高时，不允许有截面畸变现象，这时可在弯曲线两端预先做出工艺切口加以克服，如图 3-15 所示。

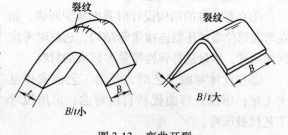

图 3-13　弯曲开裂

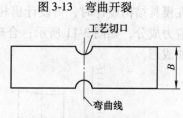

图 3-14　截面畸变现象　　　　图 3-15　工艺切口

（5）弯曲件成形的其他质量问题

1）偏移。偏移就是弯曲件在弯曲后不对称，在水平方向有移动。主要原因是由于弯曲件或模具不对称及弯曲件两边的摩擦造成的。

2）底部不平。弯曲件底部不平会影响其使用性能和定位性能，其主要原因是没有顶料装置或顶料力不够而使弯曲时板料与底部不能靠紧。防止措施是采用顶料板，在弯曲时适当加大顶料力。

3）表面擦伤。表面擦伤是弯曲后弯曲件外表面产生的划伤痕迹等。主要原因：一是在工作表面附有较硬的颗粒；二是凹模的圆角半径太小；三是凸模与凹模的间隙太小。采取的措施是清洁工作表面、采用合理的表面粗糙度值、选用合理的圆角半径及凸模与凹模的间隙。

## 3.2　弯曲件工艺性分析

弯曲件的工艺性是指弯曲件的形状、尺寸、材料选用以及技术要求等是否符合弯曲加工的工艺要求。弯曲件的工艺性好,不仅能提高工件质量,减少废品率,而且能简化工艺和模具结构。

(1) 弯曲件的精度　弯曲件的精度受坯料定位、偏移、翘曲和回弹等因素的影响,弯曲的工序数目越多,精度也越低。弯曲件的公差等级要求一般应在 IT14 级以下。

(2) 弯曲件的材料　如果弯曲件的材料具有足够的塑性,屈强比 ($\sigma_s/\sigma_b$) 小,屈服强度与弹性模量的比值 ($\sigma_s/E$) 小,则有利于弯曲成形和工件质量的提高。如软钢、黄铜和铝等材料的弯曲成形性能好。而脆性较大的材料,如磷青铜、铍青铜、弹簧钢等,则最小相对弯曲半径 $r_{min}/t$ 大,回弹大,不利于成形。

(3) 弯曲件的结构

1) 弯曲半径。弯曲件的弯曲半径不宜过大和过小。过大会受回弹的影响,弯曲件的精度不易保证;过小会产生拉裂。弯曲半径应大于材料的许可最小弯曲半径,否则应采用多次弯曲并增加中间退火的工艺。

最小弯曲半径是指导致材料开裂之前的临界弯曲半径,表 3-1 所列为最小弯曲半径数值。表中 $t$ 为弯曲板料厚度。最小弯曲半径数值由试验方法确定。

表 3-1　最小弯曲半径数值

| 材　料 | 退火的或正火的 | | 冷作硬化的 | |
| --- | --- | --- | --- | --- |
| | 弯曲线位置 | | | |
| | 垂直纤维 | 平行纤维 | 垂直纤维 | 平行纤维 |
| 08、10 | 0.1$t$ | 0.4$t$ | 0.4$t$ | 0.8$t$ |
| 15、20 | 0.1$t$ | 0.5$t$ | 0.5$t$ | 1$t$ |
| 25、30 | 0.2$t$ | 0.6$t$ | 0.6$t$ | 1.2$t$ |
| 35、40 | 0.3$t$ | 0.8$t$ | 0.8$t$ | 1.5$t$ |
| 45、50 | 0.5$t$ | 1$t$ | 1$t$ | 1.7$t$ |
| 55、60 | 0.7$t$ | 1.3$t$ | 1.3$t$ | 2$t$ |
| 磷青铜 | | | 1$t$ | 3$t$ |
| 半硬黄铜 | 0.1$t$ | 0.35$t$ | 0.5$t$ | 1.2$t$ |
| 软黄铜 | 0.1$t$ | 0.35$t$ | 0.35$t$ | 0.8$t$ |
| 纯铜 | 0.1$t$ | 0.35$t$ | 1$t$ | 2$t$ |
| 铝 | 0.1$t$ | 0.35$t$ | 0.5$t$ | 1.0$t$ |

2) 弯曲件的形状。弯曲件的形状对称,弯曲半径左右一致,则弯曲时坯料受力平衡而无滑动,如图 3-16a 所示。如果弯曲件不对称,由于摩擦阻力不均匀,坯料在弯曲过程中会产生滑动,造成偏移,如图 3-16b 所示。

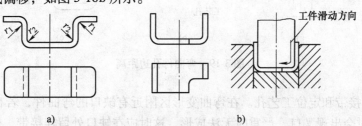

图 3-16　形状对称和不对称的弯曲件

3）弯曲高度。弯曲件的弯边高度不宜过小，其值应为 $h > r + 2t$，如图 3-17a 所示。当 $h$ 较小时，弯边在模具上支持的长度过小，不容易形成足够的弯矩，很难得到形状准确的零件。若 $h < r + 2t$ 时，则须预先压槽，或增加弯边高度，弯曲后再切掉，如图 3-17b 所示。如果所弯直边带有斜角，则在斜边高度小于 $r + 2t$ 的区段不可能弯曲到要求的角度，而且此处也容易开裂，如图 3-21c 所示。因此必须改变零件的形状，加高弯边尺寸，如图 3-17d 所示。

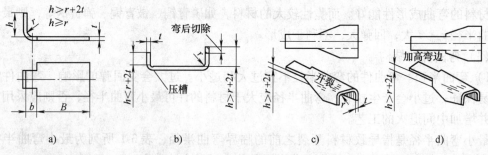

图 3-17 弯曲件的弯边高度

4）防止弯曲根部裂纹的工件结构。在局部弯曲某一段边缘时，为避免弯曲根部撕裂，应在弯曲部分与不弯曲部分之间切槽，如图 3-18a 所示，或在弯曲前冲出工艺孔，如图 3-18b 所示。

5）弯曲件孔边距离。弯曲有孔的工件时，如果孔位于弯曲变形区内，则弯曲时孔要发生变形，为此必须使孔处于变形区之外，如图 3-19a 所示。一般孔边至弯曲半径 $r$ 中心的距离按料厚确定：当 $t < 2mm$ 时，$l \geq t$；$t \geq 2mm$ 时，$l \geq 2t$。

如果孔边至弯曲半径 $r$ 中心的距离过小，为防止弯曲时孔变形，可在弯曲线上冲工艺孔，如图 3-19b 所示；也可加工工艺槽，如图 3-19c 所示。如对零件孔的精度要求较高，则应采用先弯曲后冲孔工艺成形。

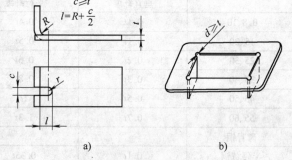

图 3-18 加冲工艺槽和孔

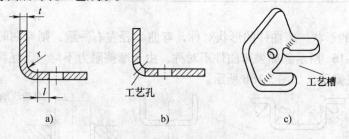

图 3-19 弯曲件孔边距离

6）增添连接带和定位工艺孔。在弯曲变形区附近有缺口的弯曲件，若在坯料上先将缺口冲出，弯曲时会出现叉口，严重时无法成形，这时应在缺口处留连接带，待弯曲成形后再将连接带切除，如图 3-20a、b 所示。

为保证坯料在弯曲模内准确定位，或防止在弯曲过程中坯料的偏移，最好能在坯料上预先增添定位工艺孔，如图 3-20b、c 所示。

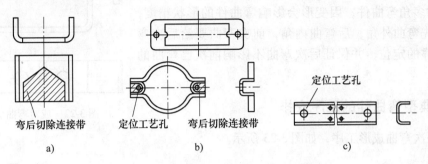

图 3-20　增添连接带和定位工艺孔的弯曲件

7）尺寸标注。尺寸标注对弯曲件的工艺性有很大的影响。例如，图 3-21 所示是弯曲件孔的位置尺寸的三种标注法。对于图 3-21a 所示的标注法，孔的位置精度不受坯料展开长度和回弹的影响，将大大简化工艺设计；图 3-21b、c 所示的标注法受弯曲回弹的影响，冲孔只能安排在弯曲之后进行，增加了工序，还会造成许多不便。因此，在不要求弯曲件有一定装配关系时，应尽量考虑冲压工艺的方便来标注尺寸。

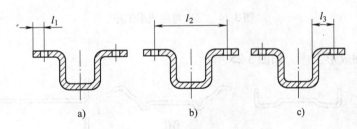

图 3-21　尺寸标注对弯曲工艺的影响

## 3.3　弯曲成形工艺方案的确定（工序安排）

弯曲成形工艺方案的确定就是根据弯曲件结构形状，分析需要的弯曲工序，比较工序的组合形式，确定各工序加工的先后顺序。

### 3.3.1　弯曲件的工序安排原则

弯曲件的工序安排应根据工件形状、公差等级、生产批量以及材料的力学性能等因素进行考虑。弯曲工序安排合理，则可以简化模具结构，提高工件质量和劳动生产率。

1）对于形状简单的弯曲件，如 V 形、U 形、Z 形工件等，可以采用一次弯曲成形。对于形状复杂的弯曲件，一般需要采用二次或多次弯曲成形。

2）对于批量大而尺寸较小的弯曲件，为使操作方便，定位准确和提高生产率，应尽可能采用级进模或复合模。

3）需多次弯曲时，弯曲次序一般是先弯两端，后弯中间。前次弯曲应考虑后次弯曲有可靠的定位，后次弯曲不能影响前次已成形的形状。

4）当弯曲件几何形状不对称时，为避免压弯时坯料偏移，应尽量采用成对弯曲，然后再切成两件的工艺，如图3-22所示。

5）对多角弯曲件，因变形会影响弯曲件的形状精度，故一般应先弯曲外角，后弯曲内角，前次弯曲要给后次弯曲留出可靠的定位，并保证后次弯曲不影响前次已弯曲的形状。

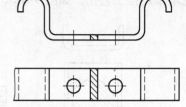

图3-22　成对弯曲成形

### 3.3.2　典型弯曲件的工序安排

1）一次弯曲成形工序，如图3-23所示。

图3-23　一次弯曲成形工序

2）二次弯曲成形工序，如图3-24所示。

图3-24　二次弯曲成形工序

3）三次弯曲成形工序，如图3-25所示。

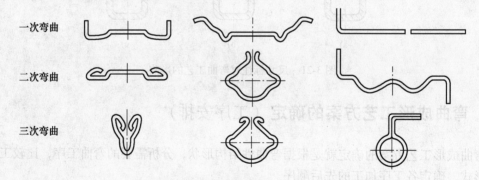

图3-25　三次弯曲成形工序

4）多次弯曲成形工序，如图3-26所示。

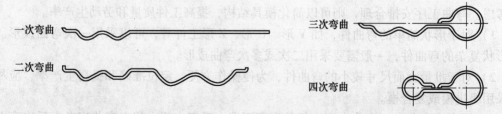

图3-26　多次弯曲成形工序

## 3.4 弯曲工艺计算

### 3.4.1 弯曲中性层位置的确定

弯曲中性层是指弯曲变形前后长度保持不变的金属层。因此，弯曲中性层的展开长度即是弯曲件的毛坯尺寸。为了计算弯曲中性层的展开尺寸，必须首先确定中性层的位置，中性层位置可用其弯曲半径 $\rho$ 确定，如图 3-27 所示。$\rho$ 可按经验公式计算：

$$\rho = r + xt \tag{3-1}$$

式中　$\rho$——中性层弯曲半径（mm）；
　　　$r$——内弯曲半径（mm）；
　　　$t$——材料厚度（mm）；
　　　$x$——中性层位移系数，见表 3-2。

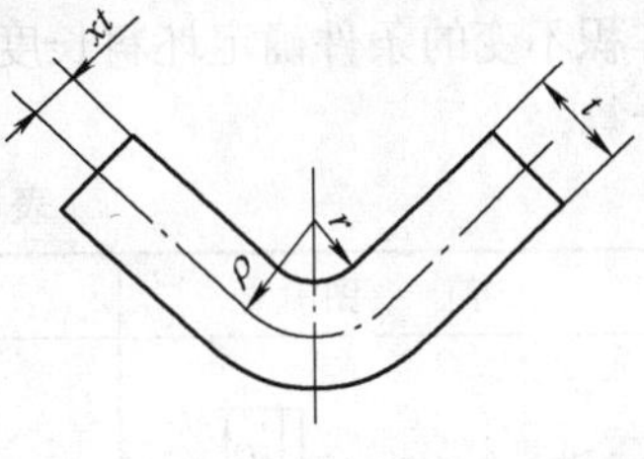

图 3-27　应变中性层位置

表 3-2　中性层位移系数

| $r/t$ | 0.1 | 0.2 | 0.3 | 0.4 | 0.5 | 0.6 | 0.7 | 0.8 | 1.0 | 1.2 |
|---|---|---|---|---|---|---|---|---|---|---|
| $x$ | 0.21 | 0.22 | 0.23 | 0.23 | 0.25 | 0.26 | 0.28 | 0.30 | 0.32 | 0.33 |
| $r/t$ | 1.3 | 1.5 | 2.0 | 2.5 | 7.0 | 4.0 | 5.0 | 6.0 | 7.0 | ≥8.0 |
| $x$ | 0.34 | 0.36 | 0.38 | 0.39 | 0.40 | 0.42 | 0.44 | 0.46 | 0.48 | 0.50 |

### 3.4.2 弯曲件展开长度的计算

弯曲件毛坯长度的计算基础是应变中性层在弯曲前后长度保持不变。中性层位置确定后，对于形状比较简单、尺寸精度要求不高的弯曲件，可直接采用下面介绍的方法计算坯料长度。而对于形状比较复杂或精度要求高的弯曲件，可采用下面公式初步计算坯料长度后，经反复试弯不断修正，最后确定坯料的形状及尺寸。

（1）圆角半径 $r > 0.5t$ 的弯曲件展开长度　如上所述，此类弯曲件的展开长度是根据弯曲前后毛坯中性层尺寸不变的原则进行计算的，其展开长度等于所有直线段及弯曲部分中性层展开长度之和，如图 3-28 所示。计算步骤如下：

①计算直线段 $a$、$b$、$c$…的长度。
②计算 $r/t$，根据表 3-2 查出中性层位移系数 $x$ 值。
③按公式计算各圆弧段中性层弯曲半径 $\rho$：

$$\rho = r + xt$$

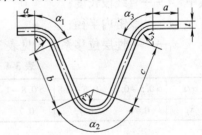

图 3-28　圆角半径 $r > 0.5t$ 的展开长度

④根据各中性层弯曲半径 $\rho_1$、$\rho_2$…与对应弯曲中心角 $\alpha_1$、$\alpha_2$…计算各圆弧段展开长度 $l_1$、$l_2$…

$$l = \pi\rho\alpha/180° \tag{3-2}$$

⑤计算总展开长度 $L_Z$：

$$L_Z = a + b + c + \cdots + l_1 + l_2 + l_3 + \cdots + l_n$$

当弯曲件的弯曲角度为90°时,如图3-29所示,弯曲件展开长度计算可简化为:

$$L_Z = a + b + 1.57(r + xt) \quad (3-3)$$

(2) 圆角半径 $r<0.5t$ 弯曲件展开长度　对于 $r<0.5t$ 的弯曲件,由于弯曲变形时不仅制件的圆角变形区产生严重变薄现象,而且与其相邻的直边部分也变薄,故应按变形前后体积不变的条件确定坯料长度,通常采用表3-3所列经验公式计算。

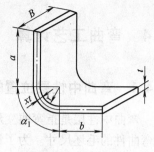

图3-29　90°弯曲件

表3-3　$r<0.5t$ 的弯曲件坯料长度计算公式

| 简　图 | 计算公式 | 简　图 | 计算公式 |
| --- | --- | --- | --- |
|  | $L_Z = l_1 + l_2 + 0.4$ |  | $L_Z = l_1 + l_2 + l_3 + 0.6t$(一次同时弯曲两个角) |
|  | $L_Z = l_1 + l_2 - 0.4$ |  | $L_Z = l_1 + 2l_2 + 2l_3 + t$(一次同时弯曲四个角) |
|  |  |  | $L_Z = l_1 + 2l_2 + 2l_3 + 1.2t$(分为两次弯曲四个角) |

(3) 铰链式弯曲件　对于 $r=(0.6\sim7.5)t$ 的铰链件,如图3-30所示,通常采用推卷的方法成形,在卷圆过程中板料增厚,中性层外移,其坯料长度 $L_Z$ 可按下式近似计算:

$$L_Z = l + 1.5\pi(r + x_1 t) + r \approx l + 5.7r + 4.7x_1 t \quad (3-4)$$

式中　$l$——直线段长度;
　　　$r$——铰链内半径;
　　　$x_1$——中性层位移系数,见表3-4。

图3-30　铰链式弯曲件

表3-4　卷边时中性层位移系数 $x_1$ 值

| $r/t$ | >0.5~0.6 | >0.6~0.8 | >0.8~1 | >1~1.2 | >1.2~1.5 | >1.5~1.8 | >1.8~2 | >2~2.2 | >2.2 |
| --- | --- | --- | --- | --- | --- | --- | --- | --- | --- |
| $x_1$ | 0.76 | 0.73 | 0.7 | 0.67 | 0.64 | 0.61 | 0.58 | 0.54 | 0.5 |

### 3.4.3　弯曲力计算

弯曲力是选择压力机和设计模具的重要依据之一。弯曲力的大小不仅与毛坯尺寸、材料力学性能、凹模支点间的间距、弯曲半径及凸模凹模间隙等因素有关,而且与弯曲方法也有很大关系,很难用理论分析的方法进行准确计算。因此,在生产中常采用经验公式计算。

(1) 自由弯曲的弯曲力　自由弯曲按弯曲件形状可分为V形件自由弯曲和U形件自由弯曲两种。

对于V形件,弯曲力 $F_Z$ 按下式计算:

$$F_Z = 0.6Kbt^2 \sigma_b / (r + t) \quad (3-5)$$

对于 U 形件，弯曲力 $F_Z$ 按下式计算：
$$F_Z = 0.7Kbt^2\sigma_b/(r+t) \tag{3-6}$$

式中　$F_Z$——材料在冲压行程结束时的弯曲力（N）；
　　　$b$——弯曲件宽度（mm）；
　　　$t$——弯曲件厚度（mm）；
　　　$r$——弯曲件内弯曲半径（mm）；
　　　$\sigma_b$——材料抗拉强度（MPa）；
　　　$K$——安全系数，一般可取 $K=1.3$。

(2) 校正弯曲的弯曲力　当弯曲件在冲压结束时受到模具的压力校正，则弯曲校正力 $F_j$ 可按下式近似计算：
$$F_j = qA \tag{3-7}$$

式中　$F_j$——弯曲校正力（N）；
　　　$q$——单位校正力（MPa），其值见表 3-5；
　　　$A$——工件被校正部分投影面积（$mm^2$）。

表 3-5　单位校正力 $q$　　　　　　　　　　　　（单位：MPa）

| 材料 \ 材料厚度 t/mm | ≤1 | >1~2 | >2~5 | >5~10 |
|---|---|---|---|---|
| 铝 | 15~20 | 20~30 | 30~40 | 40~50 |
| 黄铜 | 20~30 | 30~40 | 40~60 | 60~80 |
| 10~20 钢 | 30~40 | 40~50 | 60~80 | 80~100 |
| 25~30 钢 | 40~50 | 50~60 | 70~100 | 100~120 |

(3) 顶件力和压边力　若弯曲模设有顶件装置或压边装置，其顶件力 $F_D$（或压边力 $F_y$）可近似取自由弯曲力的 30%~80%。即：$F_D = (0.3~0.8)F_Z$

(4) 压力机公称力 $F_t$ 的确定　有压边装置的自由弯曲，$F_t \geq F_Z + F_y$；校正弯曲，由于校正弯曲力比压料力（或推件力）大得多，故 $F_y$ 可以忽略，即 $F_t \geq F_j$。

## 3.5　弯曲模的典型结构

常见的弯曲模结构类型有单工序弯曲模、级进弯曲模、复合弯曲模和通用弯曲模等。简单的弯曲模工作时只有一个垂直运动，复杂的弯曲模除垂直运动外，还有一个或多个水平运动。一般弯曲模都是由简单弯曲模组合而成的，熟悉常见弯曲模的结构有助于设计复杂弯曲模。弯曲模的设计无太多规律可循，因此，弯曲模设计难以做到标准化，通常参照冲裁模的一般设计要求和方法，根据工件的结构进行设计。

### 3.5.1　V 形件弯曲模结构

**1. V 形件弯曲模基本结构形式**

V 形件弯曲模基本结构如图 3-31 所示。图 3-31a 所示为简单的 V 形件弯曲模，其特点是结构简单，通用性好，但弯曲时坯料容易偏移，影响工件精度。

图3-31b～d所示分别为带有定位尖、顶杆、V形顶板的模具结构，可以防止坯料滑动，提高工件精度。

图3-31e所示的非对称V形件弯曲模，基本结构属于U形弯曲模类型，适用于90°直角，利用工件直壁上的孔对弯曲毛坯进行定位（顶板上安装了定位销），可以有效防止弯曲时坯料的偏移，保证工件的直壁尺寸精度。因为该模具凸模、凹模单边受力，因此结构中设计、安装了侧压块9，对模具凸模起受力平衡作用，同时也为顶板导向，防止其窜动。

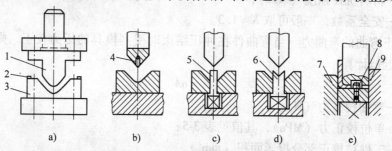

图3-31 V形弯曲模基本结构形式
a) 简单的V形件弯曲模 b) 带有定位尖的弯曲模 c) 带有顶杆的弯曲模
d) 带有V形顶板的弯曲模 e) 非对称V形弯曲模
1—凸模 2—定位板 3—凹模 4—定位尖 5—顶杆 6—V形顶板
7—顶板 8—定位销 9—侧压块

**2. V形件弯曲模结构设计**

（1）整体式上模V形件弯曲模　图3-32所示是将99.9mm×25.9mm×1mm的长方形平板毛坯制成90°V形件的弯曲模结构。

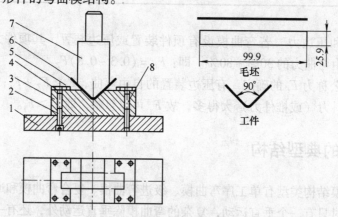

图3-32 V形弯曲模
1—底座 2—螺钉 3—凹模 4—定位板 5—螺钉 6—工件
7—一体式凸模 8—销钉

1）工作过程　模具结构中，底座1、凹模3、定位板4由螺钉和销钉联接组成下模。上模7是一体式凸模，上部圆柱部分为模柄，下部为工作凸模。

工作时，将按要求裁好的毛坯料放入凹模上表面的定位板中定位，上模下降将坯料压入凹模，直至凸模、材料、凹模三者完全压合，工件成形。为保证工件形状更准确，此时，继续对凸模加力，对材料进行镦压（校正弯曲）可减少回弹。上模回程，工件留于凹模中。由操作者用工具将工件取出。

2）模具特点　模具结构简单，制造方便，适用于宽度较小，料厚较大，精度要求不高的弯曲件。若工件尺寸较小，生产批量不大时，该模具结构可进一步简化，选择较经济的材料将下模中的模座和凹模做成整体结构。

（2）翻板式V形件弯曲模　图3-33b所示是将异形平板毛坯（图3-33a）制成90°V形件的弯曲模结构。

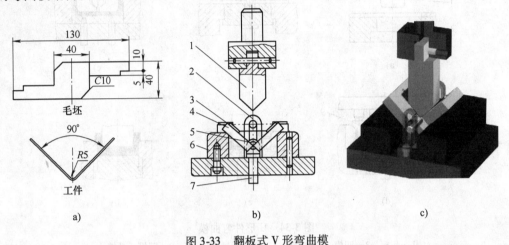

图3-33　翻板式V形弯曲模
1—凸模　2—导滑支架　3—定位板（或定位销）　4—活动凹模块　5—转轴　6—支撑块　7—顶杆

1）工作过程。图3-33所示为弯曲终了位置。两块活动翻板式凹模4通过转轴5铰接，定位板3（或定位销）固定在活动翻板式凹模上。弯曲前顶杆7在下弹顶装置的作用下将转轴5顶到最高位置，使两块活动翻板式凹模展成一水平面。毛坯由展平后的定位板件定位。上模下降，翻板式凹模在凸模与凹模支撑块的作用下向下翻转，进而带动坯料随之变形。在弯曲过程中坯料始终与活动凹模和定位板接触，可有效防止弯曲过程中坯料的偏移。

2）模具特点。该模具结构充分考虑了毛坯的形状特点，用活动翻板式凹模代替一般的整体式V形件弯曲凹模，改变了弯曲成形工艺，由模具弯曲的压弯工艺变为折弯工艺，解决了弯曲时形状不对称、弯曲力臂不相等带来的扭曲变形问题。这种结构特别适用于有精确孔位的、坯料形状不对称的以及没有足够压料面的零件成形。

### 3.5.2　U形件弯曲模具结构

**1. U形件弯曲模基本类型**

根据弯曲件的要求，常用的U形件弯曲模有如图3-34所示的几种结构形式。图3-34a所示为无底凹模形式，用于底部无平整度要求的弯曲件。图3-34b所示为活动顶块式有底凹模形式，用于底部要求平整的弯曲件。图3-34c所示结构用于料厚公差较大而且外侧尺寸要求较高的弯曲件，其凸模为活动结构，可随料厚自动调整凸模横向尺寸。图3-34d所示结构用于料厚公差较大而且内侧尺寸要求较高的弯曲件，凹模两侧为活动结构，可随料厚自动调整凹模横向尺寸。图3-34e所示为U形翻板式弯曲模，主要用于弯曲件两侧壁有孔，且孔位精度要求较高的弯曲件成形。模具结构中两侧的凹模活动镶块用转轴分别与顶板铰接,弯曲前顶杆将顶板顶出凹模面,同时顶板与凹模活动镶块展成一个平面,镶块上有定位销供工件定位之用。弯曲时工件与凹模活动镶块一起运动,这样就保证了两侧孔的同轴。图 3-34f 所示为弯曲件两侧壁厚变薄的弯曲模。

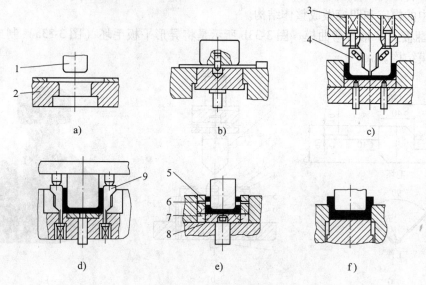

图 3-34　U 形件弯曲模
1—凸模　2—凹模　3—弹簧　4—凸模活动镶块　5、9—凹模活动镶块
6—定位销　7—转轴　8—顶板

**2. U 形件弯曲模结构**

（1）弯曲中心角大于 90°的 U 形件弯曲模　图 3-35 所示是弯曲中心角大于 90°的 U 形件弯曲模。压弯时凸模首先将坯料弯曲成 U 形,当凸模继续下压时,两侧的转动凹模使坯料最后压弯成弯曲中心角大于 90°的 U 形件。凸模上升,弹簧使转动凹模复位,工件则由垂直于图面方向从凸模上卸下。

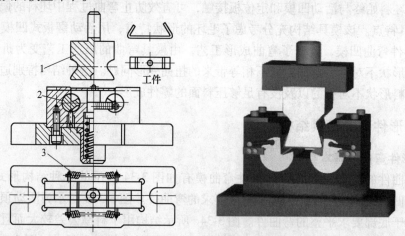

图 3-35　弯曲中心角大于 90°的 U 形弯曲模
1—凸模　2—转动凹模　3—拉簧

（2）"⊔"形件弯曲模　"⊔"形件弯曲可以一次弯曲成形，也可以两次弯曲成形。

1）单一动作一次弯曲成形模。图3-36 所示为一次成形弯曲模。模具结构简单，但弯曲质量较差。从图3-37a 可以看出，在弯曲过程中由于凸模肩部妨碍了坯料的转动，加大了坯料通过凹模圆角的摩擦力，使弯曲件侧壁容易擦伤和变薄（图3-37b），同时弯曲件两肩部与底不易平行（图3-37c）。特别是材料厚、弯曲件直壁高、圆角半径小时，这一现象更为严重。

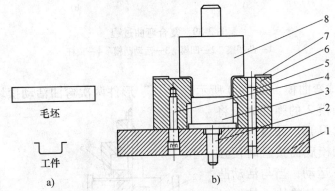

图3-36　"⊔"形件一次弯曲成形模

1—底座　2—顶杆　3—顶件块　4—螺钉　5—销钉　6—凹模　7—定位板　8—凸模

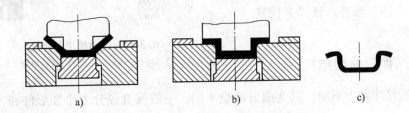

图3-37　"⊔"形件一次成形质量分析

2）两次动作的复合弯曲模。图3-38 所示为"⊔"形件两次弯曲的复合弯曲模。凸凹模下行，先使坯料通过凹模压弯成 U 形，如图3-39a 所示。凸凹模继续下行与活动凸模作用，最后压弯成"⊔"形件，如图3-39b 所示。这种结构需要凹模下腔空间较大，以方便工件侧边的转动。

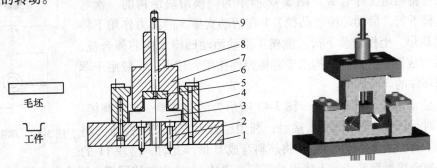

图3-38　复合弯曲模

1—底座　2—顶杆　3—活动凸模　4—凹模块　5—推件板　6—定位板
7—凸凹模　8—打杆　9—横担销

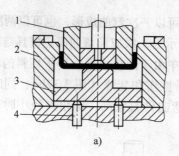
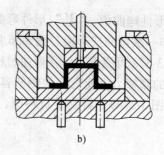

图 3-39　复合弯曲过程
1—凸凹模　2—凹模　3—活动凸模　4—顶杆

3）活动摆块式弯曲模。图 3-40 所示为"冂"形件两次弯曲活动摆块弯曲模。凹模 1 下行，利用活动凸模 2 的弹性力先将坯料弯成口向下的 U 形。凹模继续下行，当推板 5 与凹模底面接触时便强迫活动凸模 2 向下运动，当与活动凸模铰接的活动摆块 3 与垫块 4 接触时（如图 3-40 右半剖视所示位置），活动摆块在凸模和垫块的作用下发生翻转，最后折弯成"冂"形件。该模具的缺点是结构复杂。

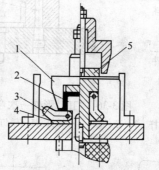

图 3-40　活动摆块弯曲模
1—凹模　2—活动凸模　3—摆块　4—垫块　5—推板

### 3.5.3　圆形件弯曲模结构

圆形件的尺寸大小不同，其弯曲方法也不同，一般按直径分为小圆形件和大圆形件两种。

**1. 小圆形件弯曲模结构**

（1）分次成形模具　对于直径 $d \leq 5$mm 的小圆形件，一般先弯成 U 形，再将 U 形弯成圆形。图 3-41 所示为用两套简单模弯圆的方法。

（2）斜楔滑块结构的一次弯圆模　由于工件小，分两次弯曲操作不便，故可将两道工序合并。图 3-42 所示为斜楔滑块结构的一次弯圆模。上模下行，活动芯棒（凸模）1 在活动支撑 3 的弹力作用下将坯料弯成 U 形，上模继续下行，侧楔 4 推动活动凹模 2 向芯棒合拢，将 U 形件弯成圆形。这种结构由于芯棒弹性作用力较小，一般用于薄料小型圆环件的弯曲成形。

（3）活动芯棒一次弯圆模　图 3-43 所示为活动芯棒一次弯圆模。上模下行时，压板 4 与滑块 11 接触，利用压板上方橡皮的弹压力将滑块压迫下行，滑块带动芯棒 14 将坯料弯成 U 形。此时，滑块 11 的下端面与底座接触而静止，上模继续下行，滑块 11 的支撑使压板 4 静止，凸模 10 下行再将 U 形件弯成圆形。如果工件精度要求高，可以旋转工件连冲几次，以获得较好的圆度。工件由垂直图面方向从芯棒上取下。

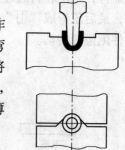

图 3-41　单工序成形

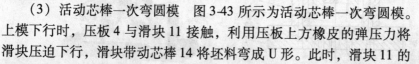

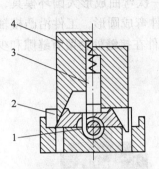 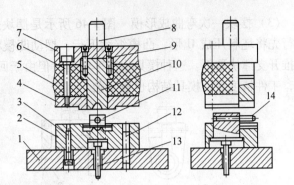

图 3-42 斜楔滑块成形
1—活动芯棒 2—活动凹模
3—活动支撑 4—侧楔

图 3-43 活动芯棒圆环弯曲模
1—底座 2—凹模 3、9—螺钉 4—压板 5—橡皮
6—卸料螺钉 7—上模座 8—模柄 10—凸模
11—滑块 12—销钉 13—顶杆 14—芯棒

**2. 大圆形件弯曲模结构**

对于直径 $d \geqslant 20$mm 的大圆形件，根据圆形件的精度和料厚等要求不同，可采用不同的成形工艺方案。

（1）分次成形工艺方案 图 3-44 所示是用三道工序弯曲大圆的方法，这种方法生产率低，适合于材料较厚的工件。

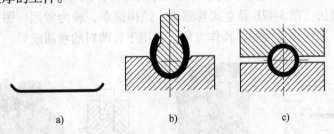

图 3-44 大圆三次弯曲
a）一次弯曲 b）二次弯曲 c）三次弯曲

（2）两次成形工艺方案与模具 图 3-45 所示是用两道工序弯曲大圆的方法，图 3-45a 所示是先预弯成三个 120°的波浪形的模具示意结构，图 3-45b 所示模具是以 120°的波浪形工序件为毛坯，利用反向变形包圆成形弯曲模，工件成形后，沿凸模轴线方向取下。

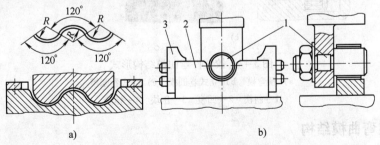

图 3-45 大圆两次弯曲模
1—凸模 2—凹模 3—定位板

(3)摆块一次弯曲成形模 图3-46所示是摆块式凹模一次弯曲成形大圆环模具,凸模下行先将坯料压成U形,凸模继续下行,摆动凹模将U形件弯成圆形,工件沿凸模轴线方向推开支撑块取下。这种模具生产率较高,但由于回弹,工件在接缝处会留有缝隙和少量直边,工件精度差,模具结构也较复杂。

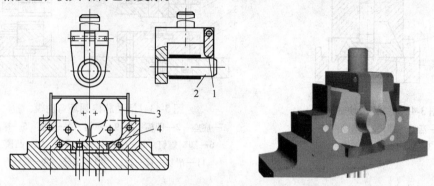

图3-46 摆块式凹模一次弯曲成形大圆环模具
1—支撑 2—凸模 3—摆动凹模 4—顶板

**3. 铰链件弯曲模**

图3-47所示为常见的铰链件形式和弯曲工序的安排,预弯模如图3-47a所示。卷圆的原理通常是采用推圆法。图3-47b是立式卷圆模,结构简单,较为常用。图3-47c是卧式卷圆模,有压边装置,工件质量较好,操作方便。常用于较薄料的卷圆成形。

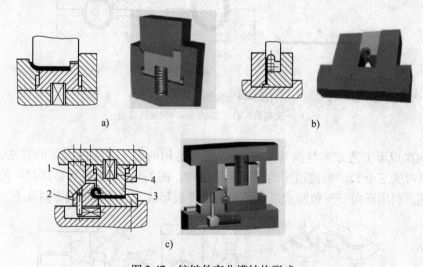

图3-47 铰链件弯曲模结构形式
a)预弯模 b)立式卷圆模 c)卧式卷圆模
1—斜楔 2—凹模 3—压块 4—弹簧

### 3.5.4 其他弯曲模结构

对于其他形状的弯曲件,由于品种繁多,其工序安排和模具设计只能根据弯曲件的形状、尺寸、精度要求、材料的性能以及生产批量等因素来考虑,其成形工艺和模具结构将是多种多样的。

**1. Z形件弯曲模**

(1) Z形件简单弯曲模　对于材料较厚、精度要求不高的零件可采用图3-48所示的结构形式弯曲，其结构简单，但由于没有压边装置，压弯时坯料容易滑动。

(2) 具有孔定位的Z形件弯曲模　对于精度要求较高，且利用孔定位Z形件，可采用图3-49所示的有顶板和定位销的Z形件弯曲模，能有效防止坯料的偏移。反侧压块的作用是克服上、下模之间水平方向的错移力，同时也为顶板导向，防止其窜动。

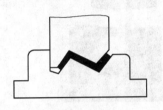

图3-48　Z形件简单弯曲

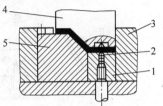

图3-49　带顶板孔定位的Z形件弯曲模
1—顶板　2—定位销　3—反侧压板　4—凸模　5—凹模

(3) 活动凸模Z形件分次弯曲模　图3-50所示的结构，是Z形件采用U形弯曲方式，分次弯曲成形模具。弯曲前，活动凸模10在橡胶8的作用下与凸模4端面齐平。冲压开始时，活动凸模10与顶件块1将坯料夹紧，由于橡胶的弹力较大，推动顶件块1向下移动使坯料左端弯曲。当顶件块接触到下模座11后，活动凸模10停止不动。上模继续下降，橡胶8被压缩，凸模4相对于活动凸模10下移，将坯料右端弯曲成形。当限位压块7与上模座6相碰时，整个工件得到校正。

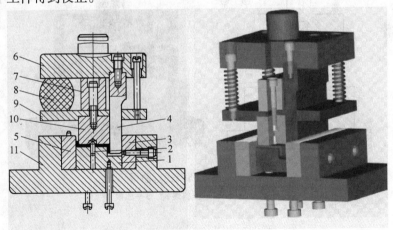

图3-50　Z形件分次弯曲模
1—顶件块　2—定位销　3—侧平衡块　4—凸模　5—凹模　6—上模座
7—限位压块　8—橡胶　9—凸模托板　10—活动凸模　11—下模座

**2. R形件滚轴式弯曲模**

图3-51所示的模具，是将平板毛坯料弯曲成图3-51a所示工件的滚轴式弯曲模。模具工作时，将毛坯件放在凹模3上方的定位板2中定位，上模下降由凸模1和凹模3先将坯料弯

曲成 U 形，上模继续下降，凸模推动 U 形件下行与滚轴 4 左端缺口高点接触，推动滚轴 4 逆时针转动将 U 形件弯曲成图 3-51a 所示的形状。弯曲结束，上模回程，滚轴 4 在弹簧的作用下顺时针转动脱离凸模，工件由凸模带出凹模。工件沿水平方向取出。

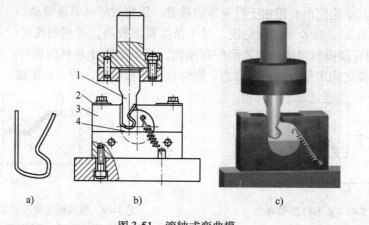

图 3-51　滚轴式弯曲模
1—凸模　2—定位板　3—凹模　4—滚轴

### 3. 摆动凸模式弯曲模

图 3-52 所示为摆动凸模式弯曲模。毛坯由凹模上的定位槽定位，上模下降，压料装置 2 首先将料压住，摆动凸模 1 压料并在凹模 3 的成形斜面的作用下向内侧摆动将工件成形。弯曲结束后，上模回程，工件沿凹模水平方向取出。

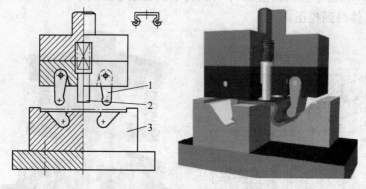

图 3-52　摆动凸模式弯曲模
1—摆动凸模　2—压料装置　3—凹模

### 4. 摆动凹模式弯曲模

图 3-53 所示为摆动凹模式弯曲模。毛坯由定位板 2 定位，上模下降接触坯料并压迫凹模摆动块 3 向下转动，将坯料向凸模 1 折起成形工件。弯曲结束，上模回程，凹模摆块 3 在顶件装置的作用下向上转动托起工件，完成成形过程。

### 5. 级进模

图 3-54 所示为冲孔、切断和弯曲的级进模。条料以导料板导向并从刚性卸料板下面送至挡块 5 右侧定位。上模下行时，条料被凸凹模 3 切断并随即将所切断的坯料压弯成形，与

此同时冲孔凸模 2 在条料上冲出孔。上模回程时卸料板卸下条料，顶件销 4 则在弹簧的作用下推出工件，获得侧壁带孔的 U 形弯曲件。

对于批量大、尺寸较小的弯曲件，为了提高生产率，操作安全，保证产品质量等，可以采用级进弯曲模进行多工位的切断、压弯、冲孔连续工艺成形。

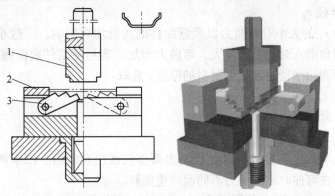

图 3-53　摆动凹模式弯曲模
1—凸模　2—定位板　3—凹模摆块

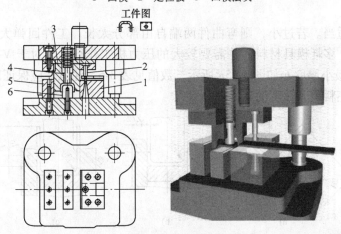

图 3-54　级进模
1—冲孔凹模　2—冲孔凸模　3—凸凹模　4—顶件销　5—挡块　6—弯曲凸模

## 3.6　弯曲模工作部分零件的设计

弯曲模工作零件的设计主要是确定凸、凹模工作部分的圆角半径，凹模深度，凸、凹模间隙，横向尺寸及公差等。对于 U 形件的弯曲模还应有凸、凹模间隙和模具横向尺寸等。凸、凹模安装部分的结构设计与冲裁凸、凹模基本相同。

### 3.6.1　凸、凹模工作圆角半径及深度

**1. 凸模圆角半径 $r_p$**

在设计确定凸模圆角半径时，按照弯曲变形特点，要求凸模圆角半径应始终大于材料最小相对弯曲半径。根据弯曲件圆角半径的不同，凸模圆角可用如下三种方法确定：

1) 当工件 $r_0/t \gg (r_{\min}/t)$ 时，凸模圆角半径 $r_p$ 按弯曲回弹公式确定。
2) 当工件 $r_0/t \approx (r_{\min}/t)$ 时，凸模圆角半径 $r_p = r_0$。
3) 当工件 $r_0/t < (r_{\min}/t)$ 时，凸模圆角半径 $r_p > r_0$，取 $r_p$ 略大于 $r_{\min}$。弯曲成形后增加一道圆角部分的整形工序，使圆角尺寸符合图样要求。

**2. 凹模圆角半径 $r_d$**

凹模圆角半径 $r_d$ 的大小对弯曲力以及弯曲件的质量均有影响。$r_d$ 过小会使弯曲力臂减小，毛坯沿凹模圆角滑入时的阻力增大，弯曲力增加，容易使工件表面擦伤甚至出现压痕。实际生产中，凹模圆角半径通常根据材料的厚度 $t$ 选取：

当 $t \le 2$ mm 时，$r_d = (3 \sim 6)t$；

$t = 2 \sim 4$ mm 时，$r_d = (2 \sim 3)t$；

$t > 4$ mm 时，$r_d = 2t$。

凹模圆角半径不能小于 3mm，以免材料表面擦伤或出现划痕。凹模两边的圆角半径应一致，以防止坯料在弯曲时因摩擦力不同而产生偏移。

对于 V 形弯曲模的凹模底部圆角半径 $r_d'$，可依据弯曲变形区坯料变薄的特点取 $r_d' = (0.6 \sim 0.8)(r_p + t)$ 或者开工艺槽。

**3. 凹模深度**

凹模深度要适当。若过小，则弯曲件两端自由部分太长，工件回弹大，不平直；若过大，则凹模增高，多耗模具材料，并需要较大的压力机工作行程。对于 V 形件弯曲模，凹模深度 $l_0$ 及底部最小厚度 $h$ 如图 3-55a 所示，数值见表 3-6。注意：应保证凹模开口宽度 $L_{凹}$ 的值不大于弯曲坯料展开长度的 0.8 倍。

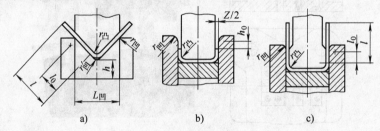

图 3-55　弯曲模工作部分尺寸

表 3-6　弯曲 V 形件的凹模深度 $l_0$ 及底部最小厚度 $h$ （单位：mm）

| 弯曲件的边长 $l$ | 材料厚度 | | | | | |
|---|---|---|---|---|---|---|
| | ≤2 | | 2~4 | | >4 | |
| | $l_0$ | $h$ | $l_0$ | $h$ | $l_0$ | $h$ |
| 10~25 | 10~15 | 20 | 15 | 22 | — | — |
| >25~50 | 15~20 | 22 | 25 | 27 | 30 | 32 |
| >50~75 | 20~25 | 27 | 30 | 32 | 35 | 37 |
| >75~100 | 25~30 | 32 | 35 | 37 | 40 | 42 |
| >100~150 | 30~35 | 37 | 40 | 42 | 50 | 47 |

对于 U 形件弯曲模，若直边高度不大或要求两边平直，则凹模深度应大于工件的高度，

如图 3-55b 所示,图中 $h_0$ 见表 3-7;若弯曲件直边较长,且平直度要求不高,则凹模深度可以小于工件的高度,如图 3-55c 所示,凹模深度 $l_0$ 见表 3-8。

表 3-7 弯曲 U 形件的凹模深度 $h_0$ （单位：mm）

| 材料厚度 $t$ | ≤1 | 1～2 | 2～3 | 3～4 | 4～5 | 5～6 | 6～7 | 7～8 | 8～10 |
|---|---|---|---|---|---|---|---|---|---|
| $h_0$ | 3 | 4 | 5 | 6 | 8 | 10 | 15 | 20 | 25 |

表 3-8 弯曲 U 形件的凹模深度 $l_0$ （单位：mm）

| 弯曲件的边长 $l$ | 材料长度 | | | | |
|---|---|---|---|---|---|
| | ≤1 | >1～2 | >2～4 | >4～6 | >6～10 |
| <50 | 15 | 20 | 25 | 30 | 35 |
| 50～75 | 20 | 25 | 30 | 35 | 40 |
| 75～100 | 25 | 30 | 35 | 40 | 40 |
| 100～150 | 30 | 35 | 40 | 50 | 50 |
| 150～200 | 40 | 45 | 55 | 65 | 65 |

### 3.6.2 弯曲模间隙

V 形件弯曲时,凸、凹模的间隙是靠调整压力机的闭合高度来控制的,不需要在设计、制造模具时确定。但在模具设计中,必须考虑到模具闭合时使模具工作部分与工件能紧密贴合,以保证弯曲质量。

U 形件弯曲时,必须合理确定凸、凹模之间的间隙。间隙过大,则回弹大,工件的形状和尺寸不易保证;间隙过小,会加大弯曲力,使工件厚度减薄,增加摩擦,擦伤工件并降低模具寿命。生产中常按材料性能和厚度确定间隙值:

钢料弯曲时,$Z = (1.05 \sim 1.15)t$；

有色金属弯曲时,$Z = (1.0 \sim 1.1)t$。

### 3.6.3 弯曲模工作尺寸的确定

弯曲模工作尺寸主要是确定 U 形件弯曲凸、凹模宽度尺寸及公差。其他形状的弯曲件工作尺寸的确定没有统一的计算公式,应根据具体的形状分析计算。

确定 U 形件弯曲凸、凹模宽度尺寸及公差的原则是:弯曲件标注外形尺寸时（图 3-56a）应以凹模为基准件,间隙取在凸模上;弯曲件标注内形尺寸时（图 3-56b）应以凸模为基准件,间隙取在凹模上。基准凸、凹模的尺寸及公差则应根据弯曲件的尺寸、公差、回弹情况以及模具磨损规律等因素确定。

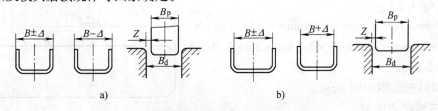

图 3-56 弯曲件的尺寸标注

1) 弯曲件标注外形尺寸时（图3-56a），凹模宽度尺寸为：

$$B_d = (B - 0.75\Delta)_0^{+\delta_d} \tag{3-8}$$

凸模尺寸按凹模配制，保证单边间隙 $Z$，即：

$$B_p = B_d - 2Z \tag{3-9}$$

2) 弯曲件标注内形尺寸时（图3-56b），凸模宽度尺寸为：

$$B_p = (B + 0.75\Delta)_{-\delta_p}^{0} \tag{3-10}$$

凹模尺寸按凸模配制，保证单边间隙 $Z$，即：

$$B_d = B_p + 2Z \tag{3-11}$$

式中　$B$——弯曲件基本尺寸（mm）；

　　　$\Delta$——弯曲件制造公差；

$\delta_d$、$\delta_p$——分别为凸、凹模的制造公差，按 IT6～IT8 级公差选取。

## 项目实施

**1. 零件工艺性分析**

本任务的弯曲件"托架"如图3-2所示。

（1）加工工序　从零件图样和技术要求分析可知：零件外形加工的主要工序为弯曲成形，展开毛坯可以由落料获得。

（2）弯曲圆角　零件弯曲圆角 $r = 1.5$mm，板料厚度 $t = 1.5$mm。查表3-1得 $r_{min} = 0.4t$，因此，

$r_{min} = 0.4 \times 1.5$mm $= 0.6$（mm），零件弯曲圆角 $r > r_{min}$，满足工艺要求。

（3）直边高度 $H$　零件直边高度分别为 13.5mm、22mm、29mm，远大于 $2t$，满足工艺要求。

（4）孔边距　$(35\text{mm} - 10\text{mm})/2 - 2 \times 1.5\text{mm} = 9.5\text{mm}$，远大于 $t$，满足工艺要求。

（5）弯曲件几何对称　弯曲件的形状对称，左右弯曲半径一致，弯曲工艺性好。

（6）尺寸精度　尺寸 $(28 \pm 0.5)$mm、$(35 \pm 0.5)$mm，公差等级 IT15，其他尺寸为未注公差，弯曲工艺可以满足加工精度要求。

由以上分析可知：零件外形可以由弯曲工序加工而成。

孔 $\phi 10$mm 和展开料外形尺寸为自由尺寸，可以使用落料冲孔工序加工而成。

**2. 零件工艺计算**

（1）展开尺寸计算　查表3-2得：中性层位移系数 $x = 0.32$。

中性层曲率半径：$\rho = r + xt = 1.5\text{mm} + 0.32 \times 1.5\text{mm} = 1.98\text{mm}$

展开长度：

$L = \sum l_{直} + \sum l_{圆弧}$

$= 35\text{mm} - 4 \times 1.5\text{mm} + (28\text{mm} - 4 \times 1.5\text{mm}) \times$

$\quad 2 + 65\text{mm} - 35\text{mm} - 2 \times 1.5\text{mm} + 2\pi \times 1.98\text{mm}$

$\approx 112.4\text{mm}$

展开料外形如图3-57所示。

（2）下料尺寸确定

1) 搭边的确定。查 2.1 节表 2-4 得：工件间搭

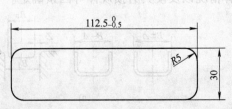

图3-57　托架展开图

边 $a = 1.5$mm；侧搭边 $a_1 = 1.8$mm。

2）条料宽度确定：$B_{-\Delta}^{~0} = (D_{max} + 2a_1)_{-\Delta}^{~0} = (112.5 + 2 \times 1.8)_{-0.5}^{~0}$mm $= 116.1_{-0.5}^{~0}$mm

3）下料尺寸确定：$116_{-0.5}^{~0}$mm $\times 1000$mm

4）每条料可加工件数：$n = (1000 - 1.5)/(30 + 1.5) = 31.7$，取 $n = 31$。

### 3. 工艺方案

（1）弯曲工序安排 该零件的加工主要由弯曲、落料、冲孔（或钻孔）等几个基本工序完成，其中弯曲工序有以下三个方案，如图3-58所示。

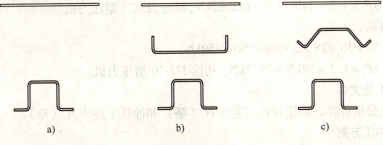

图3-58 弯曲方案
a）方案一 b）方案二 c）方案三

方案一：四角一次弯曲成形。由于不满足 $H \leqslant (8 \sim 10)t$，零件成形时坯料移动多，表面不平整，回弹大。

方案二：先弯外侧两个角，再弯内侧两个角。满足 $H \geqslant (12 \sim 15)t$，凹模强度足够，可以使用两套模具，也可以使用一套模具（两次弯曲复合）。

方案三：先弯外侧两个角和内侧两个角（成135°），再弯内侧两个角（成90°）。材料成形好，回弹小。

从以上分析，方案二、方案三都可以采用。

（2）托架零件冲压工艺方案 根据零件弯曲变形方式，考虑工序组合等，可以有以下四种冲压方案。

方案一：落料—冲孔—弯曲1—弯曲2（弯曲方案二）。

方案二：落料冲孔复合—弯曲（弯曲方案二的两次弯曲组合）。

方案三：落料冲孔复合—弯曲1—弯曲2（弯曲方案三）。

方案四：多工序级进模。

方案一模具结构简单，但工序分散，需四套模具，不方便工人操作，且多次定位易产生定位误差，且零件回弹不容易控制，因此形状和尺寸精度较差。

方案二模具结构简单，定位基准统一，但零件成形效果不好，回弹控制不方便。

方案三模具结构简单，定位基准统一，回弹小，尺寸精度、表面质量较高，操作也比较方便，但比方案二多一套模具。

方案四使用工序高度集中的带料级进模完成方案一中各道分散的冲压工序，工序集中，生产率高，操作方便，但模具结构复杂，制造成本高，更适合大批量、自动线生产。

综上分析，考虑到零件的尺寸精度和生产批量等特点，确定采用方案三。

### 4. 冲压设备选择

1）落料冲孔力：

$F = Lt\sigma_b = [(112.5+30)\times 2 + \pi \times 10]\text{mm} \times 1.5\text{mm} \times 420\text{MPa} \approx 200\text{kN}$

$F_1 + F_3 = 0.1F \approx 20\text{kN}$

$\sum F = F + F_1 + F_3 = 200\text{kN} + 20\text{kN} = 220\text{kN}$

$F_{设备} = 1.15 \times 220\text{kN} = 253\text{kN}$，初选 J23-40 型压力机。

2）弯曲力。

第一次弯曲：

$F_j = qA = 50 \times 30 \times [(13.5 \times 2 + 28 \times 2)\sin 45° + 35]\text{kN} \approx 140.5\text{kN}$

$F_{设备} = 1.3F_j = 1.3 \times 140.5\text{kN} = 182.65\text{kN}$，初选 J23-25 型压力机。

第二次弯曲：

$F_j = qA = 50 \times 30 \times 28 \times 2 \times \sin 45°\text{kN} \approx 59\text{kN}$

$F_{设备} = 1.3F_j = 1.3 \times 59\text{kN} = 76.7\text{kN}$，初选 J23-10 型压力机。

**5. 编写工艺文件**

根据以上分析计算，拟定冲压工艺卡片（略）和冲压工序卡片（略）。

**6. 零件加工方案**

零件实施的加工工艺为：(1) 落料冲孔复合；(2) 第一次弯曲，弯外侧两角和将内侧两个角弯成 135°；(3) 第二次弯曲，弯内侧两个角成 90°。

**7. 弯曲模设计**

(1) 第一次弯曲时的弯曲模设计 通过前面的工艺计算，需弯曲成如图 3-59 所示的形状。

1）回弹角的确定。内侧两个角为 135°，为工序尺寸，要求不严，可以不考虑回弹。外侧两个角为 90°，属于 V 形弯曲，查冲压类手册初步估算回弹角 $\Delta\alpha = 2°$，考虑到为多角弯曲，弯曲时材料变形相互牵制，参考生产经验，取 $\Delta\alpha = 1.5°$。

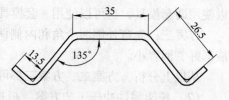

2）模具间隙。该模具属于 V 形弯曲，设计时不考虑模具间隙，由试模时调整。

图 3-59 托架工序图

3）凸、凹模尺寸。根据零件工序图，考虑两个外侧角的弯曲角度为 88.5°。

4）模具结构方案。采用倒装结构，凹模在上模，凸模和卸料装置在下模。

卸料装置：弯曲后的卸料力不大，用橡胶弹性体产生弹力卸料。

定位机构：使用圆柱销和防转销定位。

模具结构：本模具主要由模架、凹模、凸模、卸料装置、定位元件和紧固件等组成，其装配图如图 3-60 所示。

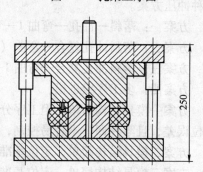

图 3-60 托架弯曲模（一）

5）模具零件设计。

模架：根据凸、凹模工作尺寸及该零件的精度要求，选滑动对角导柱模架（GB/T 23565.2—2009），尺寸为 200mm×160mm×(210~255)mm。

上模座尺寸为 200mm×160mm×40mm（GB/T 2855.1—2008），下模座尺寸为 200mm×

160mm×50mm（GB/T 2855.2—2008），材料为灰铸铁。

模架导柱为 φ8mm×200mm 和 φ32mm×200mm（GB/T 2861.1—2008），导套为 φ8mm×110mm×43mm 和 φ32mm×110mm×43mm（GB/T 2861.3—2008）；采用 H7/h6 配合；材料为 20 钢，表面渗碳淬火至 58～62HRC。

模具闭合高度 $H_m = 250mm$。

压力机 J23-25 的闭合高度为：$H_{max} = 270mm$，$H_{min} = 215mm$，工作台尺寸为 370mm×560mm，可以满足使用，故最终确定压力机型号为 J23-25。

模具主要零件设计参照装配图。

(2) 第二次弯曲时的弯曲模设计

1) 回弹角的确定。内侧两个角为 90°，属于 U 形弯曲，查冲压类手册初步估算回弹角 $\Delta\alpha = 1°$，在尺寸公差允许范围内，可以不考虑回弹。

2) 模具间隙。该模具属于 U 形弯曲，根据钢料弯曲时 $Z = (1.05～1.15)t$，则模具间隙取 $1.05 \times 1.5 = 1.575mm$。

3) 凸、凹模尺寸。该零件标注的是外形尺寸，故先确定凹模尺寸。

凹模尺寸：零件弯曲尺寸偏差为双向偏差，故由式 $L_d = (L - 0.25\Delta)^{+\delta_d}_0$ 得

$$L_d = (L - 0.25\Delta)^{+\delta_d}_0 = (35 - 0.25 \times 1)^{+0.039}_0 mm = 34.75^{+0.039}_0 mm$$

制造精度按公差等级 IT8 选定，查表得 $\delta_d = +0.039mm$。

凸模尺寸：

$$L_p = (L_d - 2Z)^0_{-\delta_p} = (34.75 - 2 \times 1.575)^0_{-0.039} mm = 31.6^0_{-0.039} mm$$

制造精度按公差等级 IT8 选定，查表得 $\delta_p = -0.039mm$。

4) 模具结构方案。采用倒装结构，凹模在上模，凸模在下模。

卸料装置：利用压力机横梁进行打料。

定位机构：使用圆柱销和零件形状定位。

模具结构：本模具主要由模架、凹模、凸模、打料装置、定位元件和紧固件等组成，其装配图如图 3-61 所示。

5) 模具零件设计。

模架：根据凸、凹模工作尺寸及该零件的精度要求，选滑动对角导柱模架（GB/T 23565.2—2009），尺寸为 160mm×100mm×(160～195)mm。

上模座尺寸为 160mm×100mm×40mm（GB/T 2855.1—2008），下模座尺寸为 160mm×100mm×50mm（GB/T 2855.2—2008），材料为灰铸铁。

模架导柱为 φ25mm×150mm 和 φ28mm×150mm（GB/T 2861.1—2008），导套为 φ25mm×900mm×38mm 和 φ28mm×90mm×38mm（GB/T 2861.3—2008）；采用 H7/h6 配合；材料为 20 钢，表面渗碳淬火至 58～62HRC。

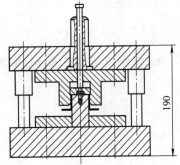

图 3-61 托架弯曲模（二）

模具闭合高度 $H_m = 190mm$。

压力机 J23-10 闭合高度为：$H_{max} = 180mm$，不满足使用要求，需重新选择设备。

选择 J23-16 压力机，其参数为：$H_{max} = 220mm$，$H_{min} = 175mm$，工作台尺寸为 300mm×

450mm，可以满足使用，故最终确定压力机型号为 J23-16。

模具主要零件设计参照装配图（略）。

## 实训与练习

1. 简述板料的弯曲变形有哪些特点？
2. 什么是弯曲回弹？影响弯曲回弹的因素有哪些？减小弯曲回弹的措施有哪些？
3. 什么是最小弯曲半径？影响最小弯曲半径的因素有哪些？
4. 弯曲件易出现哪些质量问题？如何克服？
5. 弯曲件工序安排的一般原则是什么？
6. 凸模、凹模的圆角弯曲半径及模具间隙如何确定？
7. 计算如图 3-62 所示弯曲件的坯料展开尺寸。

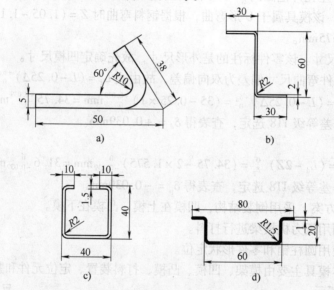

图 3-62 弯曲件

8. 制件如图 3-63 所示，材料为 Q235A，计算弯曲力及弯曲凸模、凹模的工作尺寸。

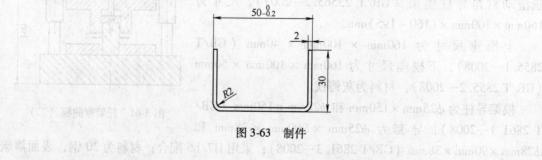

图 3-63 制件

# 项目四  拉深工艺与拉深模设计

## 项目目标

1. 了解拉深工艺及拉深件的结构工艺性、变形过程分析、拉深件的质量问题及防止措施，基本掌握拉深工艺设计、拉深模典型结构组成及工作过程分析、拉深模设计。

2. 学生具备中等复杂程度的拉深件工艺性分析、工艺计算和典型结构选择的基本能力。

## 【能力目标】

熟悉模具设计基本方法，能够进行一般复杂程度拉深模设计。

## 【知识目标】

- 了解拉深变形概念及拉深件质量影响因素，掌握分析质量问题的方法及解决的措施。
- 掌握圆筒形件相关拉深工艺计算，能进行拉深工艺性分析与工艺方案的制定。
- 掌握拉深模的典型结构，能正确选择和设计拉深模主要零部件结构。

## 项目引入

图 4-1 所示为家庭日用的饭锅，它主要由三部分组成，即锅筒、锅盖和提手。锅筒是个简单的筒形件，如何制造这个筒形件呢？这就需要学习和掌握拉深工艺，如图 4-2 所示。

图 4-1  日用饭锅

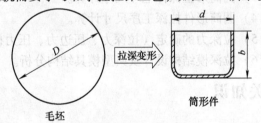

图 4-2  拉深工艺

拉深是指在压力机上利用模具将平板毛坯冲压成开口空心零件或是将开口空心零件进一步改变形状和尺寸的一种冲压加工方法，又称为拉延。由此可知，要获得上述锅筒筒形件的方法是选择尺寸合适的平板圆形毛坯通过拉深变形制成，其拉深工艺过程如图 4-3 所示。圆形平板毛坯 3 放在凹模 4 上，上模下行时，先由压边圈 2 压住毛坯，然后凸模 1 继续下行，将坯料 3 拉入凹模形成筒形，拉深完成后，上模回程，工件 5 被卸下。图中 6 ~ 10 序号表示材料在拉深过程中所处的不同区域位置。

拉深工艺广泛应用于汽车、拖拉机、仪表、电子、航空航天等各种工业部门及日常生活用品的冲压生产中。拉深工艺按壁厚变化划分为两类：拉深后制件的壁厚与毛坯厚度相比变化不大的拉深工艺称为不变薄拉深；拉深后制件的壁厚与毛坯厚度相比明显变薄的拉深工艺为变薄拉深，不变薄拉深工艺在生产上广泛使用。

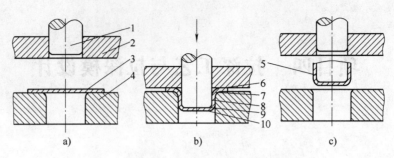

图 4-3 拉深工艺过程
a) 拉深前  b) 拉深中  c) 拉深后
1—凸模  2—压边圈  3—圆形平板毛坯  4—凹模  5—工件
6~10—拉深过程中材料所处不同的区域位置

图 4-4 所示的罩杯,材料为 08 钢,料厚为 1.5mm,进行大批量生产,试确定冲压工艺方案,设计拉深成形模具。

通过本项目的学习训练,熟悉拉深变形的过程及特点,掌握拉深工艺的设计与计算方法,能正确编写工艺文件。

## 项目分析

本任务主要有如下内容:
1) 圆筒形件拉深变形过程。
2) 圆筒形拉深件工艺性分析。
3) 圆筒形拉深件毛坯尺寸计算。
4) 圆筒形件拉深工序尺寸计算。
5) 拉深力的确定(拉深力、压边力、压力机的选择)。
6) 拉深模结构设计及典型模具结构分析。

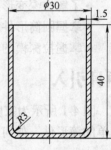

图 4-4 罩杯零件图

## 相关知识

## 4.1 圆筒形件拉深变形过程

### 4.1.1 拉深的概念

**1. 拉深变形过程**

图 4-5 是图 4-3 所示的拉深工艺过程中将平板圆形坯料拉深成筒形件的变形过程分解示意图。拉深凸模和凹模与冲裁模不同,拉深模都有一定的圆角,而不是锋利的刃口,其单边间隙一般稍大于板料厚度。

为了便于说明拉深时坯料的变形过程,在平板坯料上沿直径方向画出一个局部的扇形区域 $oab$。当凸模下压时,将坯料拉入凹模,扇形 $oab$ 变为以下三部分:筒底部分 $oef$、筒壁部分 $cdfe$、凸缘部分 $a'b'cd$。当凸模继续下压时,筒底部分基本不变,凸缘部分的材料继续转变为筒壁,筒壁部分逐步增高,凸缘部分逐步缩小,直至全部变为筒壁。可见,坯料在拉深过程中，变形主要是集中在凹模面上的凸缘部分，可以说，拉深过程就是凸缘部分逐步缩小转变为筒壁的过程。坯料的凸缘部分是变形区，底部和已形成的侧壁为传力区。

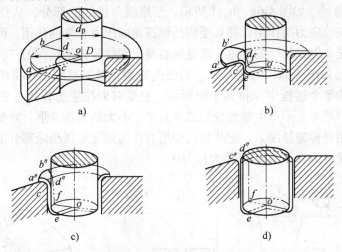

图 4-5 拉深变形过程分解示意图

若圆平板坯料直径为 $D$，拉深后筒形件的直径为 $d$，通常以筒形直径与坯料直径的比值来表示拉深变形程度的大小，即 $m=d/D$。式中，$m$ 称为拉深系数，$m$ 越小，拉深变形程度越大；$m$ 越大，拉深变形程度就越小。

拉深变形过程可概括为：在拉深过程中，由于外力的作用，坯料凸缘区内部的各个小单元体之间产生了相互作用的内应力，径向为拉应力 $\sigma_1$；切向为压应力 $\sigma_2$，在 $\sigma_1$ 和 $\sigma_2$ 的共同作用下，凸缘部分金属材料产生塑性变形，径向伸长，切向压缩，且不断被拉入凹模中变为筒壁，最后得到直径为 $d$ 高度为 $h$ 的开口空心件。

**2. 拉深过程中坯料内的应力与应变状态**

图 4-6 所示为拉深过程中某一瞬间坯料的应力应变的分布情况。根据应力与应变的分布，把处于某一瞬间的坯料划分为五个变形区域，即凸缘平面区、凸缘圆角区、筒壁区、底部圆角区和筒底区。图中，$\sigma_1$、$\varepsilon_1$ 分别代表坯料径向的应力和应变，$\sigma_2$、$\varepsilon_2$ 分别代表坯料厚度方向的应力和应变；$\sigma_3$、$\varepsilon_3$ 分别代表坯料切向的应力和应变。

(1) 凸缘平面区 图 4-6a、b、c 所示为拉深主要变形区，材料在径向拉应力 $\sigma_1$ 和切向压应力 $\sigma_3$ 的共同作用下产生切向压缩与径向伸长变形而逐渐被拉入凹模。厚度方向的变形取决于径向拉应力 $\sigma_1$ 和切向压应力 $\sigma_3$ 之间的比例关系，一般在材料产生切向压缩与径向伸长的同时，厚度有所增厚，越接近外缘，板料增厚越多。如果不压料（$\sigma_2=0$）或压料力较小（$\sigma_2$ 较小），这时板料增厚比较大。当拉深变形程度较大，板料又比较薄时，则在坯料的凸缘部分，特别是外缘部分，在切向压应力的作用下可能失稳而拱起，形成所谓的起皱（图 4-7）。

(2) 凸缘的圆角区 如图 4-6a、b、d 所示，位于凹模圆角部分的材料，切向受压应力而压缩，径向受拉应力而伸长，厚度方向受到凹模圆角的压力和弯曲作用。由于这里切向压应力值 $\sigma_3$ 不大，而径向拉应力 $\sigma_1$ 最大，而且凹模圆角越小，则弯曲变形程度越大，弯曲引起的拉应力越大，所以有可能出现破裂。该部分变形仅次于凸缘的平面部分，称为第一过渡变形区。

(3) 筒壁区 如图4-6a、b、e所示，拉深时形成的侧壁部分，是结束了塑性变形阶段的已变形区。这个区受单向拉应力作用，变形是拉伸变形。

(4) 底部圆角区 如图4-6a、b、f所示，凸模圆角接触的部分，从拉深开始一直承受径向拉应力和切向拉应力的作用，并且受到凸模圆角的压力和弯曲作用，因而这部分材料变薄最严重，尤其是与侧壁相切的部位，此处最容易出现拉裂，是拉深的"危险断面"。

(5) 筒底区 如图4-6a、b、g所示，与凸模底面接触的材料，在拉深开始时即被拉入凹模，并在拉深的整个过程中保持其平面形状。它受双向拉应力作用，变形是双向拉伸变形。但这部分材料基本上不产生塑性变形或者只产生不大的塑性变形。筒壁、底部圆角、筒底这三部分的作用是传递拉深力，把凸模的作用力传递到变形区凸缘部分上，使之产生引起拉深变形的径向拉应力 $\sigma_1$，因而又称为传力区。

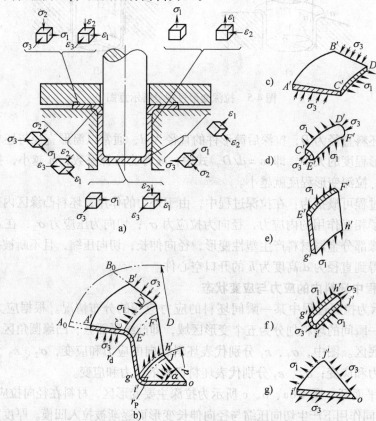

图4-6 拉深过程中的应力与应变状态

## 4.1.2 拉深的主要工艺问题

在进行拉深时，常见的拉深工艺问题有平面凸缘部分的起皱、筒壁危险断面的拉裂、口部或凸缘边缘不整齐、筒壁表面拉伤、拉深件存在较大的尺寸和形状误差等。其中，平面凸缘部分的起皱和筒壁危险断面的拉裂是拉深的主要工艺问题。

**1. 拉深件的起皱现象**

起皱是指平面凸缘部分在拉深过程中，该部分材料沿切向产生波浪形的拱起，如图4-7所示。

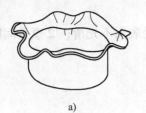
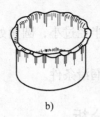
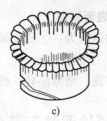

a)          b)          c)

图 4-7 拉深件的起皱现象

1）判断拉深是否起皱的条件。起皱是平面凸缘部分材料受切向压应力作用而失去稳定性的结果。拉深时是否产生起皱与拉深力的大小、压边条件、材料厚度、变形程度等因素有关，生产实际中常用下列公式概略估算普通平端面凹模拉深时是否起皱。

首次拉深时满足下式条件，拉深不起皱：

$$t/D \geq 0.045(1 - m_1) \tag{4-1}$$

以后各次拉深时满足下式条件，拉深不起皱：

$$t/d_{i-1} \geq 0.045(1/m_i - 1) \tag{4-2}$$

2）拉深件起皱产生的原因：1）拉伸时的变形量过大；2）模具无压边装置或压边力不够。

3）解决措施：减小拉伸变形量，增加压边装置，提高压边力。

**2. 拉裂现象**

在拉深过程中，由于凸缘变形区应力应变很不均匀，靠近外边缘的坯料压应力大于拉应力，其压应变为最大主应变，坯料有所增厚；而靠近凹模孔口的坯料拉应力大于压应力，其拉应变为最大主应变，坯料有所变薄，因此当凸缘区转化为筒壁后，拉深件的壁厚就不均匀，口部壁厚增大，底部壁厚减小，严重时造成工件拉裂，如图 4-8 所示。

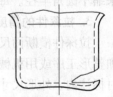

1）拉裂产生的原因：①凸、凹模圆角半径过小；②压边力过大；③拉深过程中的润滑效果不佳。

图 4-8 拉裂现象

2）解决措施：①在保证拉深件不起皱的前提下，尽量减小压边力；②改善润滑条件，适当整修增大凹模圆角。

**3. 硬化和壁厚不均匀现象**

在拉深过程中，坯料各区的应力与应变是很不均匀的，越靠近外缘，变形程度越大，板料增厚也越多，因而当凸缘部分全部转变为侧壁时，造成拉深件壁厚不均匀。拉深件上部增厚，越接近口部增厚越多；拉深件下部变薄，越接近圆角变薄越大，壁部与圆角相切处变薄最严重。由于坯料各处变形程度不同，因而加工硬化程度不同，表现为拉深件各部分硬度不同，越接近口部，硬度越大，如图 4-9 所示。

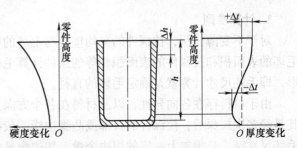

图 4-9 拉深件的壁厚和硬度的变化

#### 4. 拉深件表面划伤

1）产生的原因为：①凹模圆角半径过小，圆角处表面不光滑；②模具间隙偏小或凹模工作面有缺陷；③润滑不充分。

2）解决措施：整修模具，改善润滑条件。

## 4.2 圆筒形拉深件工艺性分析

拉深件的工艺性是指拉深件对拉深工艺的适应性。拉深件的工艺性主要从拉深件的结构形状、尺寸、精度及材料选用等方面考虑。

#### 1. 拉深件的材料

拉深件的材料应具有良好的拉深性能。材料的屈强比 $\sigma_s/\sigma_b$ 越小，则一次拉深允许的极限变形程度越大，拉深性能越好。例如，低碳钢的屈强比 $\sigma_s/\sigma_b \approx 0.57$，其一次拉深允许的最小拉深系数为 $m=0.48\sim0.50$；65Mn 的屈强比 $\sigma_s/\sigma_b \approx 0.63$，其一次拉深允许的最小拉深系数为 $m=0.68\sim0.70$。用于拉深的钢板，其屈强比不宜大于 0.66。

#### 2. 拉深件的结构

凸缘与筒壁的转角半径一般应在 $(4\sim8)t$ 范围内选取，至少应保证圆角半径值大于 $2t$。当圆角半径小于 $2t$ 时，应先以较大的圆角半径拉深，然后增加整形工序，缩小圆角半径。

筒壁与底部的圆角半径一般应在 $(3\sim5)t$ 范围内选取，至少应保证圆角半径值大于 $t$。当圆角半径值小于 $t$ 时，应先以满足拉深工艺要求的圆角半径拉深，在拉深后增加整形工序来缩小圆角半径。每整形一次，圆角半径可以缩小 1/2。

#### 3. 拉深件的精度

拉深件横断面尺寸的公差等级一般要求在 IT13 级以下。如高于 IT13 级，应在拉深后增加整形工序或用机械加工方法提高精度。横断面尺寸只能标注外形或内形尺寸之一，不能同时标注内、外形尺寸。

拉深件的壁厚一般都有上厚下薄的现象。如不允许有壁厚不均的现象，则应注明，以便采取后续措施。拉深件的口部应允许稍有回弹，侧壁应允许有工艺斜度，但必须保证一端在公差范围之内。多次拉深的拉深件，其内、外壁上，或凸缘表面上应允许留有压痕。

## 4.3 圆筒形拉深件毛坯尺寸计算

#### 1. 计算准则

对于不变薄拉深，拉深件的平均壁厚与毛坯的厚度相差不大，因此可用等面积条件，即毛坯的表面积和拉深件的表面积相等的条件计算毛坯的尺寸。旋转体拉深件的毛坯形状为圆形，即毛坯尺寸计算就是确定毛坯的直径。

由于材料存在各向异性，以及材料在各个方向上的流动阻力的不同，毛坯经拉深后，尤其是经多次拉深后，拉深件的口部或凸缘边缘一般都不平齐，需要进行切边。因此，在计算毛坯尺寸时，必须加上一定的切边余量。切边余量的取值见表 4-1。

## 项目四 拉深工艺与拉深模设计

表 4-1 无凸缘拉深件的切边余量 Δh　　　　　　　　（单位：mm）

| 工件高度 h | 工件的相对高度 h/d 或 h/b | | | | 附　图 |
|---|---|---|---|---|---|
| | >0.5~0.8 | >0.8~1.6 | >1.6~2.5 | >2.5~4 | |
| ≤10 | 1.0 | 1.2 | 1.5 | 2 | |
| >10~20 | 1.2 | 1.6 | 2 | 2.5 | |
| >20~50 | 2 | 2.5 | 3.3 | 4 | |
| >50~100 | 3 | 3.8 | 5 | 6 | |
| >100~150 | 4 | 5 | 6.5 | 8 | |
| >150~200 | 5 | 6.3 | 8 | 10 | |
| >200~250 | 6 | 7.5 | 9 | 11 | |
| >250~300 | 7 | 8.5 | 10 | 12 | |

注：1. b 为矩形件短边宽度。
　　2. 拉深较浅的高度尺寸要求不高的工件可不考虑修边余量。

### 2. 无凸缘圆筒形拉深件毛坯直径的计算

图 4-10 所示拉深件计算所需毛坯直径 D 的方法为：首先将拉深件划分为若干个简单的便于计算的几何体，如图 4-11 所示，并分别求出各简单几何体的表面积，把各简单几何体面积相加即为零件总面积，然后根据面积相等原则，求出坯料直径 D。

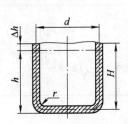

图 4-10　圆筒形拉深件

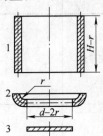

图 4-11　几何体划分

如图 4-11 所示，将圆筒形拉深件分解为无底圆筒 1、1/4 凹圆环 2 和圆形板 3 三部分，每一部分的表面积分别为：

$$A_1 = \pi d(H - r)$$

$$A_2 = \frac{\pi[2\pi r(d-2r) + 8r^2]}{4}$$

$$A_3 = \frac{\pi(d-2r)^2}{4}$$

设毛坯直径为 D，根据坯料表面积与拉深件表面积相等原则有如下关系：

$$\frac{\pi D^2}{4} = A_1 + A_2 + A_3$$

将以上各部分的面积代入上式并简化后得：

$$D = \sqrt{d^2 + 4dH - 1.72dr - 0.56r^2} \tag{4-3}$$

式中 $D$——毛坯直径；

$d$、$H$、$r$——分别是拉深件的直径、高度、圆角半径。

在计算中，零件尺寸均按厚度中线计算；但当板料厚度小于 1mm 时，也可以按外形或内形尺寸计算。表 4-2 为简单几何形状的面积计算公式，可供参考。

表 4-2 简单几何形状的面积计算公式

| 序号 | 名称 | 形状 | 面积 $F/\text{mm}^2$ |
|---|---|---|---|
| 1 | 圆 | 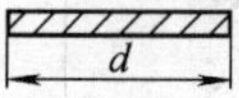 | $\dfrac{\pi d^2}{4}$ |
| 2 | 圆环 | 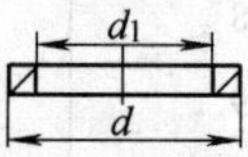 | $\dfrac{\pi}{4}(d^2 - d_1^2)$ |
| 3 | 圆柱 | 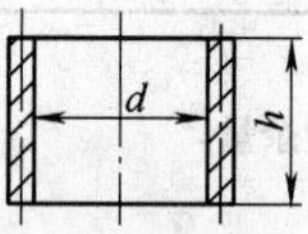 | $\pi d h$ |
| 4 | 圆锥 | 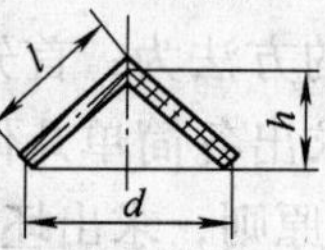 | $\dfrac{\pi}{4} \cdot 2dl$ <br> 式中：$l = \sqrt{h^2 + \dfrac{d^2}{4}}$ |
| 5 | 圆锥台 | 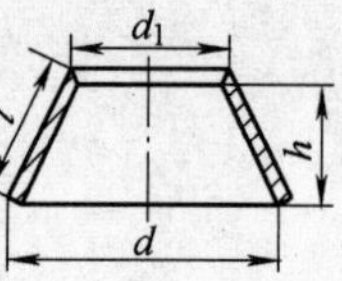 | $\dfrac{\pi}{4} \cdot 2l(d + d_1)$ <br> 式中：$l = \sqrt{h^2 + \dfrac{(d - d_1)^2}{4}}$ |
| 6 | 半球 | 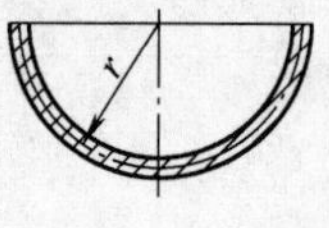 | $2\pi r^2$ |
| 7 | 缺球 | 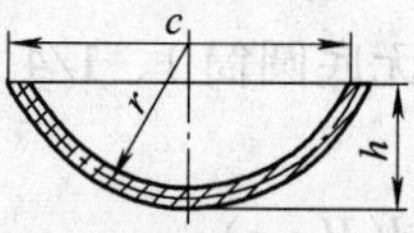 | $2\pi r h = \dfrac{\pi}{4}(4h^2 + c^2)$ |
| 8 | 球台 | 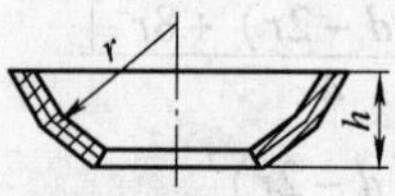 | $2\pi r h$ |
| 9 | 1/4 凸球环 | 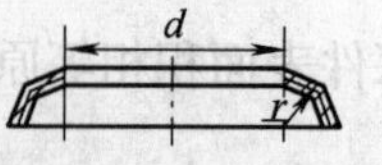 | $\dfrac{\pi}{4}(2\pi r d + 8r^2)$ |
| 10 | 1/4 凹球环 | 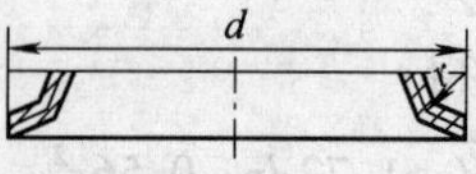 | $\dfrac{\pi}{4}(2\pi r d + 8r^2)$ |

(续)

| 序号 | 名称 | 形状 | 面积 $F/mm^2$ |
|---|---|---|---|
| 11 | 凸球环 | | $\pi(dl+2rh)$<br>式中：$h=r[\cos\beta-\cos(\alpha+\beta)]$<br>$l=\dfrac{\pi r\alpha}{180°}$ |
| 12 | 凹球环 | | $\pi(dl-2rh)$<br>式中：$h=r(1-\cos\alpha)$<br>$l=\dfrac{\pi r\alpha}{180°}$ |

## 4.4 圆筒形件拉深工序尺寸计算

### 4.4.1 拉深系数的概念

**1. 拉深系数**

所谓圆筒形件的拉深系数，是指拉深后圆筒形制件的直径与拉深前毛坯（或半成品）直径的比值。

部分拉深件只需一次拉深就能成形，拉深系数就是拉深件筒部直径 $d$ 与毛坯直径 $D$ 的比值，即：

$$m=\frac{d}{D} \tag{4-4}$$

部分拉深件需要经过多次拉深才能最终成形，如图 4-12 所示，各次拉深的拉深系数分别为：

$$m_1=\frac{d_1}{D}$$

$$m_2=\frac{d_2}{d_1}$$

$$m_3=\frac{d_3}{d_2}$$

$$\cdots$$

$$m_n=\frac{d_n}{d_{n-1}}$$

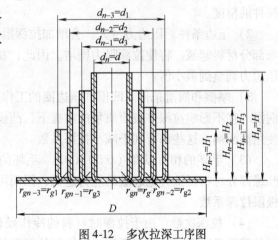

图 4-12 多次拉深工序图

式中 $m_1$、$m_2$、$m_3$、…、$m_n$——各次的拉深系数；

　　　$d_1$、$d_2$、$d_3$、…、$d_n$——各次拉深制件（或工件）的直径（mm）（图 4-12）；

　　　$D$——毛坯直径（mm）。

拉深系数是拉深工序中一个重要的工艺参数，它可以用来表示拉深过程中的变形程度。拉深系数越小，变形程度越大。在制定拉深工艺时，如拉深系数取得过小，就会使拉深件起皱、断裂或严重变薄超差。因此，拉深系数的取值有一定界限，这个界限就称为极限拉深系数，即在拉深过程中，拉深系数受到材料的力学性能、拉深条件和材料相对厚度（$t/D$）等条件限制。

**2. 影响极限拉深系数的因素**

极限拉深系数的数值，取决于筒壁传力区的最大拉应力和危险断面的强度。

（1）材料的力学性能　材料的力学性能指标中，影响极限拉深系数的主要因素是材料的屈强比（$\sigma_s/\sigma_b$）和厚向异性指数（$r$）。屈强比（$\sigma_s/\sigma_b$）越小，则筒壁传力区最大拉应力的相对值越小，同时材料越不易产生拉伸缩颈，危险断面的严重变薄和拉断相应推迟，因此，其极限拉深系数的数值也就越小。厚向异性指数越大的材料，厚度方向的变形越困难，危险断面越不易变薄、拉断，因而极限拉深系数越小。

（2）拉深条件

1）模具几何参数。$r_p$、$r_d$ 分别是凸模圆角半径和凹模圆角半径，如图 4-13 所示。凸模圆角半径 $r_p$ 的大小对危险断面的强度有较大影响。$r_p$ 过小，将使材料绕凸模弯曲的拉应力增加，危险断面的变薄量增加。$r_p$ 过大，将会减小凸模端面与材料的接触面积，使传递拉深力的承载面积减小；材料容易变薄，同时板料的悬空部分增加，易于产生内皱（在拉伸凹模圆角半径 $r_d$ 以内起皱）。

凹模圆角半径 $r_d$ 过小，将使凸缘部分材料流入凸、凹模间隙时的阻力增加，从而增加筒壁传力区的拉应力，不利于减小极限拉深系数。但是 $r_d$ 过大，又会减小有效压边面积，使凸缘部分材料容易失稳起皱。

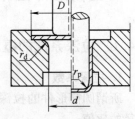

图 4-13　凸、凹模圆角半径

同时，凸缘区材料在流向凸、凹模间隙时有增厚现象，当凸、凹模间隙过小时，材料将受到过大的挤压作用，并使摩擦阻力增加，不利于减小极限拉深系数。间隙过大也会影响拉深件的精度。

2）压边条件。压边力过大，会增加拉深阻力。但是如果压边力过小，不能有效防止凸缘部分材料起皱，将使拉深阻力剧增。因此，在保证凸缘部分材料不起皱的前提下，尽量将压边力调整到最小值。

3）摩擦和润滑条件。凹模和压边圈的工作表面应比较光滑，并在拉深时用润滑剂进行润滑。在不影响拉深件表面质量的前提下，凸模工作表面可以做得比较粗糙，并在拉深时不使用润滑剂。这些都有利于减小拉深系数。

（3）毛坯的相对厚度（$t/D$）×100　毛坯的相对厚度（$t/D$）×100 的值越大，则拉深时凸缘部分材料抵抗失稳起皱的能力越强，因而可以减小压边力，减小摩擦阻力，有利于减小极限拉深系数。

（4）拉深次数　由于拉深时材料的冷作硬化使材料的变形抗力有所增加，同时危险断面的壁厚又略有减薄，因而后一次拉深的极限拉深系数应比前一次的大。通常第二次拉深的极限拉深系数要比第一次的大得多，而以后各次则逐次略有增加。

（5）拉深件的几何形状　不同几何形状的拉深件在拉深变形过程中各有不同的特点，因而极限拉深系数也不同。

**3. 拉深系数的确定**

拉深系数的取值既不能太小，也不能过大。在实际生产中，需要综合考虑各种影响因素后，根据具体工作条件，凭借经验，参照表 4-3 和表 4-4 确定。

## 项目四  拉深工艺与拉深模设计

表 4-3  无凸缘筒形件使用压边圈时的各次拉深系数

| 极限拉深系数 | 坯料相对厚度 t/D(%) | | | | | |
|---|---|---|---|---|---|---|
| | 2.0~1.5 | 1.5~1.0 | 1.0~0.6 | 0.6~0.3 | 0.3~0.15 | 0.15~0.08 |
| $[m_1]$ | 0.48~0.50 | 0.50~0.53 | 0.53~0.55 | 0.55~0.58 | 0.58~0.60 | 0.60~0.63 |
| $[m_2]$ | 0.73~0.75 | 0.75~0.76 | 0.76~0.78 | 0.78~0.79 | 0.79~0.80 | 0.80~0.82 |
| $[m_3]$ | 0.76~0.78 | 0.78~0.79 | 0.79~0.80 | 0.80~0.81 | 0.81~0.82 | 0.82~0.84 |
| $[m_4]$ | 0.78~0.80 | 0.80~0.81 | 0.81~0.82 | 0.82~0.83 | 0.83~0.85 | 0.85~0.86 |
| $[m_5]$ | 0.80~0.82 | 0.82~0.84 | 0.84~0.85 | 0.85~0.86 | 0.86~0.87 | 0.87~0.88 |

注:1. 表中拉深系数适用于 08 钢、10 钢和 15Mn 钢等普通拉深碳钢及黄铜 H62。对拉深性能较差的材料,如 20 钢、25 钢、Q215 钢、硬铝等应比表中数值大 1.5%~2.0%;而对塑性较好的材料,如 05 钢、08F 钢及软铝等可比表中数值减小 1.5%~2.0%。
2. 表中数据适用于未经中间退火的拉深。若采用中间退火工序,则取值可比表中数值小 2%~3%。
3. 表中较小值适用于大的凹模圆角半径 $r_d = (8~15)t$,较大值适用于小的凹模圆角半径 $r_d = (4~8)t$。

表 4-4  无凸缘筒形件不使用压边圈时的各次拉深系数

| 极限拉深系数 | 坯料相对厚度 t/D(%) | | | | |
|---|---|---|---|---|---|
| | 1.5 | 2.0 | 2.5 | 3.0 | >3 |
| $[m_1]$ | 0.65 | 0.60 | 0.55 | 0.53 | 0.50 |
| $[m_2]$ | 0.80 | 0.75 | 0.75 | 0.75 | 0.70 |
| $[m_3]$ | 0.84 | 0.80 | 0.80 | 0.80 | 0.75 |
| $[m_4]$ | 0.87 | 0.84 | 0.84 | 0.84 | 0.78 |
| $[m_5]$ | 0.90 | 0.87 | 0.87 | 0.87 | 0.82 |
| $[m_6]$ | — | 0.90 | 0.90 | 0.90 | 0.85 |

### 4.4.2  无凸缘圆筒形件拉深工艺计算

**1. 拉深次数的确定**

当拉深件的拉深系数 $m = d/D$ 大于第一次极限拉深系数 $[m_1]$,即 $m > [m_1]$ 时,则该拉深件只需一次拉深即可成形,当即 $m < [m_1]$ 时,则需要进行多次拉深才能成形。

需要多次拉深时,拉深次数通常用以下两种方法确定。

(1)查表法  无凸缘圆筒形件的拉深次数可以从各种实用的表格中查得。根据工件的相对高度,即高度 $H$ 与工件直径 $d$ 之比值查表确定,见表 4-5。

表 4-5  拉深件相对高度 H/d 与拉深次数的关系(无凸缘圆筒形件)

| 相对高度 H/d \ 拉深次数 | 坯料的相对厚度 t/D(%) | | | | | |
|---|---|---|---|---|---|---|
| | 2~1.5 | 1.5~1.0 | 1.0~0.6 | 0.6~0.3 | 0.3~0.15 | 0.15~0.08 |
| 1 | 0.94~0.77 | 0.84~0.65 | 0.71~0.57 | 0.62~0.5 | 0.52~0.45 | 0.46~0.38 |
| 2 | 1.88~1.54 | 1.60~1.32 | 1.36~1.1 | 1.13~0.94 | 0.96~0.83 | 0.9~0.7 |
| 3 | 3.5~2.7 | 2.8~2.2 | 2.3~1.8 | 1.9~1.5 | 1.6~1.3 | 1.3~1.1 |
| 4 | 5.6~4.3 | 4.3~3.5 | 3.6~2.9 | 2.9~2.4 | 2.4~2.0 | 2.0~1.5 |
| 5 | 8.9~6.6 | 6.6~5.1 | 5.2~4.1 | 4.1~3.3 | 3.3~2.7 | 2.7~2.0 |

注:1. 大的 H/d 值适用于第一道工序的大凹模圆角半径 $r_d = (8~15)t$ 时。
2. 小的 H/d 值适用于第一道工序的小凹模圆角半径 $r_d = (4~8)t$ 时。
3. 表中数据适用材料为 08F 钢、10F 钢。

(2) 推算法  根据已知条件，由表 4-3 或表 4-4 中查得各次的极限拉深系数，然后依次计算出各次拉深直径，即 $d_1 = m_1 D$，$d_2 = m_2 d_1$，…，$d_n = m_n d_{n-1}$，直到 $d_n \leq d_0$，即当计算所得直径 $d_n$ 小于或等于工件直径 $d$ 时，计算的次数即为拉深次数。

**2. 拉深工序尺寸的计算**

(1) 工序件直径的确定  拉深次数确定之后，由表查得各次拉深的极限拉深系数，并在计算各次拉深直径后加以调整。保证 $\prod_{i=1}^{n} m_i \leq \dfrac{d}{D}$，然后再按调整后的拉深系数确定各次工序件直径：

$$m_1 = \frac{d_1}{D}$$

$$m_2 = \frac{d_2}{d_1}$$

$$m_3 = \frac{d_3}{d_2}$$

…

$$m_n = \frac{d_n}{d_{n-1}}$$

(2) 工序件圆角半径的确定  圆角半径的确定方法将在后面讨论。
(3) 工序件高度的计算  可根据无凸缘圆筒形件坯料尺寸计算求出高度尺寸。

**3. 课内练习 1**

计算图 4-14a 所示筒形件的坯料尺寸及拉深各工序尺寸。图 4-14b 所示为拉深工序尺寸示意图（供参考）。材料为 10 钢，板料厚度 $t = 2\text{mm}$。

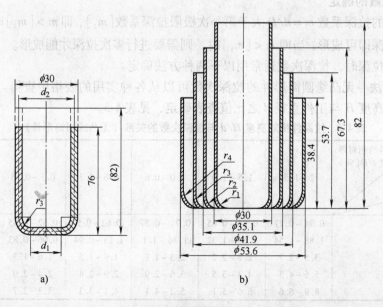

图 4-14  拉深工件
a) 拉深工件  b) 拉深工序尺寸示意图

## 4.4.3 带凸缘圆筒形件拉深工艺计算

带凸缘拉深件是指在筒形件口部带有一定平面法兰边的一类零件,如图4-15所示。

图 4-15 带凸缘拉深件实例

带凸缘圆筒形零件的拉深过程,其变形区的应力状态与变形特点与无凸缘圆筒形件是相同的。不同之处是带凸缘圆筒形件拉深时,坯料凸缘部分不是全部进入凹模口部,只是拉深到凸缘外径等于所要求的凸缘直径(包括修边量)时,首次拉深工作完成。凸缘的外缘部分只在首次拉深时参与变形,在以后的各次拉深中将不再发生化。因此,首次拉深的重点是确保凸缘外缘的尺寸达到所需尺寸,并确保拉入凹模的材料略多于以后拉深所需的材料。拉深成形过程和工艺计算与无凸缘圆筒形件有所不同。

**1. 带凸缘拉深件毛坯尺寸的计算**

带凸缘圆筒形件拉深毛坯尺寸的计算,同样可采用将工件分解成若干简单几何体分别求面积的方法计算。为简化计算过程,可直接采用表4-6给出的公式计算。

表 4-6 常用旋转体拉深件毛坯直径 $D$ 的计算公式

| 序 号 | 零件形状 | 毛坯直径 $D$ 的计算公式 |
|---|---|---|
| 1 | 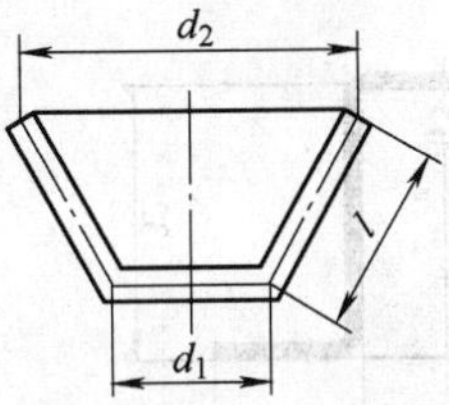 | $D = \sqrt{d_1^2 + 2l(d_1 + d_2)}$ |
| 2 | 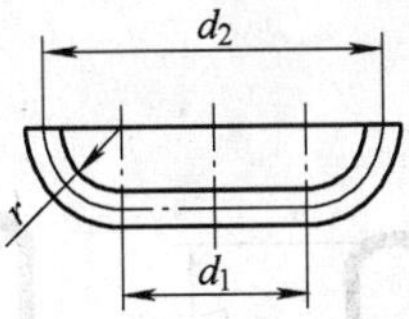 | $D = \sqrt{d_1^2 + 2r(\pi d_1 + 4r)}$ |
| 3 | 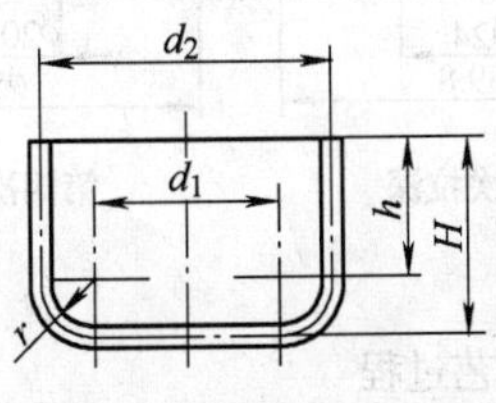 | $D = \sqrt{d_1^2 + 4d_2 h + 6.28 r d_1 + 8r^2}$ 或 $D = \sqrt{d_2^2 + 4d_2 H - 1.72 r d_2 - 0.56 r^2}$ |

(续)

| 序号 | 零件形状 | 毛坯直径 $D$ 的计算公式 |
|---|---|---|
| 4 | | 当 $r \neq R$ 时：<br>$D = \sqrt{d_1^2 + 6.28rd_1 + 8r^2 + 4d_2h + 6.28Rd_2 + 4.56R^2 + d_4^2 - d_3^2}$<br>当 $r = R$ 时：<br>$D = \sqrt{d_4^2 + 4d_2H - 3.44rd_2}$ |
| 5 | | $D = \sqrt{8rd}$<br>或<br>$D = \sqrt{s^2 + 4h^2}$ |

图 4-16 所示为带凸缘圆筒形件拉深工艺过程。图 4-16b 是以 $\phi79$mm 平板毛坯拉深成图 4-16a 所示工件的过程。考虑到修边，凸缘尺寸 $\phi55.4$mm 应拉深为 $\phi59.8$mm。再修边获得 $\phi55.4$mm 尺寸。带凸缘件修边余量参照表 4-7 选取，带凸缘圆筒形件第一次拉深的极限拉深系数参照表 4-8，带凸缘圆筒形件首次拉深的极限相对高度参照表 4-9，带凸缘圆筒形件以后各次拉深的极限拉深系数参照表 4-10。

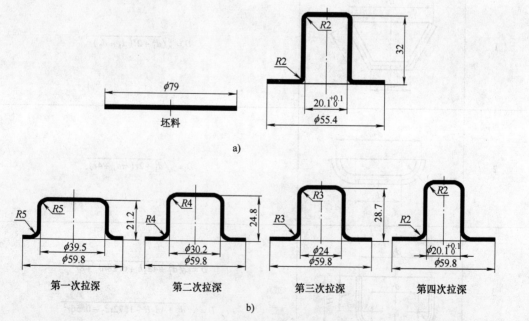

图 4-16 带凸缘圆筒形件拉深工艺过程

## 项目四 拉深工艺与拉深模设计

表 4-7 带凸缘件修边余量　　　　　　　　　　　　　　　　（单位：mm）

| 凸缘直径 $d_1$（或 $B$） | 相对凸缘直径 $\dfrac{d_1}{d}$ 或 $\dfrac{B_1}{B}$ | | | |
|---|---|---|---|---|
| | <1.5 | 1.5~2.0 | 2.0~2.5 | 2.5~3.0 |
| ≤25 | 1.6 | 1.4 | 1.2 | 1.0 |
| 25~50 | 2.5 | 2.0 | 1.8 | 1.6 |
| 50~100 | 3.5 | 3.0 | 2.5 | 2.0 |
| 100~150 | 4.3 | 3.6 | 3.0 | 2.5 |
| 150~200 | 5.0 | 4.2 | 3.5 | 2.7 |
| 200~250 | 5.5 | 4.6 | 3.8 | 2.8 |
| >250 | 6.0 | 5.0 | 4.0 | 3.0 |

表 4-8 带凸缘圆筒形件第一次拉深的极限拉深系数

| 凸缘的相对直径 $D_1/d$ | 坯料的相对厚度 $\dfrac{t}{D}\times 100$ | | | | |
|---|---|---|---|---|---|
| | 2~1.5 | 1.5~1.0 | 1.0~0.6 | 0.6~0.3 | 0.3~0.10 |
| 1.1 以下 | 0.51 | 0.53 | 0.55 | 0.57 | 0.59 |
| 1.3 | 0.49 | 0.51 | 0.53 | 0.54 | 0.55 |
| 1.5 | 0.47 | 0.49 | 0.50 | 0.51 | 0.52 |
| 1.8 | 0.45 | 0.46 | 0.47 | 0.48 | 0.48 |
| 2.0 | 0.42 | 0.43 | 0.44 | 0.45 | 0.45 |
| 2.2 | 0.40 | 0.41 | 0.42 | 0.42 | 0.42 |
| 2.5 | 0.37 | 0.38 | 0.38 | 0.38 | 0.38 |
| 2.8 | 0.34 | 0.35 | 0.35 | 0.35 | 0.35 |
| 3.0 | 0.32 | 0.33 | 0.33 | 0.33 | 0.33 |

表 4-9 带凸缘圆筒形件首次拉深的极限相对高度

| 凸缘的相对直径 $\dfrac{d_1}{d}$ | 坯料的相对厚度 $\dfrac{t}{D}\times 100$ | | | | |
|---|---|---|---|---|---|
| | 2~1.5 | 1.5~1.0 | 1.0~0.6 | 0.6~0.3 | 0.3~0.10 |
| 1.1 以下 | 0.90~0.75 | 0.82~0.65 | 0.70~0.57 | 0.62~0.50 | 0.52~0.45 |
| 1.3 | 0.80~0.65 | 0.72~0.56 | 0.60~0.50 | 0.53~0.45 | 0.47~0.40 |
| 1.5 | 0.70~0.58 | 0.63~0.50 | 0.53~0.45 | 0.48~0.48 | 0.40~0.35 |
| 1.8 | 0.58~0.48 | 0.53~0.42 | 0.44~0.37 | 0.39~0.34 | 0.35~0.29 |
| 2.0 | 0.51~0.42 | 0.46~0.36 | 0.38~0.32 | 0.34~0.29 | 0.30~0.25 |
| 2.2 | 0.45~0.35 | 0.40~0.31 | 0.33~0.27 | 0.29~0.25 | 0.26~0.22 |
| 2.5 | 0.35~0.28 | 0.32~0.25 | 0.27~0.22 | 0.23~0.20 | 0.21~0.17 |
| 2.8 | 0.27~0.22 | 0.24~0.19 | 0.21~0.17 | 0.18~0.15 | 0.15~0.13 |
| 3.0 | 0.22~0.18 | 0.20~0.16 | 0.17~0.14 | 0.15~0.12 | 0.13~0.10 |

注：1. 表中大数值适用于大的圆角半径［由 $t/D=2\%\sim1.5\%$ 时的 $R=(10\sim12)t$ 到 $t/D=0.3\%\sim0.10\%$ 时的 $R=(20\sim25)t$］，小数值适用于底部及凸缘小的圆角半径，随着凸缘直径的增加及相对拉深系数减小，其数值也跟着减小。

2. 表中数值适用于 10 钢，对于比 10 钢塑性好的材料取接近表中的大值，对于塑性差的材料，取表中小数值。好的材料取接近表中的大值，对于塑性差的材料，取表中小数值。

表 4-10 带凸缘圆筒形件以后各次拉深的极限拉深系数

| 拉深系数 | 坯料的相对厚度 $\frac{t}{D} \times 100$ | | | | |
| --- | --- | --- | --- | --- | --- |
| | 2~1.5 | 1.5~1.0 | 1.0~0.6 | 0.6~0.3 | 0.3~0.10 |
| $m_1$ | 0.73 | 0.75 | 0.76 | 0.78 | 0.80 |
| $m_2$ | 0.75 | 0.78 | 0.79 | 0.80 | 0.82 |
| $m_3$ | 0.78 | 0.80 | 0.82 | 0.83 | 0.84 |
| $m_4$ | 0.80 | 0.82 | 0.84 | 0.85 | 0.86 |

**2. 带凸缘件拉深工序尺寸的计算**（课内练习2）

带凸缘件拉深工序尺寸计算的方法与步骤，以拉深图 4-17 所示零件的计算过程为例。该零件材料 08 钢，厚度 2mm（板料厚度大于 1mm，按中线计算）。

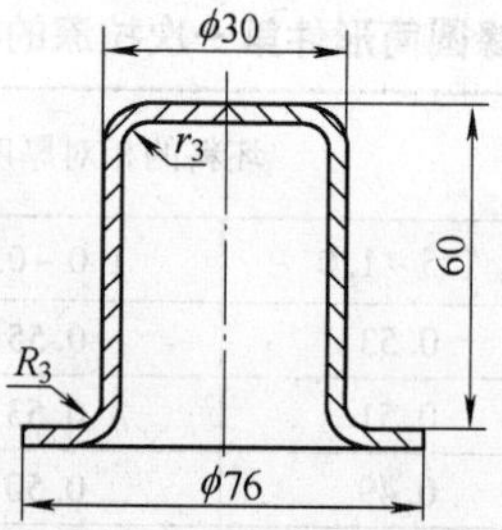

图 4-17 带凸缘拉深件

## 4.5 拉深力的确定

### 4.5.1 拉深力的计算

从理论上计算的拉深力在实际应用上并不方便，因为影响因素比较复杂，计算结果与实际拉深力往往有出入，所以生产中拉深力常用经验公式计算。由于经验公式忽略了许多因素，所以计算结果并不十分准确，应注意修正。

通常用以下经验公式计算拉深力：

（1）采用压边圈时

首次拉深：
$$F = \pi d_1 t \sigma_b K_1 \tag{4-5}$$

以后各次拉深：
$$F = \pi d_i t \sigma_b K_2 \ (i=2, 3, \cdots, n) \tag{4-6}$$

（2）不采用压边圈拉深时

首次拉深：
$$F = 1.25\pi(D - d_1) t \sigma_b \tag{4-7}$$

以后各次拉深：
$$F = 1.3\pi(d_{i-1} - d_i) t \sigma_b \ (i=2, 3, \cdots, n) \tag{4-8}$$

式中　　$F$——拉深力（N）；

$t$——板料厚度（mm）；

$D$——坯料直径（mm）；

$d_1$、$d_2$、$\cdots$、$d_n$——分别是各次拉深后的工序直径；

$\sigma_b$——拉深件材料的抗拉强度（MPa）；

$K_1$、$K_2$——修正系数，数值可查表 4-11。

表 4-11 修 正 系 数

| 拉深系数 $m_1$ | 0.55 | 0.57 | 0.60 | 0.62 | 0.65 | 0.67 | 0.70 | 0.72 | 0.75 | 0.77 | 0.80 | — | — | — |
|---|---|---|---|---|---|---|---|---|---|---|---|---|---|---|
| 修正系数 $K_1$ | 1.00 | 0.93 | 0.86 | 0.79 | 0.72 | 0.66 | 0.60 | 0.55 | 0.50 | 0.45 | 0.40 | — | — | — |
| 拉深系数 $m_2$ | — | — | — | — | — | — | 0.70 | 0.72 | 0.75 | 0.77 | 0.80 | 0.85 | 0.90 | 0.95 |
| 修正系数 $K_2$ | — | — | — | — | — | — | 1.00 | 0.95 | 0.90 | 0.85 | 0.80 | 0.70 | 0.60 | 0.50 |

## 4.5.2 压边力的计算

**1. 压边条件**

解决拉深工作中的起皱问题的主要方法是采用防皱压边圈，并且压边力要适当。必须指出，如果拉深的变形程度比较小，毛坯的相对厚度比较大，则不需要采用压边圈，因为不会产生起皱。拉深中是否需要采用压边圈，可按表 4-12 的条件确定。

表 4-12 采用或不采用压边圈的条件

| 拉深方法 | 第 1 次拉深 | | 后续各次拉深 | |
|---|---|---|---|---|
| | $(t/D) \times 100$ | $m_1$ | $(t/D) \times 100$ | $m_2$ |
| 用压边圈 | <1.5 | <0.6 | <1.0 | <0.8 |
| 不用压边圈 | >2.0 | >0.6 | >1.5 | >0.8 |
| 可用可不用 | 1.5~2.0 | 0.6 | 1.0~1.5 | 0.8 |

当确定需要采用压边装置后，压边力的大小必须适当。压边力过大，会增加坯料拉入凹模的拉力，容易拉裂工件；如果过小，则不能防止凸缘起皱，起不到压边作用，所以压边力的大小应在不起皱的条件下尽可能小。

**2. 确定压边力**

在模具设计时，通常是使压边力 $F_压$ 稍大于防皱作用所需的最低值，即在保证毛坯凸缘变形区不起皱的前提下，尽量选用小的压边力，并按下列经验公式进行计算：

总压边力： $$F_压 = Ap \tag{4-9}$$

筒形件第 1 次拉深时： $$F_压 = \frac{\pi}{4}[D^2 - (d_1 + 2r_{凹1})^2]p \tag{4-10}$$

筒形件后续各道拉深时： $$F_压 = \frac{\pi}{4}[d_{n-1}^2 - (d_n + 2r_{凹n-1})^2]p \tag{4-11}$$

式中　　$A$——压料圈下坯料的投影面积（$mm^2$）；

　　　　$p$——单位压边力（MPa），可按表 4-13 选用；

　　　　$D$——毛坯直径（mm）；

$d_1$、$d_2$、…、$d_n$——分别是第 1 次及以后各次工件的直径（mm）；

$r_{凹1}$、$r_{凹2}$、…、$r_{凹n}$——分别是各次拉深凹模圆角半径（mm）。

表 4-13 单位压边力 $p$

| 材料名称 | | 单位压边力 $p$/MPa | 材料名称 | 单位压边力 $p$/MPa |
|---|---|---|---|---|
| 铝 | | 0.8~1.2 | 镀锡钢板 | 2.5~3.0 |
| 硬铝（已退火）、紫铜 | | 1.2~1.8 | 高温合金 | 2.8~3.5 |
| 黄铜 | | 1.5~2.0 | | |
| 软钢 | $t<0.5mm$ | 2.5~3.0 | 高合金钢 | 3.0~4.5 |
| | $t>0.5mm$ | 2.0~2.5 | 不锈钢 | |

在生产中,一次拉深时的压边力 $F_{压}$ 也可按拉深力的 1/4 选取,即 $F_{压}=0.25F_1$。

理论上合理的压边力应随起皱趋势的变化而变化。当起皱严重时压边力变大,起皱不严重时压边力就随着减少,但要实现这种变化是很困难的。

**3. 压力机公称压力的选择**

对于单动压力机,其公称压力 $F_{压机}$ 应大于工艺总压力。工艺总压力为拉深力 $F_{拉}$ 与压边力 $F_{压}$ 之和,即 $F_{压机} > F_{拉} + F_{压}$。

对于双动压力机,应分别考虑内、外滑块的公称压力 $F_1$、$F_2$ 与对应的拉深力 $F_{拉}$ 与压边力 $F_{压}$ 的关系,即 $F_1 > F_{拉}$,$F_2 > F_{压}$。

选择压力机标称压力时必须注意,当拉深行程较大,尤其是采用落料、拉深复合模时,应使工艺力曲线位于压力机滑块的许用压力曲线之下。不能简单地根据落料力与拉深力叠加起来之和小于压力机标称压力去确定压力机的规格,否则很可能由于过早地出现最大冲压力而使压力机超载损坏,如图 4-18 所示,应该考虑压力机在落料、拉深的复合冲压成形中所做的功,考虑压力机电动机能否负荷。

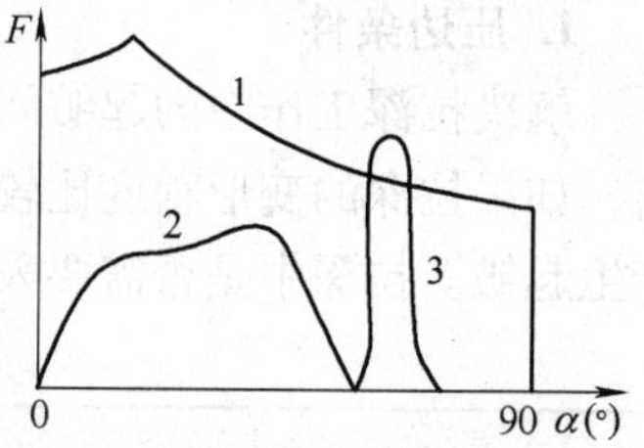

图 4-18 拉深力与压力机的压力曲线
1—压力机的压力曲线 2—拉深力 3—落料力

**4. 压边装置**

根据表 4-12,如果需要压边装置,应选择适当的压边装置。常用的压边装置有刚性压边装置和弹性压边装置两类。

(1) 刚性压边装置 图 4-19 所示是在双动拉深机上使用刚性压边装置的原理图,曲轴 1 转动,通过凸轮 2 带动外滑块 3,使固定于外滑块上的压边圈 6 将材料紧压在凹模 7 上,紧接着内滑块 4 在曲轴驱动下,带动凸模 5 下行,对材料进行拉深,回程时凸模先退出,压边圈随后上升。由于外滑块的压力可以单独控制与调整,且在拉深过程中可保持不变,所以压边效果很好,适用于较大型件的拉深加工。图 4-20 所示为双动压力机外形图。

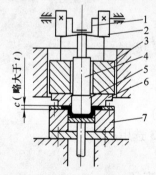

图 4-19 刚性压边装置
1—曲轴 2—凸轮 3—外滑块 4—内滑块
5—凸模 6—压边圈 7—凹模

图 4-20 双动压力机

(2) 弹性压边装置 在单动压力机上进行拉深加工时,必须借助弹性元件提供压边力。弹性元件可以是橡胶块、弹簧或气垫(油垫)装置。

图 4-21 ~ 图 4-23 所示分别为橡胶垫压边装置、弹簧垫压边装置和气垫压边装置,弹性压边装置所能提供的压边力随压边行程的变化情况如图 4-24 所示。在单动压力机上采用弹

性压边装置进行拉深加工时，如果变形程度较大，应采用气垫，但并不是所有压力机上都配有气垫的，在普通压力机上进行中小型件拉深时，仍常采用橡胶垫作为压边装置。

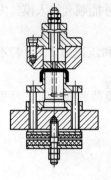

图 4-21　橡胶垫

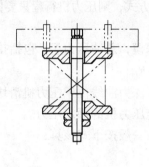

图 4-22　弹簧垫

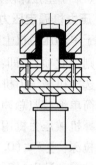

图 4-23　气垫

为了解决橡胶垫或弹簧垫在拉深后期压边力过大的问题，可以用限位柱控制压边圈和凹模间的间隙，如图 4-25 所示，其中图 4-25a 用于首次拉深，图 4-25b、c 用于再拉深。

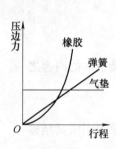

图 4-24　弹性压边装置的压力曲线

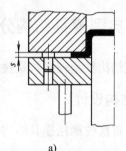

图 4-25　限位柱的使用
a) 首次拉深　b)、c) 再拉深

加限位柱的效果取决于压边圈与凹模间的间隙 $s$，$s$ 值过小将起不到限制压边力作用，$s$ 值过大则压边作用减弱，仍可能起皱。一般 $s$ 值按下式选取：

拉深钢板件：$s = 1.2t$

拉深铝板件：$s = 1.1t$

拉深宽凸缘件：$s = t + (0.05 \sim 0.1)\,\mathrm{mm}$

图 4-25c 所示的限位柱为高度可调式，调整间隙方便，根据拉深情况调整合适后锁紧。

### 4.5.3　压力机的选择

**1. 压力机类型的选择**

加工小型拉深件，一般选择开式单柱压力机；加工大中型拉深件，可选用闭式双柱压力机，最好配有气垫装置；对于较大的拉深件且批量生产，最好选用双动拉深压力机，有较大拉深行程要求时，也可选用双动拉深液压机，如图 4-26 所示。

图 4-26　双动拉深液压机

## 2. 压力机行程的选择

对于采用逆出件的拉深模来说，压力机在开模状态下必须保证拉深的产品或工序件能方便取出，如果小型拉深模采用顺出件方式，则压力机行程只要保证工序件能顺利放入模具内。

## 3. 压力机额定压力的确定

对于单动压力机上使用的拉深模，总冲压力 $\sum F$ 包括拉深力 $F$ 和压边力 $F_压$（若不带压边圈，则无此项），即：$\sum F = F + F_压$

在选择机械压力机时，应使拉深力曲线位于压力机滑块的许用负荷曲线之下，特别要注意不能简单地按照总冲压力来确定压力机的额定压力。

选择机械压力机用于拉深时，一般按下式核算：

浅拉深：$\sum F \leq (0.7 \sim 0.8) F_0$

深拉深：$\sum F \leq (0.5 \sim 0.6) F_0$

式中　$\sum F$——总冲压力；

　　　$F_0$——机械压力机的额定压力。当采用落料拉深复合模时，落料阶段的总冲压力不要超过压力机额定压力的 30%～40%。

## 4.6　拉深模结构设计及典型模具结构分析

拉深模结构一般较简单，但结构类型较多，是拉深模设计中最基本的内容之一。

### 4.6.1　无凸缘拉深件模具结构设计

拉深模按工艺特点可分为：首次拉深用模具结构和以后各次拉深用模具结构。

**1. 首次拉深模**

（1）正装首次拉深模结构　首次拉深用模具结构简称首次拉深模。根据图 4-14 课内练习分析计算结果，确定首次拉深采用压边圈结构，其模具结构如图 4-27 所示。该模具的主要工作零件是凹模 3、定位板 4、压边圈 5 和凸模 13。

（2）倒装首次拉深模　在图 4-14 拉深件计算实例中，首次拉深模结构可采用如图 4-27 所示的正装结构，即拉深凹模按装在下模，也可采用倒装式的模具结构，即拉深凹模安装在上模部分，单工序倒装首次拉深用模具结构如图 4-28 所示。该模具的主要工作零件是压边圈 4（定位板）、凹模 5、打件块 13、凸模 15 和凸模固定板 16。

**2. 以后各次拉深模**

根据图 4-14 拉深件实例计算结果，最终成形需要进行四次拉深，即需要四副拉深模。第一次拉深使用的毛坯为平板类，其拉深变形过程和模具结构等方面均具有许多共同点，故称为首次拉深，首次拉深使用的模具称为首次拉

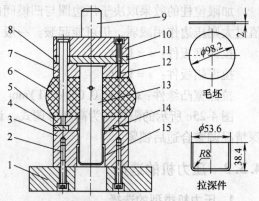

图 4-27　正装首次拉深模

1—底座　2—螺钉　3—凹模　4—定位板　5—压边圈
6—橡胶　7—卸料螺钉　8—凸模固定板　9—模柄
10—上模座　11—垫板　12—螺钉　13—凸模
14—毛坯料　15—工件

深模。而第二次、第三次和第四次拉深使用的毛坯均为筒形件，每次拉深只是改变筒形件的尺寸大小，其拉深过程是由筒形到筒形，这种由筒形到筒形的拉深，其变形过程和模具结构等方面同样具有许多共同点，因此统称为"以后各次拉深"，以后各次拉深使用的模具称为"以后各次拉深模"。

以后各次拉深模结构在设计和制造时，为使用方便和简化模具结构多采用倒装式结构，如图4-29所示。该模具的主要工作零件是凸模固定板3、压边圈（定位板）5、限位柱6、凹模7和凸模14。

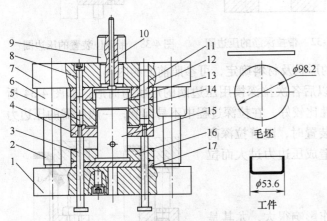

图4-28 倒装首次拉深模
1—下模座 2—导柱 3—卸料螺钉 4—压边圈定位及卸料
5—凹模 6—导套 7—上模座 8—螺钉 9—模柄 10—打杆
11—垫板 12—销钉 13—打件块 14—工件 15—凸模
16—凸模固定板 17—垫板

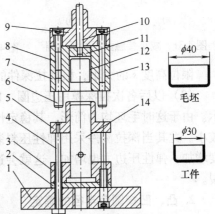

图4-29 以后各次拉深模
1—下模座 2—垫板 3—凸模固定板 4—卸料螺钉 5—压边圈定位卸料 6—限位柱 7—凹模 8—螺钉 9—模柄 10—打杆 11—推件板 12—工件 13—销钉 14—凸模

## 4.6.2 有凸缘拉深件拉深模结构

有凸缘件拉深模的结构与无凸缘模具结构完全相同，只是在模具工作时严格控制凸模进入凹模的深度，达到控制拉深件凸缘尺寸和工件高度的目的。拉深模结构除可采用单工序模具结构外，在实际生产中多采用落料和首次拉深相组合的结构形式，即如图4-30所示的落料拉深复合模。

## 4.6.3 拉深模的主要零部件设计

**1. 压边圈**

压边圈的作用是在凸缘变形区施加轴向压力，防止起皱。

（1）首次拉深模用压边圈 首次拉深模一般采用平面压料装置（压边圈），相当于冲裁模结构中的弹性卸料装置。压边装置在实际拉深工作中压边接触面积，产生的压边力不能太大，也不能太小。

1）对于宽凸缘拉深件，为了减小压边圈的接触面积，增大单位压料力，可采用如图4-31所示的压边圈。

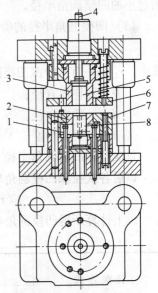

图4-30 落料拉深复合模
1—顶杆 2—压边圈 3—凸凹模 4—推杆 5—推件板 6—卸料板 7—落料凹模 8—拉深凸模

2）对于凸缘特别小或半球面、抛物面零件的拉深，为了增大拉应力，减少起皱，可采用带拉深筋的压料圈，如图4-32所示。

3）为了保持压料力均衡和防止压边圈将毛坯压得过紧，可以采用带限位装置的压边圈，如图4-33所示。

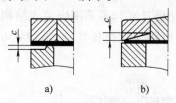 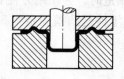 

图4-31　减小接触面积的压边圈　　图4-32　带拉深筋的压边圈　　图4-33　带限位装置的压边圈

限位高度 $s$ 的大小，根据拉深件的形状及材料确定，可参照前面的内容。

（2）以后各次拉深模用压边圈　以后各次拉深模用压边圈的形状为筒形，如图4-34所示。由于这时毛坯均为筒形，其稳定性比较好，在拉深过程中不易起皱，一般所需的压边力较小。尤其当深拉深件采用弹性压料装置时，随着拉深高度增加，弹性压边力也增加，这就会造成压边力过大而拉裂。

**2. 凸、凹模圆角半径的确定**

拉深凸、凹模圆角半径对拉深工作影响很大，尤其是凹模圆角半径。坯料经过凹模圆角进入凹模时，经过弯曲和重新拉直的变化，如果凹模圆角过小势必引起应力的增大和模具寿命的降低。因此，在实际生产中应尽量避免采用过小的凹模圆角半径。

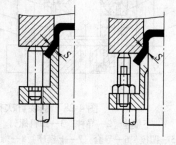

图4-34　以后各次拉深模用压边圈

（1）凹模圆角半径的确定　首次（包括只有一次）拉深凹模圆角半径可按下式计算：

$$r_{d_1} = 0.80\sqrt{(D-d)t} \tag{4-12}$$

式中　$r_{d_1}$——首次拉深凹模圆角半径；

　　　$D$——坯料直径；

　　　$d$——凹模内径；

　　　$t$——材料厚度。

首次拉深凹模圆角半径 $r_{d_1}$ 的大小，也可以按表4-14的值选取。

以后各次拉深凹模圆角半径应逐渐减小，一般按下式确定：

$$r_{d_i} = (0.6 \sim 10.8)r_{d_{i-1}} \quad (i = 2, 3 \cdots n) \tag{4-13}$$

以上计算所得凹模圆角半径一般应符合 $r_d \geq 2t$ 的要求。

表4-14　首次拉深凹模圆角半径 $r_{d_1}$

| 拉深方式 | 坯料的相对厚度 $\frac{t}{D} \times 100$ | | |
|---|---|---|---|
| | 2.0~1.0 | 1.0~0.3 | 0.3~0.10 |
| 无凸缘 | (4~6)t | (6~8)t | (8~11)t |
| 有凸缘 | (6~12)t | (10~15)t | (15~20)t |

注：对于有色金属和拉深钢取小值；对于其他黑色金属取大值。

(2) 凸模圆角半径的确定　凸模圆角过小，会降低拉深件传力区危险断面强度，容易产生局部变薄甚至破裂，拉深件圆角处弯曲痕迹较明显。局部变薄和弯曲的痕迹在经过多次拉深工序后，必然留在零件的侧壁，影响零件的表面质量。

首次拉深可取：
$$r_{p_1} = (0.7 \sim 1.0) r_{d_1} \tag{4-14}$$

最后一次拉深凸模圆角半径 $r_{p_n}$ 即等于零件圆角半径 $r$。但零件圆角半径如果小于拉深工艺性要求时，则凸模圆角半径应按工艺性的要求确定（$r_p \geqslant r$），然后通过整形工序得到零件要求的圆角半径。

中间各拉深工序凸模圆角半径可按下式确定：
$$r_{p_{i-1}} = 0.5(d_{i-1} - d_i - 2t) \tag{4-15}$$

式中　$d_{i-1}$、$d_i$——分别是各工序的外径。

**3. 模具间隙**

拉深模的凸、凹模之间的间隙对拉深力、零件质量、模具寿命等都有影响。需要根据毛坯厚度及公差、拉深过程毛坯的增厚情况、拉深次数、零件的形状及精度要求等，正确确定拉深模间隙。

（1）无压边圈的拉深模其间隙为：
$$Z/2 = (1 \sim 1.1) t_{\max} \tag{4-16}$$

式中　$Z/2$——拉深模单边间隙；

$t_{\max}$——毛坯厚度的最大极限尺寸。

对于系数 $1 \sim 1.1$，小值用于末次拉深或精密零件的拉深；大值用于首次和中间各次拉深或要求不高零件的拉深。

（2）有压边圈时的拉深模　其间隙可按表 4-15 确定。

表 4-15　有压边圈拉深时的单边间隙值

| 总拉深次数 | 拉深工序 | 单边间隙 $Z/2$ | 总拉深次数 | 拉深工序 | 单边间隙 $Z/2$ |
|---|---|---|---|---|---|
| 1 | 一次拉深 | $1 \sim 1.1t$ | 4 | 第一、二次拉深 | $1.2t$ |
| 2 | 第一次拉深 | $1.1t$ | | 第三次拉深 | $1.1t$ |
| | 第二次拉深 | $1 \sim 1.05t$ | | 第四次拉深 | $1 \sim 1.05t$ |
| 3 | 第一次拉深 | $1.2t$ | 5 | 第一、二、三次拉深 | $1.2t$ |
| | 第二次拉深 | $1.1t$ | | 第四次拉深 | $1.1t$ |
| | 第三次拉深 | $1 \sim 1.05t$ | | 第五次拉深 | $1 \sim 1.05t$ |

注：1. $t$——材料厚度，取材料允许偏差的中间值。
　　2. 当拉深精密工件时，末次拉深间隙取 $Z/2$。

对于精度要求高的零件，为了减小拉深后的回弹，常采用负间隙拉深模，其单边间隙值为：
$$Z = (0.9 \sim 0.95) t \tag{4-17}$$

**4. 凸、凹模工作尺寸的确定**

拉深模凸、凹模工作尺寸只在最后一道工序的拉深模设计时才进行计算，以前各次拉深模的凸、凹模工作尺寸可直接采用拉深工艺计算的工序尺寸。最后一道拉深是决定工件形状和尺寸精度的工序，其凸、凹模尺寸及公差应按零件的要求来确定。

1）当零件尺寸标注在外形时，如图 4-35a 所示。

$$D_d = (D_{max} - 0.75\Delta)^{+\delta_d}_{0} \quad (4\text{-}18)$$

$$D_p = (D_{max} - 0.75\Delta - Z)^{0}_{-\delta_p} \quad (4\text{-}19)$$

2）当零件尺寸标注在内形时，如图 4-35b 所示。

$$d_d = (d_{min} + 0.4\Delta)^{+\delta_d}_{0} \quad (4\text{-}20)$$

$$d_p = (d_{min} + 0.4\Delta + Z)^{0}_{-\delta_p} \quad (4\text{-}21)$$

式中 $D_d$、$d_d$——凹模的公称尺寸；
　　$D_p$、$d_p$——凸模的公称尺寸；
　　$D_{max}$——拉深件外径的上极限尺寸；
　　$d_{min}$——拉深件内径的下极限尺寸；
　　$\Delta$——制件公差；
　　$\delta_d$、$\delta_p$——凹模和凸模制造公差，可按 IT7~8 级选取；
　　$Z/2$——拉深模单边间隙。

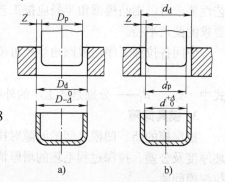

图 4-35　工件与凸凹模工作尺寸

### 4.6.4　典型拉深模结构分析

**1. 首次单工序拉深模**

图 4-36 所示是一副有压边圈的首次拉深模。主要有凹模 1、压边圈 2、凸模固定板 3、凸模 4、定位板 6 及支撑件和联接件组成。件 5 为拉深件。该模具结构简单，且具有通用性，既适用于无凸缘件拉深成形，也适用于有凸缘件拉深成形。这类正装结构，由于受弹簧压缩空间的限制，适用于相对高度较小的拉深件成形。

**2. 以后各次拉深模**

图 4-37 所示模具是以后各次拉深模的通用结构形式。主要有压边圈 1、凸模 2、打料装置 3、凹模 4 及支撑件和联接件组成。压边圈在模具中起到三个作用：定位作用、压边作用和卸料作用。因此，模具结构简单，使用方便。以后各次拉深模多采用倒装结构，压边力可利用下弹顶器提供，弹性元件的压缩空间不受限制。有利于拉深成形相对高度较大的工件。

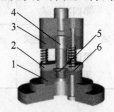 

图 4-36　首次拉深模
1—凹模　2—压边圈　3—凸模固定板
4—凸模　5—拉深件　6—定位板

图 4-37　以后各次拉深模
1—压边圈　2—凸模　3—打料装置
4—凹模　5—拉深件

**3. 无压边圈的反向拉深模**

图 4-38 所示是一副反向拉深模，属于以后各次拉深模结构的一类。结构中凹模 2 具有两个功能，即拉深凹模的功能和定位功能。模具工作时，筒状毛坯扣套在凹模 2 上，上模下降从筒状毛坯底部反向拉深。上模继续下行，完成拉深工作。上模回程，工件由压力机上的打杆通过打料装置打落，如图 4-38b 所示。

反向拉深是利用金属材料反载软化特性成形，有利于提高塑性，适于薄料深筒件拉深。主要有凹模固定板 1、凹模 2、凸模 4、凸模固定板 5 组成。件 3 是正在拉深的工件、件 6 是拉深完成后的工件形状。

#### 4. 有压边圈的反向拉深模

图 4-39 所示是一副有压边圈的反向拉深模。结构原理和工作过程与图 4-38 相同，只是在结构中增加了压边装置 2，能更好地防止起皱，有利于拉深成形。模具由压边装置 2、凸模 3、凸模固定板 4、凹模 5 组成。件 1 为毛坯件，件 6 为工件。

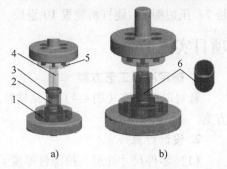

图 4-38 无压边圈的反向拉深模
1—凹模固定板　2—凹模　3—拉深瞬时形状
4—凸模　5—凸模固定板　6—工件

#### 5. 有压边圈的双向成形拉深模

图 4-40 所示是成形工件 7 的双向成形拉深模。模具工作时，将筒状毛坯口朝上放入压边圈 5 台阶定位孔内以外圆定位，上模下降，套筒形凹模 3 进入筒形毛坯内下行，凸模从坯料底部向上反向拉深，如图 4-40a 所示。模具通过控制凸模进入凹模的深度获得工件的几何形状和尺寸，如图 4-40b 所示。

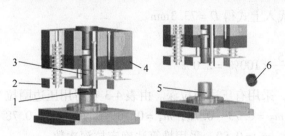

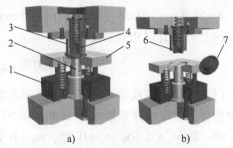

图 4-39 有压边圈的反向拉深模
1—毛坯件　2—压边装置　3—凸模
4—凸模固定板　5—凹模　6—工件

图 4-40 有压边圈的双向成形拉深模
1—凸模固定板　2—凸模　3—凹模　4—拉深瞬时形状　5—压边圈　6—弹性推件装置　7—工件

#### 6. 落料、拉深复合模

图 4-41 所示是落料、拉深复合模，本模具采用了四导柱标准模架，刚性好，导向精度高。落料、拉深复合模是拉深工艺中常用的模具类型，将落料与首次拉深复合，可以减少工序数目和模具数量，降低成本，提高生产率。

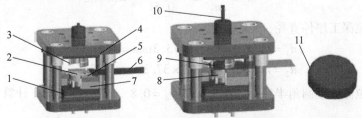

图 4-41 落料、拉深复合模
1—拉深凸模固定板　2—拉深凸模　3—凸凹模　4—凸凹模固定板　5—落料凹模　6—条料
7—中垫板　8—压边圈　9—拉深件瞬时形状　10—硬打料装置　11—工件

模具由拉深凸模固定板 1、拉深凸模 2、凸凹模 3、凸凹模固定板 4、落料凹模 5、中垫板 7、压边圈 8、硬打料装置 10 组成。

## 项目实施

**1. 确定冲压工艺方案**

针对罩杯零件（图 4-4）的结构特点及技术要求，拟采用落料、拉深、修边的冲压工艺方案。

**2. 设计计算**

（1）零件尺寸处理　拉深件厚度 $t>1$ mm，因此零件的尺寸按中线尺寸代入相应计算公式。依据上述条件，零件高度 $h=39.25$ mm，直径 $d=28.5$ mm，$r=3.5$ mm。

（2）确定修边余量　由工件高度 $h=39.25$ mm，工件相对高度 $h/d=39.25/28.5=1.38$，查表 4-1，得该零件的拉深修边余量为 2.5 mm。

因此零件需要的实际拉深高度 $H=41.75$ mm。

（3）确定毛坯直径　由表 4-6 查得毛坯直径计算公式：

$$D=\sqrt{d^2+4dH-1.72rd-0.56r^2}$$

$d=28.5$ mm，$H=41.75$ mm，$r=3.5$ mm 代入上式得 $D=73.3$ mm。

（4）计算坯料相对厚度

$$\frac{t}{D}\times 100\%=\frac{1.5}{73.3}\times 100\%=2.0\%$$

（5）确定拉深次数　为了减少拉深次数，采用有压边圈拉深。由表 4-3 查得用压边圈拉深时的各次极限拉深系数 $m_1=0.48\sim 0.50$，$m_2=0.73\sim 0.75$，$m_3=0.76\sim 0.78$，$m_4=0.78\sim 0.80$。取 $m_1=0.50$，$m_2=0.75$，$m_3=0.78$，$m_4=0.80$，采用推算法确定拉深次数。

$$d_1=m_1D=0.50\times 73.3\text{mm}=36.65\text{mm}$$
$$d_2=m_2d_1=0.75\times 36.65\text{mm}=27.48\text{mm}$$

由于第二次拉深所得到的工序件直径 $\phi 27.48$ mm 小于工件直径 $\phi 28.5$ mm，因此该零件需要进行二次拉深。

（6）确定拉深系数　根据各次的极限拉深系数向上调整数值，保证最后一次拉深得到所要求的工件尺寸，各次拉深的实际拉深系数：

$$m_1=0.51$$
$$m_2=\frac{d/D}{m_1}=\frac{28.5/73.3}{0.51}=0.762$$

（7）确定拉深工序件直径

$$d_1=m_1\times D=0.51\times 73.3\text{mm}=37.38\text{mm}$$
$$d_2=m_2\times d_1=0.762\times 37.38\text{mm}=28.5\text{mm}$$

（8）确定拉深凹模圆角半径　根据公式 $r_d=0.8\sqrt{(d_{n-1}-d_n)t}$，计算得 $r_{d_1}=5.9$ mm，$r_{d_2}=2.9$ mm。

拉深凹模圆角半径经圆整分别为 $r_{d_1}=6$ mm，$r_{d_2}=3$ mm。

（9）确定拉深凸模圆角半径　根据公式 $r_{p_n}=(0.6\sim 1)r_{d_n}$，拉深凸模圆角半径分别为 $r_{p_1}=6$ mm，$r_{p_2}=3$ mm。

（10）确定拉深工序件高度　根据公式 $H_n = \dfrac{1}{4}\left(\dfrac{D^2}{d_n} - d_n + 1.72r_n + 0.56\dfrac{r_n^2}{d_n}\right)$，计算得 $H_1 = 29.66\text{mm}$（$D = 73.3\text{mm}$，$d_1 = 37.38\text{mm}$，$r_1 = 6.75\text{mm}$），$H_2 = 41.75\text{mm}$（$D = 73.3\text{mm}$，$d_2 = 28.5\text{mm}$，$r_2 = 3.75\text{mm}$）。

工序件尺寸如图 4-42 所示。

（11）拉深力的计算

1）首次拉深：$F_1 = \pi d_1 t \sigma_b K_1$

$d_1 = 37.88\text{mm}$，$t = 1.5\text{mm}$，$\sigma_b = (324 \sim 441)\text{MPa}$（按照抗拉强度的最大值代入），根据拉深系数查表得 $K_1 = 1$，代入上式得 $F_1 = 77642\text{N}$。

2）第二次拉深：$F_2 = \pi d_2 t \sigma_b K_2$

$d_2 = 28.5\text{mm}$，$t = 1.5\text{mm}$，$\sigma_b = (324 \sim 441)\text{MPa}$（按照抗拉强度的最大值代入），根据拉深系数查表得 $K_2 = 0.9$，代入上式得 $F_2 = 53277\text{N}$。

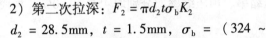

图 4-42　工序件图
a）第一次拉深　b）第二次拉深

（12）拉深凸、凹模工作尺寸计算　根据公式 $D_d = (D - 0.75\Delta)^{+\Delta}_{\phantom{+}0}$ 及第一次拉深的工序件尺寸要求（未注公差按 IT14 级），则第一次拉深凹模工作尺寸为

$$D_d = (38.88 - 0.75 \times 0.62)^{+0.62}_{\phantom{+}0}\text{mm}$$
$$= 38.42^{+0.155}_{\phantom{+}0}\text{mm}$$

第一次拉深凸模工作尺寸按凹模工作尺寸配作，保证拉深间隙 $Z = 1.2t = 1.8\text{mm}$。根据公式 $D_d = (D - 0.75\Delta)^{+\Delta}_{\phantom{+}0}$ 及第二次拉深的工序件尺寸要求（未注公差按 IT14 级），则第二次拉深凹模工作尺寸为

$$D_d = (30 - 0.75 \times 0.52)^{+0.52}_{\phantom{+}0}\text{mm} = 29.61^{+0.130}_{\phantom{+}0}\text{mm}$$

第二次拉深凸模工作尺寸按凹模工作尺寸配作，保证拉深间隙 $Z = 1.1t = 1.65\text{mm}$。

**3. 模具结构设计**

以第一次拉深为例，介绍其模具结构及相应的零件设计。根据毛坯相对厚度和拉深系数的大小，查表 4-12，确定该工序的拉深模需要采用压边装置。因拉深件高度较小，可以采用通用压力机拉深成形，利用结构简单的橡胶垫作为弹性压边装置。拉深件采用上顶件方式出模。毛坯采用定位板定位。模具结构如图 4-43 所示。

**4. 模具主要零件设计**

（1）压边装置零件设计　查表 4-13，确定拉深件单位面积所需要的压边力为 2.5～3MPa。

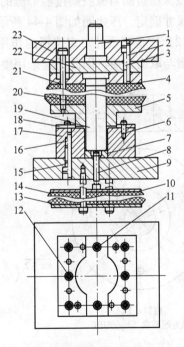

图 4-43　第一次拉深模结构
1—模柄　2、12、16—销钉　3、6、15—螺钉
4—凸模固定板　5—压边圈　7—顶件板
8、14、21—卸料螺钉　9—下模座　10—托板
11—限位柱　13、20—橡胶垫　17—凹模
18—定位板　19—凸模　22—垫板　23—上模座

第一次拉深的初始有效压边面积：

$$A_1 = \frac{\pi}{4}(D^2 - d_1^2) = \frac{\pi}{4}[73.3^2 - (38.88 + 6 \times 2)^2]\text{mm} = 2185.5\text{mm}^2$$

第一次拉深的所需要的压边力：

$$F_\text{压} = A_1 F_q = 2185.5 \times 10^{-6} \times 3 \times 10^6 \text{N} \approx 6557\text{N}$$

第一次拉深压边装置弹性橡胶垫尺寸设计：

自由高度为

$$H = \frac{h_j - h_y}{\varepsilon_j - \varepsilon_y} = \frac{h_g}{\varepsilon_j - \varepsilon_y} = \frac{42}{45\% - 10\%}\text{mm} = 120\text{mm}$$

式中 $h_j$、$h_y$、$h_g$——分别是橡胶垫的极限压缩量、预压缩量、工作压缩量，根据模具结构确定工作压缩量 $h_g = 42\text{mm}$；

$\varepsilon_j$、$\varepsilon_y$——分别是橡胶垫的极限压缩率、预压缩率，分别取 45% 和 10%。橡胶垫截面尺寸为：

$$A = \frac{F_\text{压}}{F_q} = \frac{6557}{0.26}\text{mm}^2 = 25219\text{ mm}^2$$

式中 $F_q$——橡胶垫单位压力，根据橡胶垫的压缩率大小，取 $F_q = 0.26\text{MPa}$。

因此确定的压边装置橡胶垫的尺寸为 160mm×160mm×120mm。

拉深压边圈与橡胶垫接触部分的尺寸参照橡胶垫的平面尺寸，压料部分的平面尺寸参照毛坯尺寸确定。压边圈如图 4-44 所示。

（2）定位板设计　定位板的作用是在凸模接触板料之前对毛坯实现定位，同时考虑毛坯放置与取出方便，因此不宜采用整体式结构。定位板如图 4-45 所示。

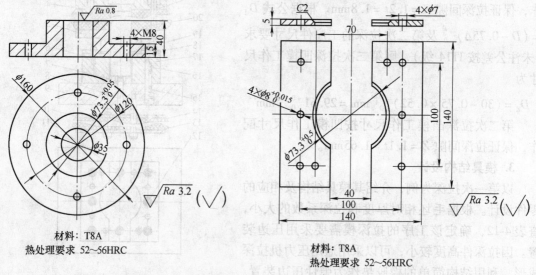

图 4-44　压边圈　　　　　　　　　　　图 4-45　定位板

（3）拉深凹模设计　采用结构比较简单的普通直壁凹模。由于是弹性上出件脱模，凹模直壁工作带高度相应要取大些，取 $h = 20\text{mm}$。圆角半径 $r_{d_1} = 6\text{mm}$。在凹模面上，根据定位板的结构，需要设置相应的螺钉孔及销钉孔；另外，需要设置凹模固定用的螺钉孔及销钉孔。凹模面上还要安装限位柱，因此要有限位柱安装孔。凹模如图 4-46 所示。

（4）拉深凸模设计　凸模设计时考虑到定位及安装方便，采用台肩式结构，凸模与固定板之间采用 H7/m6 的过渡配合式，工作尺寸按照配作法确定，保证合理的拉深间隙。凸模如图 4-47 所示。

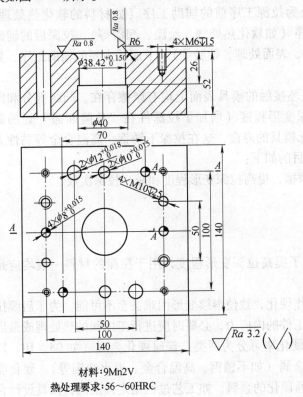

图 4-46　凹模　　　　　　　　图 4-47　凸模

## 5. 紧固零件的选用

按表 4-16 选用紧固零件。

表 4-16　紧固零件

| 零件序号 | 标　记 | 数　量 | 标准代号 |
|---|---|---|---|
| 3 | 螺钉 M10×50 | 4 | GB/T 70.1—2000 |
| 6 | 螺钉 M6×15 | 4 | GB/T 70.1—2000 |
| 15 | 螺钉 M10×35 | 4 | GB/T 70.1—2000 |
| 8 | 卸料螺钉 M6×82 | 1 | |
| 14 | 卸料螺钉 M8×135 | 4 | |
| 21 | 卸料螺钉 M8×160 | 4 | |
| 2 | 销 12×60 | 2 | GB/T 119.1—2000 和 GB/T 119.2—2000 |
| 12 | 销 8×55 | 4 | GB/T 119.1—2000 和 GB/T 119.2—2000 |
| 16 | 销 12×80 | 2 | GB/T 119.1—2000 和 GB/T 119.2—2000 |

**6. 压力机的选择**

根据模具闭合高度、总冲压力及拉深工作行程,选择 JC23-40 型压力机。

# 项目拓展——拉深工艺辅助工序

拉深中的辅助工序很多,大致可分为拉深工序前的辅助工序(如材料的软化热处理、清洗、润滑等);拉深工序间的辅助工序(如软化热处理、涂漆、润滑等);拉深后的辅助工序(如消除应力退火、清洗、去毛刺、表面处理、检验等)。下面就主要的辅助工序,如润滑和热处理工序等做一个简要介绍。

(1)润滑 在拉深过程中凡是与毛坯接触的模具表面上均有摩擦存在。凸缘部分和凹模入口处的有害摩擦,不仅降低了拉深变形程度(增加了拉深件在"危险断面"处的载荷),而且将导致零件表面的擦伤,降低模具的寿命,这在拉深不锈钢、高温合金等黏性大的材料时更为严重。因此,采用润滑的目的如下:

1)减少模具和拉深件之间的有害摩擦,提高拉深变形程度和减少拉深次数。
2)提高凸、凹模寿命。
3)减少在"危险断面"处的变薄。
4)提高制件的表面质量。

(2)拉深工序间的坯件热处理 为了提高拉深变形程度,用于拉深的材料一般均应是软化状态。

在拉深过程中,材料一般都产生冷作硬化,致使继续变形困难甚至不可能。为了后续拉深或其他成形工序的顺利进行,或消除工件的内应力,必要时应进行工序间的热处理或最后消除应力的热处理。冲压所用的金属按硬化率可分为两类:普通硬化金属(如08、10、15钢,黄铜和经过退火的铝)和高度硬化金属(如不锈钢、高温合金、退火纯铜等)。硬化能力较弱的金属不适宜用于拉深。对于普通硬化的金属,如工艺过程制定得正确,模具设计合理,一般不需要进行中间退火,而对于高度硬化的金属,一般在一、二次拉深工序之后,需进行中间热处理。

不需要进行中间热处理能完成的拉深次数见表 4-17。如果降低每次拉深时的变形程度(即增大拉深系数),增加拉深次数,每次拉深后的"危险断面"不断向上移动,使拉裂的矛盾得以缓和,于是可以增加总的变形程度而不需要或减少中间热处理工序。

表 4-17 不需要进行中间热处理能完成的拉深次数

| 材 料 | 拉深次数 | 材 料 | 拉深次数 |
| --- | --- | --- | --- |
| 08、10、15 | 3~4 | 不锈钢 | 1~2 |
| 铝 | 4~5 | 镁合金 | 1 |
| 黄铜 | 2~4 | 钛合金 | 1 |
| 纯铜 | 1~2 | | |

中间热处理工序主要有两种:低温退火和高温退火。低温退火是把加工硬化的工件加热到结晶温度,使之得到再结晶组织,消除硬化,恢复塑性。低温退火由于温度低,表面质量较好,是拉深中常用的方法。高温退火是把加工硬化的工件加热到临界点以上一定温度,使之得到经过相变的新的平衡组织,完全消除了硬化现象,塑性得到了更好的恢复。高温退火

温度高，表面质量较差，一般用于加工硬化严重的情况。

各种材料低温退火、高温退火规范可参考金属材料热处理有关手册。不论是工序间热处理还是最后消除应力的热处理，应尽量及时进行，以免由于长期存放使制件在内应力的作用下产生变形或龟裂，特别对不锈钢、耐热钢及黄铜等硬化严重的材料的制件更是如此。

(3) 酸洗　经过热处理的工序件，表面有氧化皮，需要清洗后方可继续进行拉深或其他冲压加工。在许多场合，工件表面的油污及其他污物也必须清洗，方可进行涂装或搪瓷等后续工序。有时，在拉深成形前也需要对坯料进行清洗。

在冲压加工中，清洗的方法一般是采用酸洗。酸洗是先用苏打水去油，然后将工件或坯料置于加热的稀酸中浸泡，接着在冷水中漂洗，然后在弱碱溶液中将残留的酸液中和，最后在热水中洗涤并烘干即可。

## 实训与练习

1. 叙述拉深变形特点。
2. 什么是起皱和拉裂？它们的影响因素及防治措施有哪些？
3. 什么是圆筒形件的拉深系数？其影响因素有哪些？
4. 带凸缘圆筒形件拉深与无凸缘件拉深有什么不同？
5. 计算图 4-48 所示拉深件的坯料尺寸、拉深次数及各次拉深半成品尺寸，并用工序图表示出来，材料为 10 钢。
6. 计算图 4-49 所示拉深件的坯料尺寸、拉深次数及各次拉深半成品尺寸，并用工序图表示出来，材料为 10 钢。

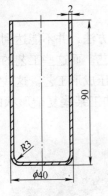

图 4-48　拉深件（一）

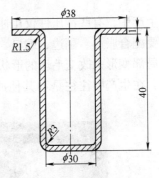

图 4-49　拉深件（二）

# 项目五 其他冲压成形方法与模具设计

## 项目目标

1. 能分析胀形、缩口、翻边、旋压、校平成形工艺的变形特点。
2. 会进行胀形、翻边工艺参数计算；能进行胀形、翻边模具结构设计。
3. 会分析缩口、校平、整形等成形工序模具的工作原理和结构特征。
4. 学生具备认识中等复杂程度的成形模典型结构及其特点、确定模具的结构形式、学会工艺计算、绘制模具总装图、确定模具的主要零部件结构与尺寸的能力。

## 【能力目标】

熟悉模具设计基本方法，能够进行一般复杂程度成形模的设计。

## 【知识目标】

- 了解平板类毛坯胀形工艺计算方法及模具设计的基本要点。
- 了解圆孔翻边的工艺计算方法及圆孔翻边的模具设计的要点。
- 了解缩口的工艺计算方法与模具设计的要点。
- 了解旋压、校形的工艺计算方法与模具设计的要点。

## 项目引入

冲压生产中，有些冲压件仅用冲裁、弯曲、拉深等加工方法，并不能达到零件的设计要求，还需要配合胀形、翻边、缩口、扩口、校平、整形等工艺。而这些工艺的共同特点是通过板料的局部变形来改变毛坯的形状和尺寸，统称为其他冲压成形工艺。这些工艺有各自的变形特点，在生产中往往是和其他冲压工序组合在一起，加工某些复杂形状的零件，如图 5-1 所示。

胀形

翻边

图 5-1 复杂形状零件

不同的成形方法有各自不同的特点，因此，在制定成形工艺及设计模具时，应根据变形特点来合理确定各工艺参数，并合理设计模具结构。

图 5-2a 所示是衬套的翻边成形过程，图 5-2b 所示是罩盖的胀形成形过程。本任务通过这两个典型实例，说明胀形和翻边工艺的设计。

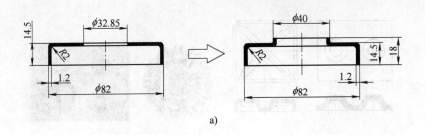

a)

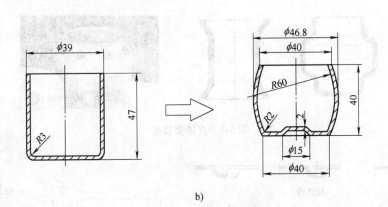

b)

图 5-2　衬套、罩盖零件（材料：10 钢。板厚：0.5mm）
a）衬套零件　b）罩盖零件

## 项目分析

本任务主要讲述以下内容：
1）胀形工艺与模具设计。
2）缩口。
3）翻边。
4）旋压。
5）校平与整形。

## 相关知识

## 5.1　胀形工艺与模具设计

胀形是利用模具使材料厚度减薄和表面积增大，得到所需几何形状和尺寸制件的冲压工艺方法。胀形根据不同的毛坯形状可分为平板毛坯的胀形、圆柱形毛坯的胀形及平板毛坯的拉胀成形等。胀形工艺根据使用毛坯类型的不同大致可分为两类：一是平面类胀形，如图 5-3 所示；二是立体类胀形，如图 5-4 所示。

平板毛坯的局部胀形（又称起伏成形）是一种使材料发生伸长形成局部的凹进或凸起，借以改变毛坯形状的方法。生产中通俗称为压窝、压加强筋、打包、凸起等，如图 5-5 所示。

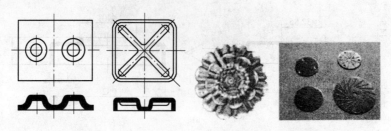

图 5-3 平面类胀形

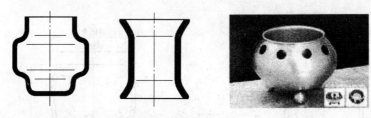

图 5-4 立体类胀形

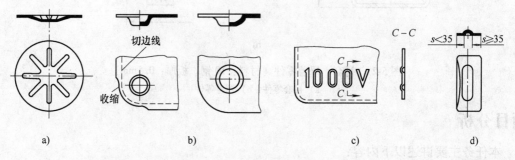

图 5-5 平板毛坯的局部胀形
a) 压凹坑 b) 压加强筋 c) 压印 d) 凸起

## 5.1.1 平板类毛坯胀形——起伏成形

平板类毛坯胀形又称为起伏成形,是平板毛坯在模具的作用下,产生局部凸起(或凹下)的冲压方法。起伏成形主要用于增加工件的刚度和强度,如压加强筋、凸包等。图 5-6 所示是平板毛坯胀形的原理图,当用球形凸模胀形平板毛坯时,毛坯被带有拉深筋的压边圈压死,变形区限制在凹模口以内。在凸模的作用下,变形区大部分材料受到双向拉应力作用(忽略板厚方向的应力),沿切向和径向产生伸长变形,使材料厚度变薄、表面积增大,形成一个凸起。

**1. 压制加强筋**

常见加强筋、凸包的形式和尺寸见表 5-1。

起伏成形的极限变形程度主要受材料的塑性、凸模的几何形状和润滑等因素影响。能够一次成形加强筋的条件为:

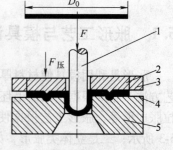

图 5-6 平板毛坯胀形的原理图
1—凸模 2—拉深筋 3—压边圈
4—毛坯 5—凹模

$$\varepsilon = \frac{l - l_0}{l_0} \leq (0.7 \sim 0.75)\delta \tag{5-1}$$

式中 $\varepsilon$——许用断面变形程度；
$l_0$——变形区横断面的原始长度（mm）；
$l$——成形后加强筋断面的曲线轮廓长度（mm）；
$\delta$——材料的断后伸长率；
0.7~0.75——视加强筋形状而定，半球形筋取上限值，梯形筋取下限值。

表 5-1 加强筋、凸包的形式和尺寸

| 名称 | 图 例 | R | h | D 或 B | r | α/(°) |
|---|---|---|---|---|---|---|
| 加强筋 |  | (3~4)t | (2~3)t | (7~10)t | (1~2)t | — |
| 凸包 |  | — | (1.5~2)t | ≥3h | (0.5~1.5)t | 15~30 |

若加强筋不能一次成形，则应先压制成半球形过渡形状，然后再压出工件所需形状，如图 5-7 所示。

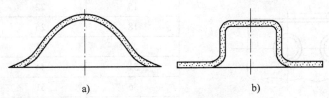

图 5-7 两道工序的压筋成形
a) 预成形 b) 最终成形

当加强筋与边缘距离小于 (3~3.5)t 时，由于成形过程中边缘材料将向内收缩，为不影响外形尺寸和美观，需加大制件外形尺寸，压形后增加切边工序。

冲压加强筋的变形力 $F$ 按下式计算：

$$F = KLt\sigma_b \tag{5-2}$$

式中 $F$——变形力（N）；
$K$——系数，取 0.7~1（加强筋形状窄而深时取大值，宽而浅时取小值）；
$L$——加强筋的周长（mm）；
$t$——料厚（mm）；
$\sigma_b$——材料的抗拉强度（MPa）。

若在曲柄压力机上用薄料（$t<1.5\mathrm{mm}$）对小制件（面积小于 $2000\mathrm{mm}^2$）压筋或压筋兼校正工序时，变形力按下式计算：

$$F = KAt^2 \tag{5-3}$$

式中 $K$——系数，钢件取 200~300N/mm⁴，铜件和铝件取 150~200N/mm⁴；

$F$——变形力（N）；
$t$——材料厚度（mm）；
$A$——成形面积（mm²）。

**2. 压凸包**

压凸包时，毛坯直径与凸模直径的比值应大于4，此时凸缘部分不会向里收缩，属于胀形性质的起伏成形，否则便成为拉深。

表5-2 给出了压凸包时凸包与凸包间、凸包与边缘间的极限尺寸以及许用成形高度。如果工件凸包高度超出表5-2中所列的数值，则需采用多道工序的方法冲压凸包。

表5-2 平板毛坯局部压凸包时的许用成形高度和尺寸

| 材料 | 许用凸包成形高度 $h_p$ |  |
|---|---|---|
| 软钢 | (0.15~0.2)d | |
| 铝 | (0.1~0.15)d | |
| 黄铜 | (0.15~0.22)d | |
| $D$/mm | $L$/mm | $l$/mm |
| 6.5 | 10 | 6 |
| 8.5 | 13 | 7.5 |
| 10.5 | 15 | 9 |
| 13 | 18 | 11 |
| 15 | 22 | 13 |
| 18 | 26 | 16 |
| 24 | 34 | 20 |
| 31 | 44 | 26 |
| 36 | 51 | 30 |
| 43 | 60 | 35 |
| 48 | 68 | 40 |
| 55 | 78 | 45 |

## 5.1.2 空心类毛坯胀形

空心毛坯胀形是将空心件或管状坯料沿径向向外扩张，胀出所需凸起曲面的一种冲压加工方法，用这种方法可制造如高压气瓶、波纹管、自行车三通接头以及火箭发动机上的一些异形空心件。

根据所用模具的不同可将圆柱形空心毛坯胀形分成两类：一类是刚模胀形，如图5-8所示；另一类是软模胀形，如图5-9所示。

**1. 刚模胀形**

图5-8所示为刚性分瓣凸模胀形结构示意图。锥形心轴将分块凸模向四周胀开，使空心件或管状坯料沿径向向外扩张，胀出所需凸起曲面。分块凸模数目越多，所得到的工件精度越高，但很难得到很高精度

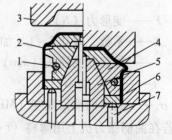

图5-8 刚性分瓣凸模胀形结构示意图
1—拉簧 2—毛坯 3—凹模 4—分瓣式凸模
5—锥体心轴 6—工件 7—顶杆

的制件,且由于模具结构复杂,制造成本高,胀形变形不均匀,不易胀出形状复杂的工件,所以在生产中常用软模进行胀形。

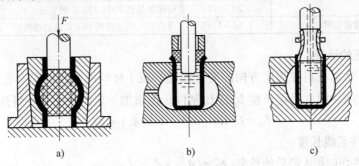

图 5-9　软模胀形的结构示意图
a)橡胶凸模胀形　b)倾注液体法胀形　c)充液橡胶囊法胀形

**2. 软模胀形**

图 5-9 所示为软模胀形的结构示意图,图 5-9a 所示是橡胶凸模胀形,图 5-9b 所示是倾注液体法胀形,图 5-9c 所示是充液橡胶囊法胀形。胀形时,毛坯放在凹模内,利用介质传递压力,使毛坯直径胀大,最后贴靠凹模成形。

软模胀形的优点是传力均匀、工艺过程简单、生产成本低、制件质量好,可加工大型零件。软模胀形使用的介质有橡胶、PVC 塑料、石蜡、高压液体和压缩空气等。

**3. 胀形变形程度的计算**

胀形的变形程度用胀形系数 $K$ 表示:

$$K = \frac{d_{max}}{d_0} \quad (5\text{-}4)$$

式中　$d_0$——毛坯原始直径;

　　　$d_{max}$——胀形后制件的最大直径,如图 5-10 所示。

表 5-3、表 5-4 是一些材料的极限胀形系数和极限变形程度的试验值,可供参考。

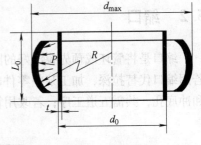

图 5-10　胀形后制件的最大直径

表 5-3　极限胀形系数和切向许用延伸率

| 材　料 | | 厚度/mm | 极限胀形系数 $K_p$ | 切向许用延伸率 $\delta_0(\%)$ |
|---|---|---|---|---|
| 铝合金 | 3A21-M | 0.5 | 1.25 | 25 |
| 纯铝 | 1070A、1060A(L1、L2) | 1.0 | 1.28 | 25 |
| | 1050A、1035(L3、L4) | 1.5 | 1.32 | 32 |
| | 1200、8A06(L5、L6) | 2.0 | 1.32 | 32 |
| 黄铜 | H62 | 0.5~1.0 | 1.35 | 35 |
| | H68 | 1.5~2.0 | 1.40 | 40 |
| 低碳钢 | 08F | 0.5 | 1.20 | 20 |
| | 10、20 | 1.0 | 1.24 | 24 |
| 不锈钢 | 1Cr18Ni9Ti | 0.5 | 1.26 | 26 |
| | | 1.0 | 1.28 | 28 |

表5-4 铝管毛坯的实验胀形系数

| 胀形方法 | 极限胀形系数 $K_p$ | 胀形方法 | 极限胀形系数 $K_p$ |
|---|---|---|---|
| 简单的橡皮胀形 | 1.20~1.25 | 局部加热到200~250°C的胀形 | 2.00~2.10 |
| 带轴向压缩毛坯的橡皮胀形 | 1.60~1.70 | 用锥形凸模加热到380°C的边缘胀形 | 2.50~3.00 |

**4. 胀形毛坯的计算**

胀形时为了增加材料在圆周方向的变形程度，减小材料的变薄程度，毛坯两端一般不固定，使其自由收缩，因此毛坯长度 $L_0$ 应比制件长度增加一定的收缩量，可按下式近似计算：

$$L_0 = L[1 + (0.3 \sim 0.4)\delta_\theta] + \Delta h \tag{5-5}$$

式中 $L$——制件素线长度；

$\delta_\theta$——制件切向最大断后伸长率，$\delta_\theta = (d_{max} - d_0)/d_0$；

$\Delta h$——修边余量，一般取10~20mm。

**5. 胀形力的计算**

软模胀形圆柱形空心件时，所需的单位压力 $p$ 分下面两种情况计算：

1) 两端不固定，允许毛坯轴向自由收缩时：

$$p = \frac{2t}{d_{max}}\sigma_b \tag{5-6}$$

2) 两端固定，毛坯不能收缩时：

$$p = 2\sigma_b\left(\frac{t}{d_{max}} + \frac{t}{2R}\right) \tag{5-7}$$

## 5.2 缩口

缩口是将管坯或预先拉深好的圆筒形件通过缩口模将其口部直径缩小的一种成形方法。若用缩口代替拉深，加工某些零件时可以减少成形工序。图5-11 所示的工件，若采用拉深和冲底孔，共需五道工序；若改用管坯缩口工艺后只需三道工序。

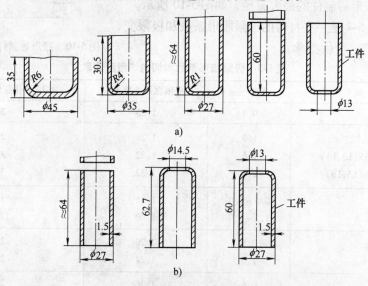

图5-11 缩口与拉深工艺比较

a) 拉深工艺 b) 缩口工艺

## 5.2.1 缩口变形特点与缩口系数

图 5-12 所示为筒形件缩口成形示意图。缩口时,缩口端的材料在凹模的压力下向凹模内滑动,直径减小,壁厚和高度增加。制件壁厚不大时,可以近似地认为变形区处于两向(切向和径向)受压的平面应力状态,以切向压力为主。应变以径向压缩应变为最大应变,而厚度和长度方向为伸长变形,且厚度方向的变形量大于长度方向的变形量。

由于切向压应力的作用,在缩口时坯料易于失稳起皱;同时非变形区的筒壁,承受全部缩口压力,也易失稳产生变形。因此,防止失稳是缩口工艺的主要问题。

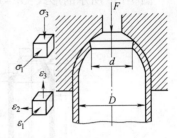

图 5-12 筒形件缩口成形

缩口的极限变形程度主要受失稳条件的限制,缩口变形程度用缩口系数 $m$ 表示:

$$m = \frac{d}{D} \tag{5-8}$$

式中 $d$——缩口后直径;
$D$——缩口前直径。

缩口系数的大小与材料的力学性能、料厚、模具形式与表面质量、制件缩口端边缘情况及润滑条件等有关。表 5-5 所列为各种材料的缩口系数。

表 5-5 各种材料的缩口系数 $m$

| 材 料 | 平均缩口系数 $m$ | | | 支承形式 | | |
|---|---|---|---|---|---|---|
| | 材料厚度/mm | | | 无支承 | 外支承 | 内外支承 |
| | ~0.5 | >0.5~1 | >1 | | | |
| 铝 | — | — | — | 0.68~0.72 | 0.53~0.57 | 0.27~0.32 |
| 硬铝(退火) | — | — | — | 0.73~0.80 | 0.60~0.63 | 0.35~0.40 |
| 硬铝(淬火) | — | — | — | 0.75~0.80 | 0.63~0.72 | 0.40~0.43 |
| 软钢 | 0.85 | 0.75 | 0.65~0.7 | 0.70~0.75 | 0.55~0.60 | 0.3~0.35 |
| 黄铜 H62、H68 | 0.85 | 0.7~0.8 | 0.65~0.7 | 0.65~0.70 | 0.50~0.55 | 0.27~0.32 |

当工件需要进行多次缩口时,其各次缩口系数的计算如下。

首次缩口系数:

$$m_1 = 0.9 m_{均} \tag{5-9}$$

以后各次缩口系数:

$$m_n = (1.05 \sim 1.10) m_{均} \tag{5-10}$$

式中 $m_{均}$——平均缩口系数。

## 5.2.2 缩口工艺计算

缩口后,工件高度发生变化,缩口毛坯高度按下式计算,式中符号如图 5-13 所示。

图 5-13a 所示的形式:
$$H = 1.05 \left[ h_1 + \frac{D^2 - d^2}{8D\sin\alpha} \left(1 + \sqrt{\frac{D}{d}}\right) \right] \tag{5-11}$$

图 5-13b 所示的形式：$H = 1.05\left[h_1 + h\sqrt{\dfrac{d}{D}} + \dfrac{D^2 - d^2}{8D\sin\alpha}\left(1 + \sqrt{\dfrac{D}{d}}\right)\right]$ (5-12)

图 5-13c 所示的形式：$H = h_1 + \dfrac{1}{4}\left(1 + \sqrt{\dfrac{D}{d}}\right)\sqrt{D^2 - d^2}$ (5-13)

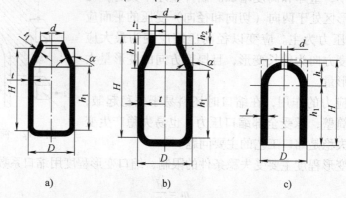

图 5-13 缩口形式

缩口凹模的半锥角 $\alpha$ 在缩口成形中起着十分重要的作用，一般使 $\alpha < 45°$，最好使 $\alpha$ 在 30° 以内。当 $\alpha$ 较为合理时，允许的极限缩口系数 $m$ 可比平均缩口系数 $m_{均}$ 小 10% ~ 15%。无内支承进行缩口时，缩口力 $F$ 可用下式进行计算：

$$F = k\left[1.1\pi D t_0 \sigma_b \left(1 - \dfrac{d}{D}\right)(1 + \mu\cot\alpha)\dfrac{1}{\cos\alpha}\right]$$ (5-14)

式中　$t_0$——缩口前料厚；
　　　$D$——缩口前直径；
　　　$d$——工件缩口部分直径；
　　　$\mu$——工件与凹模间的摩擦因数；
　　　$\sigma_b$——材料抗拉强度；
　　　$\alpha$——凹模圆锥半角；
　　　$k$——速度系数，用普通压力机时，$k = 1.15$。

### 5.2.3　缩口模具结构设计

**1. 缩口模设计要点**

缩口模的主要工作零件是凹模。凹模工作部分的尺寸根据工件缩口部分的尺寸来确定，但应考虑工件缩口后的尺寸比缩口模实际尺寸大 0.5% ~ 0.8% 的弹性恢复量，以减少试模时的修正量。为了便于坯料成形和避免划伤工件，凹模的表面粗糙度值一般要求不大于 0.4μm。当缩口件的刚性较差时，应在缩口模上设置支承坯料的结构，具体支承方式视坯料的结构和尺寸而定。反之，可不采用支承方式，以简化模具结构。

**2. 缩口模结构**

（1）无支承方式的缩口模　图 5-14 所示为无支承方式的缩口模，带底圆筒形坯料在定位座 3 上定位，缩口凹模 2 对坯料进行缩口。上模回程时，推件块 1 在橡胶弹力作用下将工件推出。该模具对坯料无支承作用，适用于高度不大的、带底圆筒形零件的锥形缩口。

（2）具有内支承的缩口模 图 5-15 所示为具有内支承的倒装式缩口模，结构中导正圈 5 主要起导向和定位作用，同时对毛坯起支承作用。凸模 3 设计成台阶式结构，其小端恰好伸入坯料内孔起定位导向及缩口作用。缩口时，将管状坯料放在导正圈内定位，上模下行，凸模先导入坯料内孔，给坯料施加压力，使坯料在凹模 6 的作用下缩口成形。上模回程时，利用顶杆将工件从凹模内顶出。该模具适用于较大高度零件的缩口，而且模具的通用性好，更换不同尺寸的凹模、导正圈和凸模，可进行不同孔径的缩口。

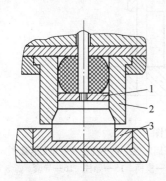

图 5-14 无支承方式的缩口模
1—推件块 2—缩口凹模 3—定位座

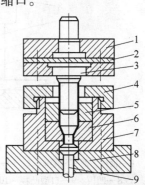

图 5-15 具有内支承的倒装式缩口模
1—上模座 2—垫板 3—凸模 4—紧固套 5—导正圈
6—凹模 7—凹模套 8—下模座 9—顶杆

图 5-16 所示为几种常见的缩口模结构。

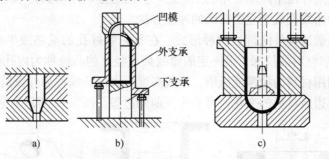

图 5-16 缩口模结构
a）无支承缩口成形 b）外支承缩口成形 c）内支承缩口成形

图 5-17a 所示为气瓶零件图，图 5-17b 所示为气瓶筒形毛坯。

缩口模结构如图 5-18 所示。本缩口模采用外支承式一次成形，缩口凹模工作面的表面粗糙度 $Ra=0.4\mu m$，采用后侧导柱、导套模架，导柱、导套加长为 210mm。因模具闭合高度为 275mm，则选用 400kN 开式可倾式压力机。

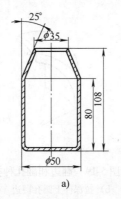
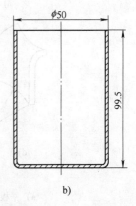

图 5-17 气瓶零件与毛坯

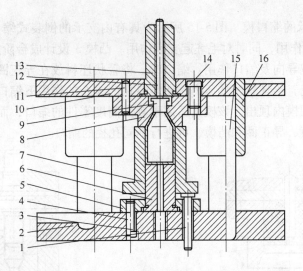

图 5-18　气瓶缩口模装配图

1—顶杆　2—下模座　3、14—螺栓　4、11—销钉　5—下固定板　6—垫板　7—外支承套
8—凹模　9—口型凸模　10—上模座　12—打料杆　13—模柄　15—导柱　16—导套

## 5.3　翻边

翻边和翻孔也是冲压生产中常用的工艺之一。翻边是利用模具将毛坯或半成品的外边缘或孔边缘沿一定的曲线翻成竖立的凸缘的冲压方法。

翻边分为内孔翻边和外缘翻边两种形式。在预先制好孔的毛坯或半成品上（有时也可不预先制孔），依靠材料的拉深，沿一定的曲线翻成竖立的凸缘称为内孔翻边。沿着毛坯或半成品的曲边，利用材料的拉深或压缩，形成高度不大的凸缘称为外缘翻边。

另外，根据翻边后材料的变化还可分为变薄翻边等。图 5-19 所示为翻边和翻孔的工件。

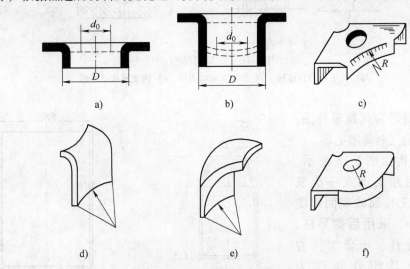

图 5-19　翻边和翻孔种类

a) 平板件圆孔翻边　b) 拉深件上圆孔翻边　c) 平面内凹外缘翻边
d) 伸长类曲面翻边　e) 压缩类曲面翻边　f) 平面外凸外缘翻边

## 5.3.1 翻边变形分类与特点

**1. 翻边分类**

翻边和翻孔根据其变形性质不同，大致可分为四种：1）直线翻边（仅弯曲变形）；2）伸长类翻边或翻孔（在翻边周向有拉伸变形）；3）压缩类翻边（在翻边时周向有压缩变形）；4）台阶形翻边。圆孔翻孔属于伸长类变形。

伸长类翻边或翻孔（如圆孔翻边、外缘的内曲翻边等）容易发生破裂，那是由于模具直接作用而引起变形区材料受拉应力，使得切向产生伸长变形导致厚度减薄所致；而压缩类翻边时，由模具的直接作用而引起变形区材料切向受压缩应力，产生压缩变形，厚度增大，故容易起皱。

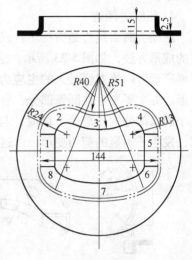

图 5-20 所示为非圆孔翻孔，可分为 8 个线段，其中 2、4、6、7 和 8 可视为圆孔的翻边，1 和 5 可看作简单的弯曲，而内凹弧 3 可视为与拉深情况相同。

因此，翻边前预制孔的形状和尺寸应分别按圆孔翻边、弯曲与拉深计算。转角处的翻边使竖边高度略为减低，为消除误差，转角处翻边的宽度应比直线部分的边宽增大 5%～10%。由理论计算得出的孔的形状应加以适当的修正，使各段连接处有相当平滑的过渡。

图 5-20 非圆孔翻孔

**2. 翻边的变形特点**

图 5-21 所示为圆孔翻边，在平板毛坯上制出直径为 $d_0$ 的底孔，随着凸模的下压，孔径将被逐渐扩大。变形区为 $(D+2r_d)-d_0$ 的环形部分，靠近凹模口的板料贴紧 $r_d$ 区后就不再变形了，而进入凸模圆角区的板料被反复折弯，最后转为直壁。翻边变形区切向受拉应力 $\sigma_3$，径向受拉应力 $\sigma_1$，而板厚方向应力可忽略不计，因此应力状态可视为双向受拉的平面应力状态。而且，翻边时底孔边缘受到了最强烈的拉伸作用，变形程度过大时，底孔边缘很容易出现裂口。因此翻边的破坏形式就是底孔边缘拉裂，为了防止出现裂纹，须限制翻边的变形程度。

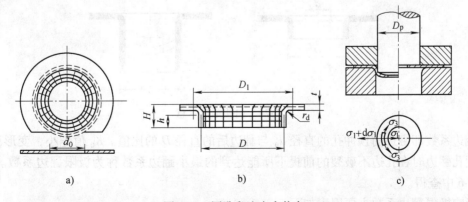

图 5-21 圆孔翻边应力状态

**3. 伸长类曲面翻边**

伸长类曲面翻边指在坯料或零件的曲面部分，沿其边缘向曲面的曲率中心相反的方向翻起与曲面垂直竖边的成形方法，如图 5-22 所示。这类零件在翻边成形中易产生边缘开裂、侧边起皱、底面起皱等缺陷。因为在翻边过程中，成形坯料的圆弧部分与直边部分的相互作用，会引起圆弧部分产生切向伸长变形，使直边部分产生剪切变形，使坯料底面产生切向压缩变形。

**4. 压缩类翻边**

压缩类曲面翻边是指在坯料或零件的曲面部分，沿其边缘向曲面的曲率中心方向翻起竖边的成形方法，如图 5-23 所示。这类零件所产生的质量问题是侧边的失稳起皱。因为翻边坯料变形区内绝对值最大的主应力是沿切向（翻边线方向）的压应力，在该方向产生压缩变形，并主要发生在圆弧部分，容易在这里发生失稳起皱。防止发生失稳起皱的主要措施是减小圆弧部分的压应力。同时，与圆弧部分相毗邻的直边部分，由于与圆弧部分的相互作用，发生了明显的剪切变形，而这一剪切变形又使圆弧部分的切向压缩变形发生了变化。

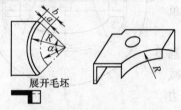

图 5-22 伸长类曲面翻边零件

图 5-23 压缩类曲面翻边零件

### 5.3.2 内孔翻边

**1. 内孔翻边的变形特点及变形系数**

内孔翻边如图 5-24 所示，主要的变形是坯料受切向和径向拉伸，越接近预制孔边缘变形越大，因此内孔翻边失败的原因往往是边缘拉裂，拉裂与否主要取决于拉伸变形的大小。内孔翻边的变形程度用翻边系数 $K_0$ 表示：

$$K_0 = \frac{d_0}{D} \tag{5-15}$$

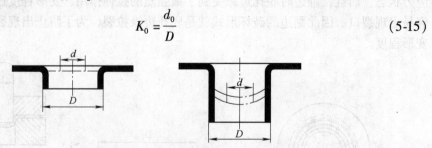

图 5-24 内孔翻边示意

翻边系数即翻边前预冲孔的直径 $d_0$ 与翻边后的直径 $D$ 的比值。$K_0$ 值越小，变形程度越大。圆孔翻边时在孔边不破裂的前提下所能达到的最小翻边系数称为极限翻边系数。$K_0$ 可从表 5-6 中查得。

影响极限翻边系数主要因素如下：

1）材料的塑性。塑性好的材料，极限翻边系数小。

2) 孔的边缘状况。翻边前孔边缘断面质量好、无撕裂、无毛刺,则有利于翻边成形,极限翻边系数就小。

3) 材料的相对厚度。翻边前预制孔的孔径 $d_0$ 与材料厚度 $t$ 的比值 $d_0/t$ 越小,则断裂前材料的绝对伸长可大些,故极限翻边系数相应小。

表 5-6 各种材料的翻边系数

| 经退火的毛坯材料 | 翻边系数 | | 经退火的毛坯材料 | 翻边系数 | |
|---|---|---|---|---|---|
| | $K_0$ | $K_{0min}$ | | $K_0$ | $K_{0min}$ |
| 镀锌钢板(白铁皮) | 0.70 | 0.65 | 钛合金 TA1(冷态) | 0.64~0.68 | 0.55 |
| 软钢 $t = 0.25~2.0$mm | 0.72 | 0.68 | TA1(加热 300~400℃) | 0.40~0.50 | |
| $t = 3.0~6.0$mm | 0.78 | 0.75 | TA5(冷态) | 0.85~0.90 | 0.75 |
| 黄铜 $t = 0.5~6.0$mm | 0.68 | 0.62 | TA5(加热 500~600℃) | 0.70~0.65 | 0.55 |
| 铝 $t = 0.5~5.0$mm | 0.70 | 0.64 | | | |
| 硬铝合金 | 0.89 | 0.80 | 不锈钢、高温合金 | 0.69~0.65 | 0.61~0.57 |

4) 凸模的形状。球形、抛物面形和锥形的凸模较平底凸模有利,故极限翻边系数可相应小些。

**2. 内孔翻边的工艺计算及翻边力计算**

(1) 平板毛坯内孔翻边时预孔直径及翻边高度 平板毛坯内孔翻边时,在内孔翻边工艺计算中有两方面的内容:一是根据翻边零件的尺寸,计算毛坯预孔的尺寸 $d_0$;二是根据允许的极限翻边系数,校核一次翻边可能达到的翻边高度 $H$,如图 5-25 所示。

内孔的翻边预孔直径 $d_0$ 可以按弯曲展开近似计算:

$$d_0 = D_1 - \left[\pi\left(r + \frac{t}{2}\right) + 2h\right] \tag{5-16}$$

内孔的翻边高度为:

$$H = \frac{D - d_0}{2} + 0.43r + 0.72t \tag{5-17}$$

内孔的翻边极限高度为:

$$H_{max} = \frac{D}{2}(1 - K_{0min}) + 0.43r + 0.72t \tag{5-18}$$

(2) 在拉深件的底部冲孔翻边 在拉深件的底部冲孔翻边的工艺计算过程是先计算允许的翻边高度 $h$,然后按零件要求的高度 $H$ 及 $h$ 确定拉深高度 $h_1$ 及预孔直径 $d_0$,如图 5-26 所示。

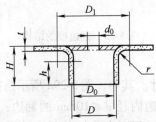

图 5-25 平板毛坯翻边尺寸计算

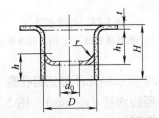

图 5-26 在拉深件底部翻边尺寸计算

允许的翻边高度为：

$$h = \frac{D}{2}(1 - K_0) + 0.57\left(r + \frac{t}{2}\right) \tag{5-19}$$

预孔直径 $d_0$ 为：

$$d_0 = K_0 D \text{ 或 } d_0 = D + 1.14\left(r + \frac{t}{2}\right) - 2h \tag{5-20}$$

拉深高度为：

$$h_1 = H - h + r \tag{5-21}$$

### 5.3.3 外缘类翻边

外凸的外缘翻边其变形性质、变形区应力状态与不用压边圈的浅拉深一样，如图 5-27a 所示。变形区主要为切向压应力，变形过程中材料易起皱。内凹的外缘翻边，其特点近似于内孔翻边，如图 5-27b 所示，变形区主要为切向拉伸变形，变形过程中材料边缘易开裂。从变形性质来看，复杂形状零件的外缘翻边是弯曲、拉深、内孔翻边等的组合。

### 5.3.4 翻边模具结构设计

内孔翻边模的结构与一般拉深模的结构相似，如要翻边成形图 5-28a 所示的工件，其翻边模的结构如图 5-28b 所示。所不同的是翻边凸模圆角半径一般较大，经常做成球形或抛物面形，以利于变形。

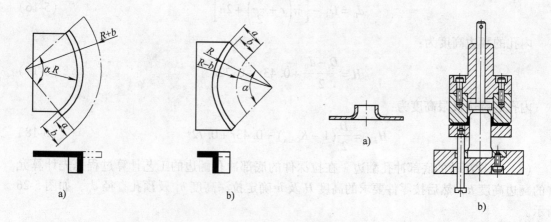

图 5-27　外缘翻边
a）外凸的外缘翻边　b）内凹的外缘翻边

图 5-28　翻边模的结构

图 5-29 所示是几种常见圆孔翻边模的凸模形状和尺寸。其中，图 5-29a 所示凸模用于小孔翻边（竖边内径 $d \leq 4\text{mm}$）；图 5-29b 所示凸模用于竖边内径 $d \leq 10\text{mm}$ 的翻边；图 5-29c 所示凸模适用于 $d > 10\text{mm}$ 的翻边；图 5-29d 所示凸模可对不用定位销的任意孔翻边。对于平底凸模一般取 $r_{凸} \geq 4t$。

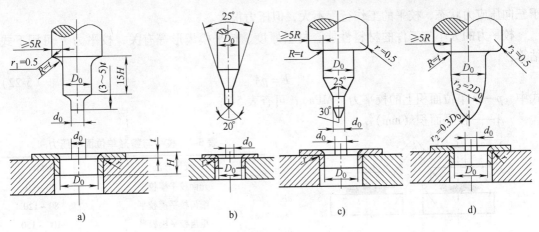

图 5-29 常用圆孔翻边凸模结构形式

## 5.4 旋压

旋压是将平板或空心坯料固定在旋压机的模具上,在坯料随机床主轴转动的同时,用旋轮或赶棒加压于坯料,使之产生局部的塑性变形,如图 5-30 所示。优点是设备和模具都较简单,除可成形各种曲线构成的回转体外,还可加工形状相当复杂的回转体零件。缺点是生产率较低,劳动强度较大,比较适用于试制和小批量生产。

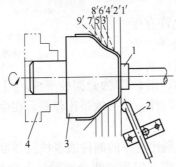

图 5-30 普通旋压
1—顶块 2—赶棒 3—模具 4—卡盘
1′~9′—坯料的连续位置

## 5.5 校平与整形

校形包括校平与整形,属于修整性的成形工艺,大都是在冲裁、弯曲、拉深等冲压工序之后进行的,主要是为了把冲压件的不平度、圆角半径或某些形状尺寸修整到合格的要求。

**1. 校平**

校平通常是在冲裁工序后进行的。由于冲裁后制件产生拱弯,特别是无压料装置的连续模冲裁所得的制件更不平,对于平直度要求比较高的零件便需要进行校平。

(1) 校平变形特点与校平力 校平的变形情况如图 5-31 所示,在校平模的作用下,工件材料产生反向弯曲变形而被压平,并在压力机的滑块到达下死点时被强制压紧,使材料处于三向压应力状态,校平的工作行程不大,但压力很大。

校平力的大小与工件的材料性能、材料厚度、校平模齿形等有关,校平力 $F$ 可用下式估算:

$$F = pA \tag{5-22}$$

式中 $p$——单位面积上的校平力(MPa),可查表5-7;
$A$——校平面积(mm)$^2$。

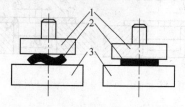

图 5-31 校平变形情况
1—上模板 2—工件 3—下模板

表 5-7 校平与整形单位面积压力

| 校形方法 | $p$/MPa |
| --- | --- |
| 光面校平模校平 | 50~80 |
| 细齿校平模校平 | 80~120 |
| 粗齿校平模校平 | 100~150 |
| 敞开形工件整形 | 50~100 |
| 拉深件减小圆角及对底面、侧面整形 | 150~200 |

(2)校平方式 校平方式有多种,有模具校平、手工校平和在专门设备上校平等。

(3)校平模

1)模具校平。根据板料的厚度和对表面的要求,可采用光面模校平或齿形模校平。用模具校平时,多在摩擦压力机或精压机上进行。

对于料薄质软而且表面不允许有压痕的制件,一般应采用光面模校平。为了使校平不受压力机滑块导向精度的影响,校平模最好采用浮动式结构,图 5-32 为光面校平模。用光面模进行校平时,由于回弹较大,特别是对于高强度材料的制件,校平效果比较差。在生产实际中,有时将工件背靠背地叠起来,能收到一定的效果。

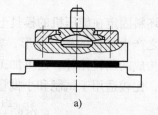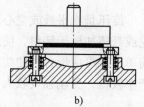

图 5-32 光面校平模
a)上模浮动式 b)下模浮动式

对于平直度要求比较高、材料比较厚的制件或者抗拉强度比较高的硬材料的零件,通常采用齿形校平模进行校平。齿形模有细齿和粗齿两种,上齿与下齿相互交错,如图 5-33 所示,图 5-33a 所示为细齿,图 5-33b 所示为粗齿。粗齿校平模适用于厚度较小的铝、青铜、

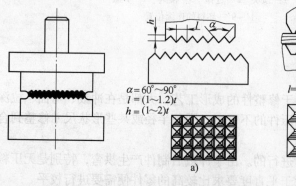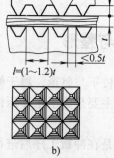

图 5-33 齿形校平模
a)细齿 b)粗齿

黄铜等制件。用细齿校平模校平后,制件表面残有细齿痕。齿形校平模使制件的校平面形成许多塑性变形的小网点,改变了制件原有应力状态,减少了回弹,校平效果较好。

图5-34所示为带有自动弹出器的通用校平模,通过更换不同的模板,可校平具有不同要求的平板件。上模回程时,自动弹出器3可将校平后的工件从下模板上弹出,并使之顺着工件滑道2离开模具。

2)加热校平。加热校平用于表面不允许有压痕,或零件尺寸较大而又要求具有较高平面度的零件。加热时,一般先将需校平的零件叠成一定高度,并用夹具夹紧压平,然后整体入炉加热(铝件为300~320℃,黄铜件为400~450℃)。校平时,由于温度升高后材料的屈服点下降,压平时反向弯曲变形引起的内应力也随之下降,所以回弹变形减小,从而保证了较高的校平精度。

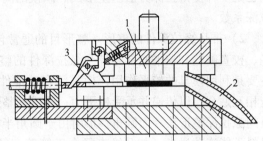

图5-34 带自动弹出器的通用校平模
1—上模板 2—工件滑道 3—自动弹出器

3)液压机上校平。大批量生产中,厚板料还可以成叠地在液压机上校平,此时压力稳定并可长时间保持;当校平与拉深、弯曲等工序复合时,可采用曲柄压力机或双动压力机,这时须在模具或设备上安装保护装置,以防因料厚的波动而损坏设备;对于不大的平板零件或带料还可采用滚轮碾平。

**2. 整形**

整形一般用于拉深、弯曲或其他成形工序之后。经过这些工序的加工,制件已基本成形,但可能圆角半径还太大,或是某些形状和尺寸还未达到产品的要求,这样可以借助于整形模使工序件产生局部的塑性变形,以达到提高精度的目的。整形模和成形模相似,但对于模具工作部分的精度、粗糙度要求更高,圆角半径和间隙较小。

(1)弯曲件的整形 弯曲件由于材料的弹性回弹,引起弯曲后弯曲角度变大、弯曲半径变大,需要采用压校和镦校的整形方法,获得准确的尺寸和几何形状。

1)压校。主要用于折弯方法加工的弯曲件。图5-35所示为弯曲件的压校,因在压校中坯料沿长度方向无约束,整形区的变形特点与该区弯曲时相似,坯料内部应力状态的性质变化不大,因而整形效果一般。

2)镦校得到的弯曲件尺寸精度较高。图5-36所示为弯曲件的镦校,采用这种方法整形时,弯曲件除了在表面的垂直方向上受压应力外,在其长度方向上也承受压应力,使整个弯曲件处于三向受压的应力状态,因而整形效果好。但这种方法不适合带孔及宽度不等的弯曲件的整形。

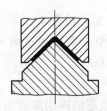

图5-35 弯曲件的压校图

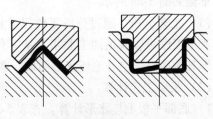

图5-36 弯曲件的镦校

(2) 拉深件的整形　经过拉深的制件，由于在拉深模上不能达到很小的圆角半径，同时制件凸缘也不够平整，需要经过整形，最后达到设计要求。根据拉深件的形状及整形部位的不同，拉深件的整形一般有以下两种方法。

1) 无凸缘拉深件的整形。无凸缘拉深件一般采用小间隙拉深整形法，如图 5-37 所示，它也是一种变薄拉深方法。整形凸、凹模的间隙 $Z$ 可取 $(0.9 \sim 0.95)t$，但应取稍大一些的拉深系数。

2) 带凸缘拉深件的整形。整形目的通常包括校平凸缘平面、校小根部与底部的圆角半径、校直侧壁和校平底部等带凸缘拉深件的整形。图 5-38 所示凸缘平面和底部平面的整形主要是利用模具的校平作用，模具闭合时推件块与上模座、顶件板（压料圈）与固定板均应相互贴合，以传递并承受校平力；筒壁的整形与无凸缘拉深件的整形方法相同，主要采用负间隙拉深整形法；而圆角整形时由于圆角半径变小，要求从邻近区域补充材料，如果邻近材料不能流动过来（如凸缘直径大于筒壁直径的 2.5 倍时，凸缘的外径已不可能产生收缩变形），则只有靠变形区本身的材料变薄来实现。这时，变形部位的材料伸长变形以不超过 2% ~ 5% 为宜，否则变形过大会产生拉裂。这种整形方法一般要经过反复试验后，才能决定整形模各工作部分零件的形状和尺寸。

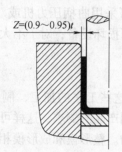

图 5-37　无凸缘拉深件的整形图

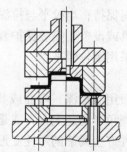

图 5-38　带凸缘拉深件的整形图

整形力 $F$ 可用下式估算：

$$F = pA \tag{5-23}$$

式中　$p$——单位面积上的整形力（MPa），可查表 5-7；

$A$——整形面的投影面积 $(mm)^2$。

## 项目实施

**1. 罩壳胀形任务的实施**

罩盖如图 5-2b 所示。

(1) 工艺分析　通过分析零件尺寸精度，零件壁厚变化无严格要求，尺寸精度要求不高，胀形工序可以满足加工要求。从零件形状看，主要是由空心筒件通过两种胀形同时成形，即其侧面是由空心毛坯胀形而成，底面是平板毛坯胀形而成。

(2) 胀形工艺计算

1) 底部平板毛坯胀形计算。查表 5-2，得工件底部凸包胀形的许用高度为：

$$h_p = (0.15 \sim 0.2)d = (2.25 \sim 3)\text{mm}$$

$h_p$ 大于工件底部凸包高度,可以一次胀形成形。

2) 侧壁胀形计算。

① 毛坯直径计算。当胀形件全长参与变形时,则胀形前毛坯直径 $d_0$ 应小于制件小端直径 $d_{\min}$(图 5-39)。

查表 5-3 得材料许用胀形系数 $K_p = 1.20$,则

$$d_0 = \frac{d_{\max}}{K_p} = \frac{46.8}{1.2}\text{mm} = 39\text{mm}; \quad d_{\min} = 40\text{mm}$$

所以,$d_0 < d_{\min}$,工件侧壁胀形系数为:

$$K = \frac{d_{\max}}{d_0} = \frac{46.8}{39} = 1.2$$

由于 $K = K_{\min}$,侧壁可以一次胀形。

由以上分析计算得:该工件可以一次胀形而成。

② 毛坯长度尺寸计算:

$$L_0 = L[1 + (0.3 \sim 0.6)\delta] + \Delta h$$

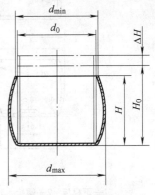

图 5-39 空心毛坯胀形工艺参数

式中   $L$——零件胀形部位素线长度(即 $R60\text{mm}$ 的弧长),$L = 40.8\text{mm}$;

$\Delta h$——切边余量,取 $\Delta h = 3\text{mm}$;

$0.3 \sim 0.6$——计算时,取 $0.35$。

则 $L_0 = 40.8 \times [1 + 0.35 \times (1.17 - 1)]\text{mm} + 3\text{mm} = 46.23\text{mm}$,圆整取 $L_0 = 47\text{mm}$。

即胀形前毛坯内径为 $39\text{mm}$,高为 $47\text{mm}$。

3) 胀形力的计算。

平底胀形时胀形力:

$$F_1 = KLt\sigma_b = 0.7 \times 3.14 \times 15 \times 430\text{N} \approx 14177\text{N}$$

侧壁胀形时胀形力:

$$p = \sigma_b \frac{2t}{d_{\max}} = 430 \times \frac{2 \times 0.5}{46.8}\text{MPa} = 9.19\text{MPa}$$

$$F_2 = pA = 9.19 \times 3.14 \times 46.8 \times 40.8\text{N} \approx 55100\text{N}$$

总胀形力:$F = F_1 + F_2 = 14177\text{N} + 55100\text{N} \approx 70\text{kN}$

(3) 模具结构设计  图 5-40 所示罩壳胀形模,采用橡胶弹性体进行软模胀形,为使工件在胀形后便于取出,将胀形凹模分成胀形上凹模 6 和胀形下凹模 5 两部分,上、下凹模之间通过止口定位,单边间隙取 $0.06\text{mm}$。

工件侧壁靠橡胶弹性体 7 直接胀开成形,底部由橡胶通过压包凹模 4 和压包凸模 3 成形。上模下行时,先由弹簧 13 压紧上、下凹模,然后由上固定板 9 压紧橡胶进行胀形。

(4) 压力机的选择  模具外形尺寸和闭合高度较大,而压力较小,故选择压力机时主要考虑模具尺寸,最后确定选用 J23-63 型开式双柱可倾式压力机。

**2. 衬套翻边任务的实施**(具体设计过程见配套教学资源)

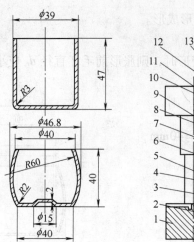
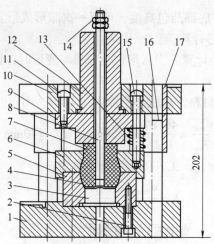

图 5-40 罩壳胀形模

1—下模板 2—螺栓 3—压包凸模 4—压包凹模 5—胀形下凹模 6—胀形上凸模 7—橡胶弹性体 8—拉杆 9—上固定板 10—上模板 11—螺栓 12—模柄 13—弹簧 14—螺母 15—拉杆螺栓 16—导柱 17—导套

## 项目拓展——汽车覆盖件简介

汽车覆盖件（简称覆盖件）主要指覆盖汽车发动机和底盘、构成驾驶室和车身的由薄钢板制成的异形表面零件，如轿车的挡泥板、顶盖、车前板和车身，载重汽车的车前板和驾驶室等。这些覆盖件一般都是由冲压件构成的。汽车覆盖件有外覆盖件和内覆盖件之分，覆盖件的外表面一般都带有装饰性，除考虑好用、好修、好制作外，还要求美观大方，例如有连贯性装饰棱线、装饰筋条、装饰凹坑、加强筋等。

覆盖件通常由厚度规格为 0.6mm、0.65mm、0.7mm、0.8mm、0.9mm、1.0mm、1.2mm、1.5mm 的 08Al 或 09Mn、冷轧薄钢板冲压而成。深度深、形状复杂的覆盖件则要用 08ZF 冷轧薄钢板进行冲压。

图 5-41 所示为汽车驾驶室的覆盖件。外覆盖件由保险杠 1，前围板 2，左、右前围侧板 3、4，顶盖 5，左、右前车门外板 6、7，左、右中柱外板 8、9，左、右后柱外板 10、11，后围上板 12，后围下板 13，左、右轮罩后段 14、15，左、右前脚踏板 16、17，左、右后脚踏板 18、19 等构成。内覆盖件是由仪表板 20，仪表板上板 21，仪表板面板 22，左、右前门内板 23、24，左、右前柱内板 25、26，左、右中柱内板 27、28，左、右侧围上横梁 29、30 及构成驾驶室骨架的覆盖件地板前部 31 和地板后部 32 等构成的。

（1）覆盖件应满足的条件

1）良好的表面质量。覆盖件特别是外覆盖件的可见表面，不允许有波纹、皱纹、凹痕、擦伤、边缘拉痕及其他破坏表面完美的缺陷。覆盖件上的装饰棱线、装饰肋条，要求清晰、平整、光滑、左右对称及过渡均匀。覆盖件上的装饰棱线在两个件的衔接处应吻合，不允许参差不齐。表面质量对小轿车的覆盖件尤为重要，表面上一些微小的缺陷都会在涂漆后引起光的漫反射，而有损外观。

2）符合要求的几何尺寸和曲面形状。覆盖件的形状复杂、曲面多，其几何尺寸和曲面形状必须符合图样和主模型（或数字模型）的要求。曲面一种是覆盖件本身的曲面，是考虑造型上及其美观的需要；另一种是由两个或两个以上相互装配衔接的覆盖件共同构成的，这些衔接和装焊处的立体面必须一致。

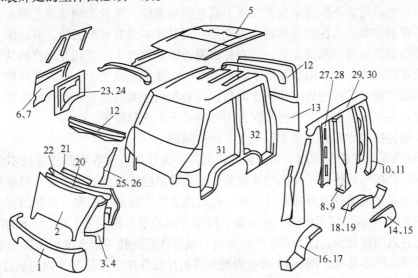

图 5-41 汽车驾驶室的覆盖件示意图

覆盖件图只能表示一些主要的投影尺寸，不可能将覆盖件所有相关点的空间位置都表示出来，即使表示了所有相关点的空间位置，也会由于图形乱、尺寸线过多而模糊，难以使用。因此，覆盖件图仅标注出覆盖件的外轮廓和百线（即距离为 100mm 的坐标线）交点的尺寸，过渡部分的尺寸则依据主模型确定。

3）良好的工艺性。覆盖件的工艺性，主要表现在覆盖件的冲压性能、焊接装配性能、操作的安全性、材料的利用率和对材料的要求等。覆盖件的冲压性关键在于拉深的可能性和可靠性，而拉深工艺性的好坏主要取决于覆盖件的形状。如果覆盖件能够进行拉深，则对于拉深以后的工序，仅是确定工序数和安排工序之间的先后顺序问题。覆盖件一般都是安排一道工序拉深的，为了实现一次拉深成形，必须将覆盖件上的翻边部分展开，窗口补满，再加上工艺补充部分，拉深成形后在后面的工序内再将工艺补充部分切掉，所以工艺补充部分是工艺上必需的材料消耗。工艺补充部分的多少，首先取决于覆盖件的复杂程度。覆盖件的复杂程度对于材料性能也有一定的要求，如深度深的、曲面复杂的覆盖件，就必须采用性能比较好的深拉深钢板 08ZF。

4）要有足够的刚性。在拉深过程中，可能会由于材料的塑性变形不够充分，而使覆盖件的一些部位刚性差，受振动后就会产生空洞声。覆盖件刚性的一般检查方法，是用手击其表面，听声音是否一致，声音低表示该处刚性差。用手按覆盖件，如果发出"乒乓"声，这样的覆盖件是不合格的。如果用这样的覆盖件装配汽车，汽车在行驶中则会发生振动，产生很大的噪声，并会使覆盖件早期损坏。另外，这种塑性变形不够、刚性差的拉深件，在修边以后会产生很大变形。如果修边以后还需要进行翻边，则可以依靠翻边来提高部分刚性。

（2）覆盖件冲压工艺要点 覆盖件的冲压工艺包括拉深、修边、翻边等多道工序，确定冲压方向应从拉深工序开始，然后制定以后各工序的冲压方向。应尽量将各工序的冲压方向设计成一致，这样可使覆盖件在流水线生产，过程中不需要进行翻转，便于流水线作业，减轻操作人员的劳动强度，提高生产率，也有利于模具制造。有些左右对称且轮廓尺寸不大的覆盖件，采取左右件整体冲压的方法对成形更有利。

拉深方向的确定，不但决定能否拉深出满意的覆盖件，而且影响到工艺补充部分的多少以及后续工序的方案。拉深方向的确定原则是：覆盖件本身有对称面的，其拉深方向是以垂直于对称面的轴进行旋转来确定的；不对称的覆盖件是绕汽车位置相互垂直的两个坐标面进行旋转来确定拉深方向的。前者平行于对称面的坐标线是不改变的，后者的拉深方向确定后其投影关系改变较大。经过确定拉深方向后，其坐标相互关系完全不改变的拉深方向称为处于汽车位置，其坐标关系有改变的拉深方向称为处于非汽车位置。

此外，确定拉深方向必须考虑以下几方面的问题。

1) 保证凸模能够进入凹模。为保证能将制件一次拉成，不应有凸模接触不到的死角或死区，要保证凸模与凹模的工作面的所有部位都能够接触。这类问题主要在局部形状呈凹形或有反拉深的某些覆盖件成形时容易出现，此时覆盖件本身的凹形和反拉深的要求决定了拉深方向。图 5-42 所示为覆盖件的凹形决定了拉深方向的示意图，图 5-42a 所示的拉深方向表明凸模不能进入凹模拉深，图 5-42b 所示为同一覆盖件经旋转一定角度后所确定的拉深方向使凸模能够进入凹模拉深。图 5-43 所示为覆盖件的反拉深决定了拉深方向的示意图。

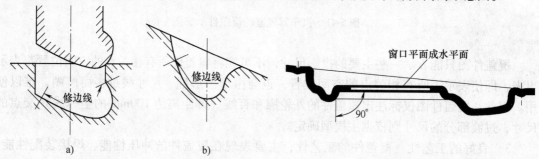

图 5-42　凹形决定拉深方向示意图
a) 凸模不能进入凹模　b) 旋转一角度后凸模能进入凹模

图 5-43　反拉深决定拉深方向示意图

但有时满足上述要求时，还会出现其他问题，如凸模开始拉深时与材料接触面积小，或过多地增加了工艺补充部分而使材料的消耗增加。这时应从整个形状的拉深条件考虑，可先将覆盖件凹形或反拉深部分给予恰当的改变，在拉深以后的适当工序中再整回。使之符合覆盖件图和主模型的要求。

2) 保证成形时凸模与坯料接触状态良好。开始拉深时凸模与拉深毛坯的接触面积要大，接触面应尽量靠近冲模中心。图 5-44 所示为凸模开始拉深时与拉深毛坯的接触状态示意图。如图 5-44a 上图所示，由于凸模与坯料接触面积小，接触面与水平面夹角 $\alpha$ 大，接触部位容易产生应力集中而开裂。所以凸模顶部最好是平的，并成水平面。可以采用图 5-44a 下图，通过改变冲压方向来增大接触面积。图 5-44b 上图由于开始接触部位不在中心，则在拉深过程中拉深毛坯可能经凸模顶部窜动，使凸模顶部磨损加快，同时也影响拉深件的表面质量。图 5-44b 下图所示接触部位在中心，材料能均匀地拉入凹模。如图 5-44c 上图所示，由于开始接触的点只有一处，在拉深过程中毛坯也有可能经凸模顶部窜动而影响覆盖件表面质量，而图 5-44c 下图通过改变拉深方向使凸模与坯料有两个地方同时接触。图 5-44d 中由于形状上有90°的侧壁要求决定了拉深方向不能改变,只有使压料面形状为倾斜面,使两个地方同时接触。

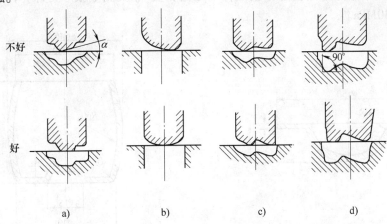

图 5-44　凸模开始拉深时与拉深毛坯的接触状态示意图

还应指出,拉深凹模里的凸包形状必须低于压料面形状,否则在压边圈还未压住压料面时凸模会先与凹模里的凸包接触,毛坯因处于自由状态而引起弯曲变形,致使拉深件的内部形成大皱纹甚至材料重叠。

3) 压料面各部位进料阻力要均匀。压料面各部位的进料阻力不一样,在拉深过程中毛坯有可能经凸模顶部窜动影响表面质量,严重的会产生拉裂和起皱。要保证进料阻力均匀,必须使拉深深度均匀,拉入角相等。如图5-45a 下图要比上图拉深深度均匀。图 5-45b 下图拉入角相等,而上图拉入角不相等,显然下图的变形情况要比上图的优越得多。

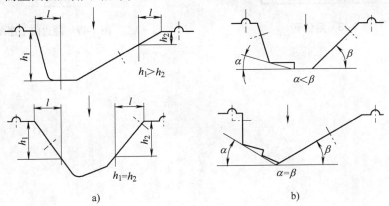

图 5-45　压料面各部位进料阻力示意图
a) 拉深深度均匀程度比较　b) 拉入角不同情况比较

## 实训与练习

1. 试分别分析胀形、翻边、缩口工艺的变形特点。
2. 要压制图 5-46 所示的凸包,判断能否一次胀形成形?设计成形模具结构。工件材料为 08 钢,料厚为 1mm,断后伸长率为32%,抗拉强度为430MPa。

3. 防尘罩的工件简图如图 5-47 所示。其生产批量中等，材料为 10 钢，料厚为 0.5mm。判断能否一次胀形成形，计算胀形前工件的原始长度 $L_0$ 及侧壁胀形力计算，设计成形模具结构。$\sigma_b = 430\text{MPa}$。

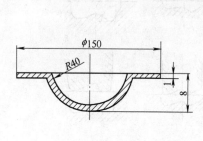

图 5-46　凸包

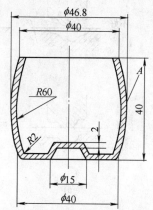

图 5-47　防尘罩工件简图

4. 现要翻边成形图 5-48 所示的定位套零件，翻边前工序图如图 5-49 所示。生产批量为中等，材料为 08 钢，料厚 1mm。进行工艺分析及计算翻边力，设计成形模具结构。

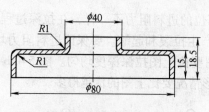

图 5-48　定位套

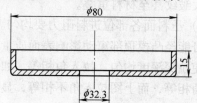

图 5-49　翻边前工序图

# 项目六　多工位级进模设计

## 项目目标

1. 了解多工位精密级进模排样设计、主要零部件的设计及多工位级进模冲压的安全和保护措施。

2. 学生初步具备多工位级进冲压排样设计的能力和级进模结构设计的能力。

### 【能力目标】

熟悉模具设计基本方法，能够进行多工位级进模的设计。

### 【知识目标】

- 熟悉多工位级进模的特点与分类。
- 掌握多工位级进冲压的排样方法。
- 掌握多工位级进模冲切刃口的设计。
- 熟悉多工位级进模的典型结构。
- 掌握多工位级进模工作零件的设计。
- 熟悉多工位级进模定位机构的设计。
- 熟悉多工位级进模卸料装置的设计。

## 项目引入

多工位级进冲压是在一副模具中沿被冲原材料（条料或卷料）的直线送进方向，具有两个或两个以上等距离工位，并在压力机的一次行程中，在不同的工位上完成两个或两个以上冲压工序的冲压方法，如图 6-1 所示。这种方法使用的模具即为多工位级进模具，简称级进模，又称跳步模、连续模、多工位级进模。

零件名称：接线头
生产批量：大批量
公差等级 IT14
材料：H62
料厚：1mm

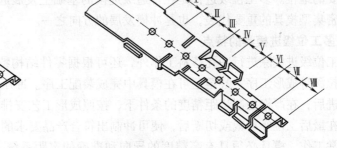

图 6-1　级进冲压工艺

级进模主要用于薄料（$t=0.1\sim1.2$mm，一般不超过 2mm）、批量大、形状复杂、精度要求较高的中小型冲压件的生产，也可用于批量不大但零件很小，操作不安全的零件的生产。本项目以图 6-2 所示接线头的多工位级进模设计为载体，综合训练学生进行级进模设计的初步能力。

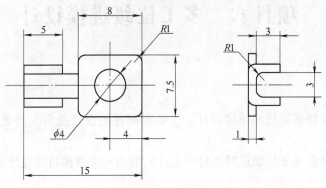

图 6-2 接线头零件图

## 项目分析

图 6-2 所示接线头的材料为 H62，具有良好的冲压性能，适合冲裁。零件的公差等级要求为 IT14，要求较低，所以普通冲裁就可以满足零件的精度要求。该零件为大批量生产，应重视模具材料和结构的选择，保证一定的模具寿命。本项目包括以下内容：

1）多工位级进模的特点与分类。
2）多工位级进模的排样设计。
3）多工位级进模的典型结构。
4）多工位级进模的自动送料和安全检测装置。

## 相关知识

## 6.1 多工位级进模的特点与分类

成批量生产的现代工业产品中，冲压技术是主要生产手段之一。其中，多工位级进冲压占有重要的地位。多工位级进模是在普通级进模的基础上发展起来的高精度、高效率模具，是技术密集型模具的重要代表，也是冲模发展的方向之一。

**1. 多工位级进模具的特点**

多工位级进模除进行冲孔落料工作外，还可根据零件结构特点和成形性质，完成压筋、弯曲、拉深等成形工序，甚至还可在模具中完成装配工序。冲压时，将带料或条料由模具入口端送进后，在严格控制步距精度的条件下，按照成形工艺安排的顺序，通过各工位的连续冲压，在最后工位经冲裁或切断后，便可冲制出符合产品要求的冲压件。为保证多工位级进模的正常工作，模具必须具有高精度的导向和准确的定距系统，配备有自动送料、自动出件、安全检测等装置。因此，多工位级进模与普通冲模相比要复杂，其特点如下：

（1）生产率高　在一副模具中，可以完成包括冲裁、弯曲、拉深和成形等多道冲压工序，减少了使用多副模具的周转和重复定位过程，显著提高了劳动生产率和设备利用率。

（2）模具使用寿命长　由于在级进模中，工序可以分散在不同的工位上，故不存在复合模的"最小壁厚"问题,设计时还可以根据模具强度和模具的装配需要留出空工位,从而保证模具的强度和装配空间。

(3) 冲件精度高 多工位级进模通常具有高精度的内、外导向(除模架导向精度要求高外,还必须对小凸模进行导向保护)和准确的定距系统,以保证产品零件的加工精度和模具寿命。多工位级进模主要用于冲制厚度较薄(一般不超过2mm)、产量大、形状复杂、精度要求较高的中、小型零件。用这种模具冲制的零件,公差等级可达IT10级。

(4) 自动化程度高,操作安全 多工位级进模常采用高速压力机生产冲压件,模具采用了自动送料、自动出件、安全检测等装置,具有较高的生产率。

(5) 设计制造难度大 多工位级进模结构复杂,镶块较多,模具制造精度要求很高,给模具调试及维修也带来了一定的难度。同时,要求模具零件具有互换性,在模具零件磨损或损坏后要求更换迅速、方便、可靠,因此,模具工作零件选材要好(常采用高强度的高合金工具钢、高速钢或硬质合金等材料),有时需要用慢走丝线切割加工、成形磨削、坐标镗、坐标磨等先进加工方法制造模具。

由以上可知,多工位级进模的结构比较复杂,模具设计和制造技术要求较高,同时对冲压设备、原材料也有相应的要求。模具的成本较高,因此,在模具设计前必须对工件进行全面分析,然后合理确定该工件的冲压成形工艺方案,正确设计模具结构和模具零件的加工工艺规程,以获得最佳的技术经济效益。本项目将重点介绍它们在冲压工艺与模具设计上的不同之处。

**2. 多工位级进模具的分类**

(1) 按级进模所包含的工序性质分类 多工位级进模按工序性质,可分为冲裁多工位级进模、冲裁拉深多工位级进模、冲裁弯曲多工位级进模、冲裁成形(胀形、翻边、翻孔、缩口和校形等)多工位级进模、冲裁拉深弯曲多工位级进模、冲裁拉深成形多工位级进模、冲裁弯曲成形多工位级进模、冲裁拉深弯曲成形多工位级进模等。

(2) 按冲压件成形方法可分为

1) 封闭型孔级进模。这种级进模的各个工作型孔(除侧刃外)与被冲工件的各个型孔一致,并分别设置在一定的工位上,材料沿各工位经过连续冲压,最后获得成品或工序件(图6-3)。

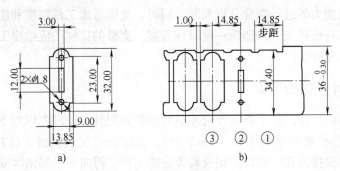

图6-3 封闭型孔多工位冲压
a) 冲件图 b) 条料排样图

2) 切除余料级进模。这种级进模是对冲压件较为复杂的外形和型孔,采取逐步切除余料的办法，经过逐个工位的连续冲压，最后获得成品或工序件。显然，这种级进模工位一般比封闭型孔级进模多。图6-4所示为经过8个工位冲压，获得一个完整的工件。

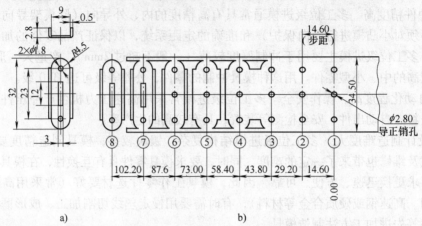

图6-4 切除余料的多工位冲压
a）冲件图 b）条料排样图

以上两种级进模的设计方法是截然不同的，有时也可以把两种结合起来设计，以便更科学地解决实际问题。

## 6.2 多工位级进模的排样设计

排样设计是多工位级进模设计的关键之一。排样图的优化与否，不仅关系到材料的利用率、工件的精度、模具制造的难易程度和使用寿命等，而且关系到模具各工位的协调与稳定。

排样设计是在零件冲压工艺分析的基础之上进行的。设计排样图时，首先要根据冲压件图样计算出展开尺寸，然后采用各种方式进行排样。在确定排样方式时，还必须对工件的冲压方向、变形次数、变形工艺类型、相应的变形程度及模具结构的可能性、模具加工工艺性、企业实际加工能力等进行综合分析判断，同时，全面考虑工件精度和能否顺利进行级进冲压生产后，从几种排样方式中选择一种最佳方案。完整的排样图应给出工件的布置、载体结构形式和相关尺寸等。

### 6.2.1 排样设计遵循的原则

多工位级进模的排样，除了遵守普通冲模的排样原则外，还应考虑如下几点：

1）先制作冲压件展开毛坯样板（3~5个），在图面上反复试排，待初步方案确定后，在排样图的开始端安排冲孔、切口、切废料等分离工位，再向另一端依次安排成形工位，最后安排工件和载体分离。在安排工位时，要尽量避免冲小半孔，以防凸模受力不均而折断。

2）第一工位一般安排冲孔和冲工艺导正孔；第二工位设置导正销对带料导正，在以后的工位中，视其工位数在易发生窜动的工位设置导正销，也可以在以后的工位中每隔2~3个工位设置导正销；第三工位可根据冲压条料的定位精度，设置送料节距的误差检测装置。

3）冲压件上孔的数量较多，且孔的位置太近时，可分在不同工位上冲孔，但孔不能因后续成形工序的影响而变形。对有相对位置精度要求的多孔，应考虑同步冲出。因模具强度的限制不能同步冲出时，应有措施保证它们的相对位置精度。复杂的型孔可分解为若干简单型孔分步冲出。

4）当局部有压筋时，一般应安排在冲孔前，防止由于压筋造成孔的变形。加工凸包时，若凸包的中央有孔，为有利于材料的流动，可先冲一小孔，压突包后再冲孔到要求的孔径。

5）为提高凹模镶块、卸料板和固定板的强度，保证各成形零件安装位置不发生干涉，可在排样中设置空工位，空工位的数量根据模具结构的要求而定。

6）对弯曲和拉深成形件，每一工位的变形程度不宜过大，变形程度较大的冲压件可分几次成形，这样既有利于保证质量，又有利于模具的调试修整。对精度要求较高的成形件，应设置整形工位。为避免U形弯曲件变形区材料的拉深，应考虑先弯曲45°，再弯成90°。

7）在级进拉深排样中，可应用拉深前切口、切槽等技术，以便材料的流动。

8）成形方向的选择（向上或向下）要有利于模具的设计和制造，有利于送料的顺畅。若成形方向与冲压方向不同，可采用斜滑块、杠杆和摆块等机构来转换成形方向。

## 6.2.2 载体设计

在多工位级进模的设计中，将工序件传递到各工位进行冲裁和成形加工，并使工序件在动态送料过程中保持稳定正确定位的部分，称为载体。载体与一般冲压排样时的搭边有相似之处，但作用完全不同。搭边是为了满足把工件从条料上冲切下来的工艺要求而设置的，而载体是为运载条料上的工序件至后续工位而设计的。载体与工序件或工序件与工序件的连接部分称为搭口。

根据冲件的形状、变形性质、材料厚度等情况的不同，载体一般有以下几种形式：

（1）单边载体（图6-5）　单边载体主要用于弯曲件。此方法在不参与成形的合适位置留出载体的搭口，采用切废料工艺将搭口留在载体上，最后切断搭口得到制件，它适用于 $t \leqslant 0.4$mm 的弯曲件的排样。图6-5a和图6-5b在裁切工序分解形状和数量上不一样，图6-5a所示的第一工位的形状比图6-5b的复杂，并且细颈处模具镶块易开裂，分解为图6-5b后的镶块便于加工，且寿命得到提高。图6-5c所示是一种加了辅助载体的单边载体。

（2）双边载体（图6-6）　双边载体又称为标准载体，实质上是一种增大了条料两侧搭边的宽度，以供冲导正工艺孔需要的载体，一般可分为等宽双边载体（图6-6a）和不等宽双边载体（即主载体和辅助载体，如图6-6b所示）。双边载体增加边料可保证送料的刚度和精度，这种载体主要用于薄料（$t \leqslant 0.2$mm），工件精度较高的场合，但材料的利用率有所降低，往往是单件排列。

（3）中间载体　中间载体常用于一些对称弯曲成形件，利用材料不变形的区域与载体连接，成形结束后切除载体。中间载体可分为单中载体和双中载体，中间载体在成形过程中平衡性较好。图6-7所示是同一个零件选择中间载体时不同的排样方法，图6-7a所示是单件排样；图6-7b所示是可提高生产率一倍的双排排样。

图6-8所示零件要进行两侧以相反方向卷曲的成形，选用单中载体难以保证成形件成形后的精度要求，而选用可延伸连接的双中载体即可保证成形件的质量。此方法的缺点是载体

宽度较大,会降低材料的利用率。

中间载体常用于材料厚度大于 0.2mm 的对称弯曲成形件。

(4)边料载体(图 6-9) 边料载体是利用材料搭边或余料冲出导正孔而形成的载体,此种载体送料刚性较好,省料、简单。使用该载体时,在弯曲或成形部位,往往先切出展开形状,再进行成形,后工位落料以整体落料为主。可采用多件排列,提高了材料的利用率。

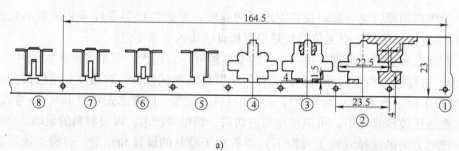

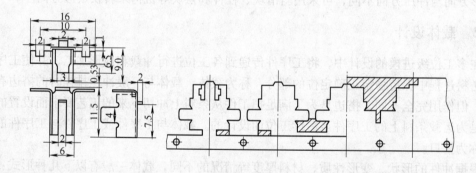

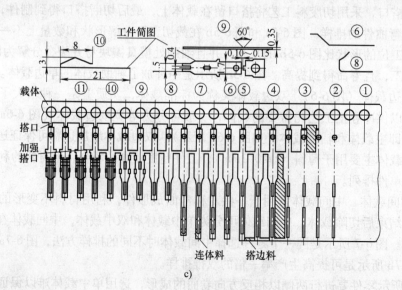

图 6-5 单边载体

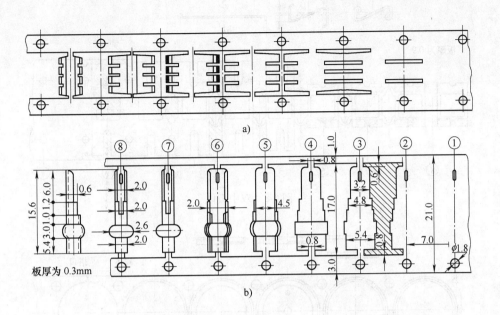

图 6-6 双边载体
a) 等宽双边载体　b) 不等宽双边载体

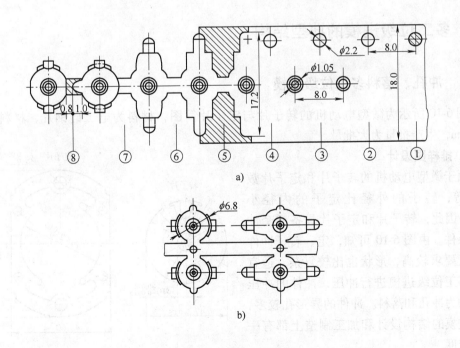

图 6-7 单中载体
a) 单件排样　b) 双排排样

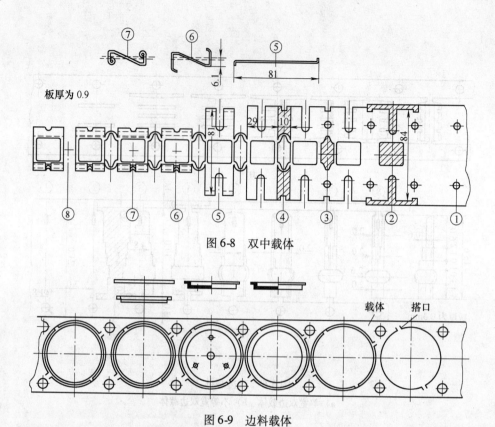

图6-8 双中载体

图6-9 边料载体

## 6.3 多工位级进模的典型结构

### 6.3.1 冲孔、落料多工位级进模

图6-10所示为微型电动机的转子片与定子片简图,材料为电工硅钢片,材料厚度为0.35mm,生产批量为大批量。

**1. 排样图设计**

由于微型电动机的转子片和定子片数量相等,转子的外径比定子的内径小1mm,因此,转子片和定子片具备成套冲压的条件。由图6-10可知,定、转子冲件的精度要求较高,形状也比较复杂,适宜采用多工位级进模进行冲压,冲件的冲压工序均为冲孔和落料。冲件的异形孔较多,在级进模的结构设计和加工制造上都有一定的难度。

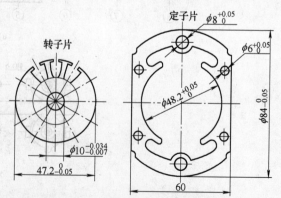

图6-10 微型电动机的转子片与定子片简图

微型电动机的定、转子冲片是大批量生产,因此,选用硅钢片卷料,采用自动送料装置送料。为了进一步提高送料精度,在模具

中使用导正销作精定位。

冲件的排样设计如图 6-11 所示，排样图分 8 个工位，各工位的工序内容如下：

工位 1：冲两个 $\phi$8mm 的导正销孔；冲转子片各槽孔和中心轴孔；冲定子片两端四个小孔的左侧两个孔。

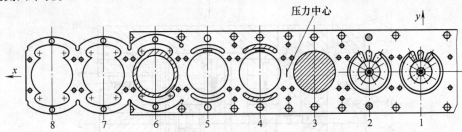

图 6-11 微型电动机的转子片与定子片排样图

工位 2：冲定子片右侧的两孔；冲定子片两端中间的两孔；冲定子片角部两个工艺孔；转子片槽和 10mm 孔校平。

工位 3：转子片外径 $\phi 47.2_{-0.05}^{0}$mm 落料。

工位 4：冲定子片两端异形槽孔。

工位 5：空工位。

工位 6：冲定子片 $\phi 48.2_{0}^{+0.05}$mm 内孔；定子片两端圆弧余料切除。

工位 7：空工位。

工位 8：定子片切断。

排样图步距为 60mm，与定子片宽度相等。

转子片中间 $\phi$10mm 的孔有较高的精度要求，12 个线槽孔要直接缠绕径细、绝缘层薄的漆包线，不允许有明显的毛刺，因此，在工位 2 设置对 $\phi$10mm 孔和 12 个线槽孔的校平工序。工位 3 完成转子片的落料。

定子片中的异形槽孔比较复杂，孔中有四个较狭窄的突出部分，若不将内形孔分解冲切，则整体凹模中四个突出部位容易损坏，因此，把内形孔分为两个工位孔冲出，考虑到 $\phi 48.2_{0}^{+0.05}$mm 孔精度较高，应先冲两头长形孔，后冲中间圆孔，同时将三个孔打通，完成内孔冲裁。若先冲中间圆孔，后冲长形孔，可能引起中间圆孔的变形。

工位 8 采取单边切断的方法，尽管切断处相邻两片毛刺方向不同，但不影响使用。

**2. 模具结构**

根据排样图，该模具为 8 工位级进模，步距为 60mm，模具的基本结构如图 6-12 所示。为保证冲件的精度，采用四导柱滚珠导向钢板模架。

模具由上、下两部分组成。

（1）上模部分主要包括以下几个零部件

1）凸模。凸模高度应符合工艺要求，工位 3 的 $\phi$47.2mm 的落料凸模 5 和工位 6 的三个凸模较大，应先进入冲裁工作状态，其余凸模均比其短 0.5mm，当大凸模完成冲裁后，再用小凸模进行冲裁，这样可防止小凸模折断。

模具中，冲槽凸模 7，切废料凸模 17、18，冲异形孔凸模 4 都为异形凸模，且无台阶。大一些的凸模采用螺钉紧固；冲异形孔凸模 4 呈薄片状，采用销钉 10 吊装于凸模固定板 13

上；环形分布的12个冲槽凸模7是镶在带台阶的凸模座8上相应的12个孔内，并采用卡圈9固定。卡圈切割成两半，用卡圈卡住凸模上部磨出的凹槽，可防止凸模卸料时被拔出，如图6-13所示。

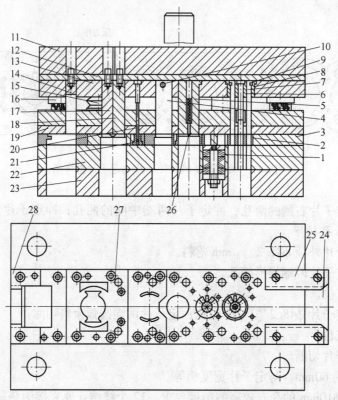

图6-12 微电动机的转子片与定子片多工位级进模
1—弹性校平组件 2—冲槽凹模 3—凹模镶块 4—冲异形孔凸模 5—落料凸模 6—冲孔凸模
7—冲槽凸模 8—凸模座 9—卡圈 10—销钉 11—上模座 12—垫板 13—凸模固定板
14—切断凸模 15—碟形卸料弹簧 16—滚动导柱导套 17、18—切废料凸模 19—卸料板
20—导正销 21—导正销座 22—凹模基体 23—下模座 24—承料板 25、28—局部导料板
26—弹性防粘推杆 27—槽式浮顶销

2）定位装置。模具的步距精度为±0.05mm，采用的自动送料装置精度为±0.05mm，为此，分别在模具的工位1、3、4、8上设置四组共八个呈对称布置的导正销，以实现对带料的精确定位。导正销与固定板和卸料板的配合选用H7/h6。在工位8，带料上的导正销孔已被切除，此时可借用定子片两端φ6mm孔作导正销孔，以保证最后切除时的为凸模与卸料板之间配合间隙的1/2。本模具由于间隙值都很小，因此，模具中采用滚动导向机构模架。

为了保证卸料板具有良好的刚性和耐磨性并便于加工，卸料板共分为四块，每块板厚为12mm。各块卸料板均装在卸料板基体上，卸料板基体板厚为20mm。因该模具所有的工序都是

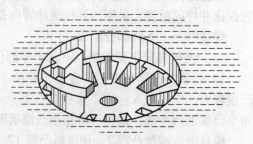

图6-13 冲槽凸模的固定

冲裁，卸料板的工作行程小，为了保证足够的卸料力，采用了六组相同的碟形弹簧作为弹性元件。

3）防粘装置。防粘装置是指弹性防粘推杆26及弹簧等，其作用是防止冲裁时分离的材料粘在凸模上，影响模具的正常工作，甚至损坏模具。工位3的落料凸模上均布了三个弹性防粘推杆，目的是使凸模上的导正销与落料的转子片分离，阻止转子片随凸模上升。

（2）下模部分主要包括以下几个零部件

1）凹模。凹模由凹模基体22和凹模镶块3等组成。凹模镶块共有四块，工位1、2、3为第一块，工位4为第二块，工位5、6为第三块，工位7、8为第四块。每块凹模分别用螺钉和销钉固定在凹模基体上，保证模具的步距精度达±0.05mm。

2）导料装置。在组合凹模的始末端均装有局部导料板，始端导料板25装在工位1前端，末端导料板28设在工位7之后。采用局部导料板的目的是避免带料送进过程中产生过大的阻力。中间各工位上设置了四组八个槽式浮顶销27，其结构如图6-14所示，槽式浮顶销在导向的同时具有向上浮料的作用，使带料在运行过程中从凹模面上浮起一定的高度（约1.5mm），以利于带料运行。

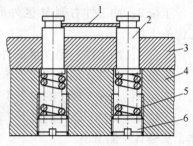

图6-14 槽式浮顶销

1—带料　2—浮顶销　3—凹模
4—下模座　5—弹簧　6—螺堵

3）校平组件。在下模工位2的位置设置了弹性校平组件1，其目的是校平前一工位上冲出的转子片槽和$\phi$10mm孔。校平组件中的校平凸模与槽孔形状相同，其尺寸比冲槽凸模周边大1mm左右，并以间隙配合装在凹模板内。为了提供足够的校平力，采用了碟形弹簧。

## 6.3.2 冲裁、弯曲、胀形多工位级进模

图6-15所示为录音机机心自停连杆的工件图，材料为10钢，料厚0.8mm，属于大批量生产。

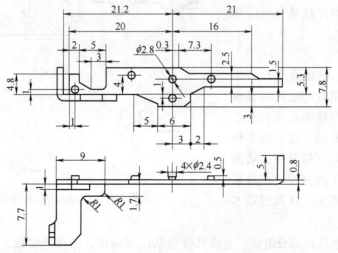

图6-15 机心自停连杆

图 6-16 所示为该工件的三维图,该工件形状较复杂,要求精度较高,有 $a$、$b$、$c$ 三处弯曲,还有四个小凸包。主要工序有冲孔、冲外形、弯曲、胀形等,适宜采用多工位级进模进行冲压加工。

**1. 排样图设计**

冲压材料采用 0.8mm 厚的钢带卷料,用自动送料装置送料。排样图如图 6-17 所示,共有 6 个工位。

工位 1:冲导正销孔;冲 $\phi$2.8mm 圆孔;冲 $K$ 区的窄长孔,并冲 $T$ 区的 $T$ 形孔。

工位 2:冲工件右侧 $M$ 区外形和连同下一工位的 $E$ 区外形。

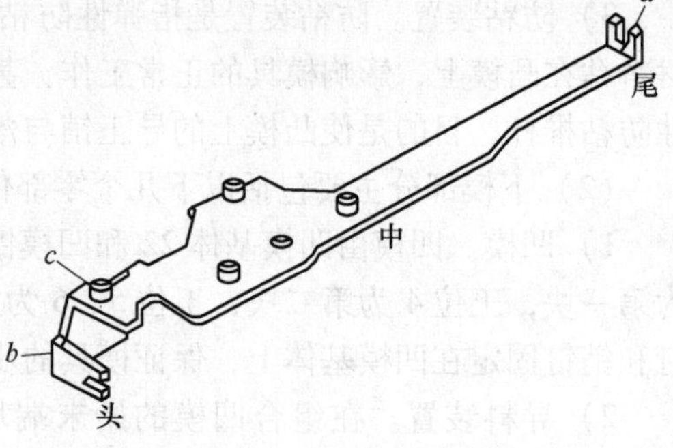

工位 3:冲工件左侧 $N$ 区的外形。

工位 4:工件 $a$ 部位的向上 5mm 弯曲,冲四个小凸包。

工位 5:工件 $b$ 部位的向下 4.8mm 弯曲。

工位 6:工件 $c$ 部位的向下 7.7mm 弯曲;$F$ 区连体冲裁,废料从孔中漏出,工件脱离载体,从模具左侧滑出。

若把工件分为头部、中部和尾部,工件头部的冲裁也是分两次完成,第一次是冲头部的 $T$ 形槽,第二次是 $E$ 区的连体冲裁,采用交接的方式以消除交接处的缺陷。如果两次冲裁合并,则凹模的强度不够;尾部冲裁也是分左右两次进行的,如果一次冲出尾部外形,则凹模中间部位将处于悬臂状态,容易损坏;工件中部的冲裁兼有零件切断分离的作用。

**2. 模具结构**

根据排样图,该模具为 6 工位级进模,带料采用自动送料装置送进,用导正销进行精确定位。在工位 1 冲出导正销孔后,在工位 2 和工位 5 上均设置导正销导正,从而保证零件冲压加工的精度。模具采用滑动对角导柱模架。模具的基本结构如图 6-18 所示。

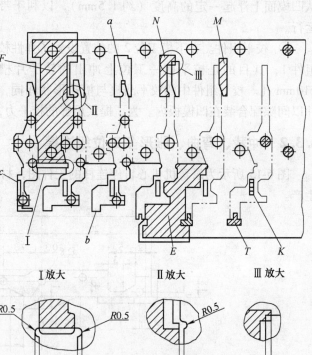

图 6-16 机心自停连杆三维图

图 6-17 机心自停连杆排样图

模具由上、下模两部分组成。上模部分包括:卸料板、凸模固定板、垫板和各个凸模;下模部分包括:凹模、垫板、导料板和弹顶器等。

(1) 上模部分 凸模除圆形凸模外,各异形凸模均设计成直通形式,以便采用线切割机加工。由于部分凸模强度和刚度比较差,为了保护细小凸模,在凸模固定板上设有四个 $\phi16\text{mm}$ 的小导柱,使之与卸料板和凹模形成间隙配合,其双面配合间隙不大于 0.025mm,这样可以提高模具的精度和凸模刚度。

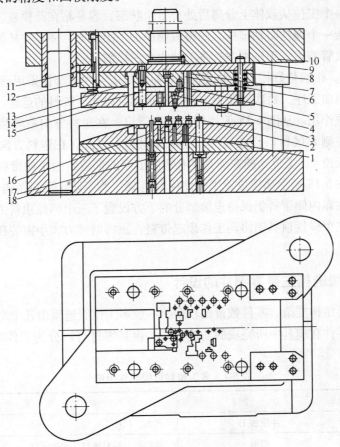

图 6-18 机心自停连杆多工位级进模
1—压凸包凸模 2—槽式浮顶销 3—小导柱 4—导正销 5—固定凸模用压板 6—T 区冲裁凸模 7—冲孔凸模 8、17—弹簧 9—卸料螺钉 10—上模座 11—垫板 12—凸模固定板 13—弯曲凸模 14—F 区冲裁凸模 15—卸料板 16—顶料销 18—下模座

(2) 下模部分

1) 凹模。冲裁凹模为整体式结构,所有冲裁凹模型孔均采用线切割机床在凹模板上切出。压凸包凸模 1 作为镶件固定在凹模板上,其工作高度在试模时还可调整,在卸料板上装有凹模镶块。工件 a 部位的向上弯曲属于单边弯曲,为克服回弹的影响,采用校正弯曲。弯曲凹模采用 T 形槽,镶在凹模板上,顶件块与它相邻,由弹簧将它向上顶起,其结构如图 6-19 所示。冲压时,顶件块与凸模形成夹持力,随凸模下行,完成弯曲,顶件块具有向上顶料的作用,因此,顶件块兼起校正镶块的作用,应有足够的强度。工件 b、c 部位的向下弯曲在工位 5、工位 6 进行,由于

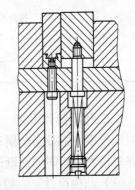

图 6-19 上弯曲凹模部分

相距较近,采用同一凹模镶块,用螺钉、销钉固定在凹模板上。$b$ 部位向下弯曲的高度为 4.8mm,顶料销只能将带料托起 3.5mm,所以在凹模板上沿其送料方向还需加工出宽约 2mm、深约 3mm 的槽,供其送进时通过。

工件在最后一个工位从载体上分离后处于自由状态,容易粘在凸模或凹模上,故在凸模和凹模镶块上各装一个弹性防粘推杆。凹模板侧面加工出斜面,使零件从侧面滑出,也可以在合适部位安装气管喷嘴,用压缩空气将工件吹离凹模面。

2)导向装置。带料依靠模具两端设置的导料板导向,中间部位采用槽式浮顶销导向。

由于工件有弯曲工序,每次冲压后需将带料顶起,以便于带料的运送,槽式浮顶销具有导向和顶料的双重作用。从图 6-18 俯视图中可以看出,在送料方向右侧装有五个槽式浮顶销,因在工位 3 左侧 $E$ 区材料已被切除,边缘无材料,因此,在送料方向左侧只能装三个槽式浮顶销。在工位 4、工位 5 的左侧是具有弯曲工序的部位,为了使带料在冲压过程中能可靠地顶起,在图 6-18 所示部位设置了弹性顶料销 16。为了防止顶料销钩住已冲出的缺口,造成送料不畅,在靠内侧带料仍保持连续部分的下方设置了三个弹性顶料销,这样,就由八个槽式浮顶销和三个弹性顶料销协调工作顶起带料,顶料的弹力大小由装在下模座内的螺钉调节。

### 6.3.3 多工位级进模主要零部件的设计

多工位级进模结构复杂,零件数量比较多,一般多工位级进模由几十个乃至几百个零件组成。按照模具零件在模具中所完成的功能不同,模具零件可以分为工作零件和辅助零件,详见表 6-1。

表 6-1 多工位级进模零件组成

| 单元 | 功能 | | 主要零件 |
|---|---|---|---|
| 工作零件 | 冲压加工 | | 凸模、凹模 |
| 辅助零件 | 卸料 | | 卸料板、卸料螺钉、弹性元件 |
| | 定位 | $X$ 向 | 挡料销、侧刃 |
| | | $Y$ 向 | 导料板、侧压装置 |
| | | $Z$ 向 | 浮顶销等 |
| | | 精定位 | 导正销 |
| | 导向 | 外导向 | 导柱、导套 |
| | | 内导向 | 小导柱、小导套 |
| | 固定 | | 固定板,上、下模座,模柄,螺钉,销钉 |
| | 其他 | | 承料板、限位板、安全检测装置等 |

**1. 工作零部件设计**

工作零件主要指凸模和凹模。多工位级进冲压模的工作零件与其他冲压工艺的工作零件有许多地方是相同的,设计方法基本相同。

(1)凸模设计 一般的粗短凸模可以按标准选用或按常规设计。在多工位级进模中有许多冲小孔凸模、冲窄长槽凸模、分解冲裁凸模等,这些凸模应根据具体的冲裁要求、被冲裁材料的厚度、冲压的速度、冲裁间隙和凸模的加工方法等因素来考虑凸模的结构及凸模的固定方法。

对于冲小孔凸模,通常采用加大固定部分直径,缩小刃口部分长度的措施来保证小凸模的强度和刚度。当工作部分和固定部分的直径差太大时,可设计多台阶结构。各台阶过渡部分必须用圆弧光滑连接,不允许有刀痕。特别小的凸模可以采用保护套结构。$\phi 0.2 \mathrm{mm}$ 左右的小凸模,其顶端露出保护套 $3 \sim 4 \mathrm{mm}$。卸料板还应考虑能对凸模的导向起保护作用,以消除侧压力对凸模的作用而影响其强度。图 6-20 所示为常见的小凸模及其装配形式。

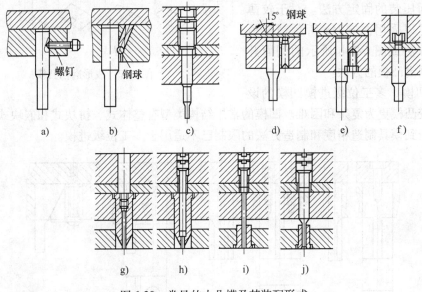

图 6-20  常见的小凸模及其装配形式

冲孔后的废料随着凸模回程贴在凸模端面上带出模具,并掉在凹模表面,若不及时清除将会使模具损坏。设计时应考虑采取一些措施,防止废料随凸模上窜。故对 $\phi 0.2 \mathrm{mm}$ 以上的凸模应采用能排除废料的凸模。图 6-21 所示为带顶出销的凸模结构,利用弹性顶销使废料脱离凸模端面。也可在凸模中心加通气孔,减小冲孔废料与冲孔凸模端面上的"真空区压力",使废料易于脱落。

除了冲孔凸模外,级进模中有许多分解冲裁的制件轮廓冲裁凸模。这些凸模的加工大都采用线切割结合成形磨削的加工方法。图 6-22 所示为成形磨削凸模的六种形式,图 6-22a 所示为直通式凸模,常采用固定方法铆接和吊装在固定板上,但铆接后难以保证凸模与固定板的较高垂直度,且修正凸模时铆合固定将会失去作用。此种结构在多工位精密模具中常采用

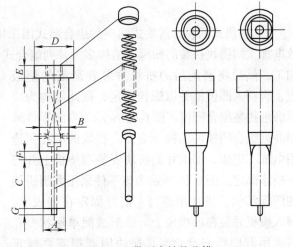

图 6-21  带顶出销的凸模

吊装。图6-22b与图6-22c所示是同样断面的冲裁凸模，其考虑因素是固定部分台阶定在单面还是双面及凸模受力后的稳定性。图6-22d所示为两侧有异形突出部分，突出部分窄小易产生磨损和损坏，因此结构上宜采用镶拼结构。图6-22e所示为一般使用的整体成形磨削带突起的凸模。图6-22f所示为用于快换的凸模结构。

图6-23所示为上述凸模常用的螺钉固定和锥面压装的固定方法。对于较薄的凸模，可以采用图6-24a所示销钉吊装的固定方法或图6-24b所示的侧面开槽用压板固定凸模的方法。

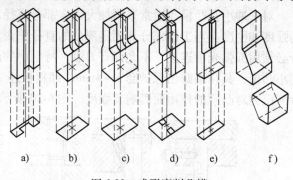

图6-22 成形磨削凸模

（2）凹模 多工位级进模凹模的设计与制造较凸模更为复杂和困难。凹模的常用结构类型有整体式、拼块式和嵌块式。整体式凹模由于受到模具制造精度和制造方法的限制已不适用于多工位级进模。

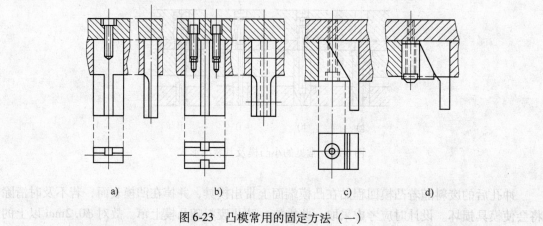

图6-23 凸模常用的固定方法（一）

1）拼块式凹模。拼块式凹模的组合形式因采用的加工方法不同而分为两种结构。采用放电加工的拼块拼装的凹模，结构多为并列组合式；若将凹模型孔轮廓分割后进行成形磨削加工，然后将磨削后的拼块拼装在所需的垫板上，再镶入凹模框并以螺栓固定，则此结构为成形磨削拼装组合凹模。图6-25所示为弯曲零件采用并列组合凹模的结构示意图。拼块的型孔制造用电加工完成，加工好的拼块安装在垫板上并与下模座固定。图6-26所示为该零件采用磨削拼装的凹模结构，拼块用螺钉、销钉固定在垫板上，镶入模框并装在凹模座上。圆形或简单形状型孔可采用圆凹模嵌套。当某拼块因磨损需要修正时，只需要更换该拼块就能继续使用。磨削拼块组合的凹模，由于拼块全部经过磨削和研磨，有

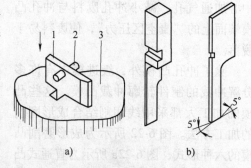

图6-24 凸模常用的固定方法（二）
a) 销钉吊装 b) 带压板槽的小凸模
1—凸模 2—销钉 3—凸模固定板

较高的精度。在组装时为确保相互有关联的尺寸，可对需配合面增加研磨工序，对易损件可制作备件。

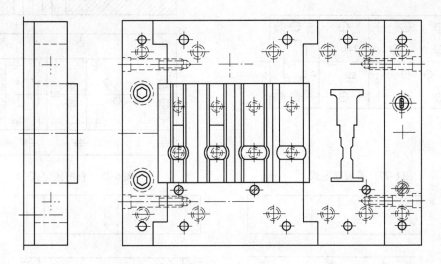

图 6-25　并列组合凹模结构

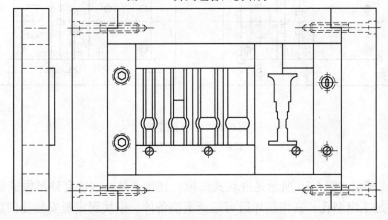

图 6-26　磨削拼装凹模

拼块凹模的固定主要有以下三种形式：

①平面固定式。平面固定是将凹模各拼块按正确的位置镶拼在固定板平面上，分别用定位销（或定位键）和螺钉定位和固定在垫板或下模座上，如图 6-27 所示。该形式适用于较大的拼块凹模，且按分段固定的方法。

②嵌槽固定式。嵌槽固定是将拼块凹模直接嵌入固定板的通槽中，固定板上凹模深度不小于拼块厚度的 2/3，各拼块不用定位销，而在嵌槽两端用键或楔定位，用螺钉固定，如图 6-28 所示。

③框孔固定式。框孔固定式有整体框孔和组合孔两种，如图 6-29 所示。其中，图 6-29a 为整体框孔，图 6-29b 为组合框孔。整体框孔固定凹模拼块时，模具的维护，装拆较方便。当拼块承受的胀形力较大时，应考虑组合框连接的刚度和强度。

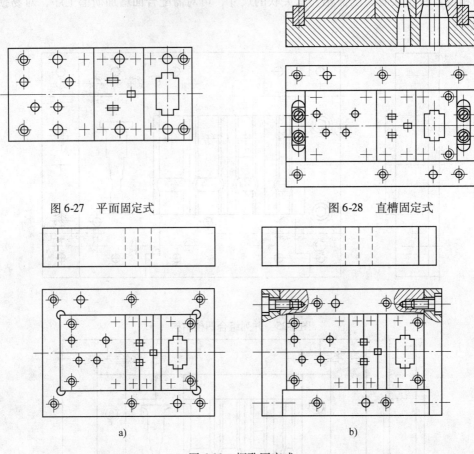

图 6-27　平面固定式　　　　图 6-28　直槽固定式

a)　　　　　　　　　　b)

图 6-29　框孔固定式
a) 整体框孔　b) 组合框孔

2) 嵌块式凹模。图 6-30 所示是嵌块式凹模，其特点是：嵌块套外形做成圆形，且可选用标准的嵌块加工出型孔，嵌块损坏后可迅速更换备件。嵌块固定板安装孔的加工常使用坐标镗床和坐标磨床。当嵌块工作型孔为非圆孔，由于固定部分为圆形必须考虑防转。

图 6-31 所示为常用的凹模嵌块结构。其中图 6-31a 为整体式嵌块；图 6-31b 所示为异形孔时，因不能磨削型孔和漏料孔而将它分成两块（其分割方向取决于孔的形状），考虑到其拼接缝要对冲裁有利及便于磨削加工，镶入固定板后用键使其定位。这种方法也适用于异形孔的导套。

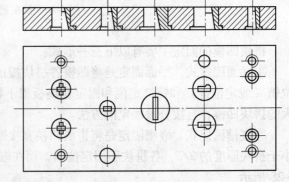

图 6-30　嵌块式凹模

**2. 带料导向与定距装置设计**

(1) 带料的导向装置　多工位级进模依靠送料装置的机械动作，使带料按设计的进距尺寸送进，实现自动冲压。由于带料经过冲裁、弯曲、拉深等变形后，在条料厚度方向上会有不同高度的弯曲和突起，为了顺利送进带料，必须将已被成形的带料托起，使突起和弯曲的部位离开凹模洞口并略高于凹模工作表面，这种使带料托起的特殊结构称为浮动托料装置，该装置往往和带料的导向零件共同使用。

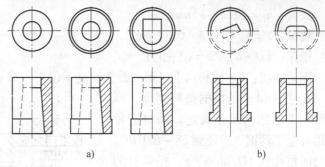

1）浮动托料装置。图6-32所示是常用托料装置，结构有托料钉、托料管和托料块三种形式。托起的高度一般应使条料最低部

图6-31 凹模嵌块

位高出凹模表面1.5~2mm，同时应使被托起的条料上平面低于刚性卸料板下平面$(2~3)t$，这样才能使条料送进顺利。

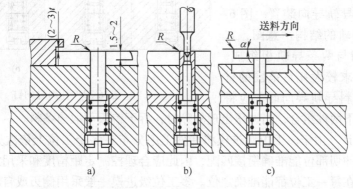

图6-32 浮动托料装置
a) 托料钉　b) 托料管　c) 托料块

托料钉的优点是可以根据托料具体情况布置，托料效果好，凡是托料力不大的情况都可采用压缩弹簧作托料力源。托料钉通常用圆柱形，但也可用方形（在送料方向带有斜度）。托料钉经常是成偶数使用，其正确位置应设置在条料上没有较大的孔和成形部位下方。

对于刚性差的条料应采用托料块托料，以免条料变形。

托料管设在有导正的位置进行托料，它与导正销配合（H7/h6），管孔起导正孔作用，适用于薄料。

这些形式的托料装置常与导料板组成托料导向装置。

2）浮动托料导向装置。托料导向装置是具有托料和导料双重作用的模具部件，在级进模中应用广泛，它分为托料导向钉和托料导轨两种形式。

①托料导向钉。托料导向钉如图6-33所示，在设计中最重要的是导向钉的结构设计和卸料板凹坑深度的确定。图6-33a是条料送进的工作位置，当送料结束，上模下行时，卸料板凹坑底面首先压缩导向钉，使条料与凹模面平齐并开始冲压。当上模回升时，弹簧将托料导向钉推至最高位置，准备进行下一步的送料导向。图6-33b、6-33c是常见的设计错误：前者卸料板凹坑过深，造成带料被压入凹坑内；后者是卸料板凹坑过浅，使带料被向下挤入

与托料钉配合的孔内。因此，设计时必须注意尺寸的协调，其协调尺寸推荐值为：

槽宽：$h_2 = t + (0.6 \sim 1)$ mm。

头高：$h_1 = (1.5 \sim 3)$ mm。

坑深：$T = h_1 + (0.3 \sim 0.5)$ mm。

槽深：$(D - d)/2 = (3 \sim 5)t$。

浮动高度：$h = $ 材料向下成形的最大高度 $+ (1.5 \sim 2)$ mm。

尺寸 $D$ 和 $d$ 可根据条料宽度，厚度和模具的结构尺寸确定。托料钉常选用合金工具钢，淬硬到 58～62HRC，并与凹模孔成 H7/h6 配合。托料钉的下端台阶可做成可拆式结构，在装拆面上加垫片可调整材料托起位置的高度，以保证送料平面与凹模平面平行。

② 浮动托料导轨导向装置。图 6-34 所示为托料导轨的结构示意图，它由四根浮动导销与两条导轨板组成，应用于薄料和要求较大托料范围的材料托起。设计托料导轨导向时，应将导轨导板分为上下两件组合，当冲压出现故障时，拆下盖板可取出条料。

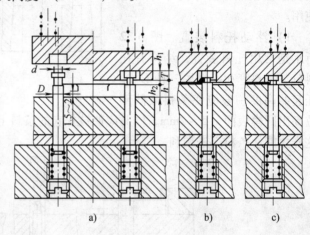

图 6-33 托料导向钉

（2）定距设计 由于多工位级进模将冲件工序分布在多个工位上依次完成，要求前后工位上工序件的冲切部位能准确衔接匹配，因此应合理控制定距精度和采用定距元件或定距装置，使工序件在每一工位都能准确定位。多工位级进模一般采用侧刃或自动送料装置对条料进行送进定距，并设置导正销进行精确定位。

多工位级进模中对工序件的定位包括定距、导料和浮顶等方面。

1）送料节距的公称尺寸。常见排样的送料节距公称尺寸见表 6-2。

2）送料节距精度。为确保级进模加工出的产品质量和模具加工精度的经济合理，送料节距需要有一定的公差范围，称为送进精度。

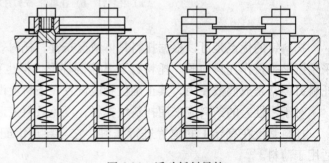

图 6-34 浮动托料导轨

送进精度越高，冲件精度也越高，但送进精度过高，将会给模具加工带来困难，模具制造成本增加。

影响送进精度的主要因素有：冲件的公差等级、形状复杂程度、条料的材质和厚度、冲压时条料的送料方式和定距方式、模具的工位数等。多工位级进模送进精度可按如下经验公式计算：

$$\delta = \pm \frac{\Delta}{2\sqrt[3]{n}} k \tag{6-1}$$

式中　$\delta$——多工位级进模送料节距对称偏差值；
　　　$\Delta$——将冲件沿送料方向最大轮廓尺寸的公差等级提高四级后的实际公差值；
　　　$n$——模具设计的工位数；
　　　$k$——修正系数，见表6-3。

表6-2　步距公称尺寸

| 送料方向 | 排样方式 | 送料节距公称尺寸 $S$ |
|---|---|---|
| 自右向左送料 | | $S = A + M$ |
| | | $S = B - M$ |
| 自左向右送料 | | $S = \dfrac{M + B}{\sin\alpha}$ |
| | | $S = A + B + 2M$ |

表 6-3　修正系数 $k$ 值

| 冲裁间隙 $Z$(双面) | $k$ | 冲裁间隙 $Z$(双面) | $k$ |
| --- | --- | --- | --- |
| 0.01 ~ 0.03 | 0.85 | >0.12 ~ 0.15 | 1.03 |
| >0.03 ~ 0.05 | 0.90 | >0.15 ~ 0.18 | 1.06 |
| >0.05 ~ 0.08 | 0.95 | >0.18 ~ 0.22 | 1.10 |
| >0.08 ~ 0.12 | 1.00 | | |

定距的主要目的是保证各工位工序件能按设计要求等距向前送进，常用的定距机构有挡料销、侧刃、导正销及自动送料装置。

挡料销主要用于精度要求不高的手工送料级进模，挡料销的结构与使用方法同普通冲模中的完全相同，在此不再赘述。

在精密级进模中不采用挡料销定位，设计时常使用导正销与侧刃配合定位的方法，侧刃作初定位，导正销作为精定位。

1) 侧刃。侧刃的基本形式按侧刃进入凹模孔时有无导向分为两种：无导向的直入式侧刃和有导向的侧刃，如图 6-35a、b 所示，直入式侧刃一般适用于料厚小于 1.2mm 的薄料冲压；有导向的侧刃常用于侧刃兼作切除废料，且被冲形状又比较复杂的模具中。每种侧刃的截面形状均有图 6-35 所示的四种形式。

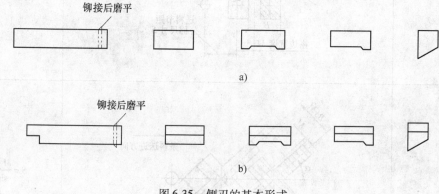

图 6-35　侧刃的基本形式
a) 无导向的侧刃　b) 有导向的侧刃

2) 导正销。导正销是级进模中应用最为普遍的定距方式。

在精密级进模中，不采用定位销定位，因定位销有碍自动送料且定位精度低。设计时常使用导正销与侧刃配合定位的方法，侧刃作定距与初定位，导正销作精定位，此时，侧刃长度应大于步距 0.05 ~ 0.1mm，以便导正销导入孔时条料略向后退。在自动冲压时也可不用侧刃，条料的定位与送料节距控制靠导料板、导正销和送料机构来实现。

在设计模具时，作为精定位的导正孔，应安排在排样图中的第一工位冲出，导正销设置在紧随冲导正孔的第二工位，第三工位可设置检测条料送料节距的误差检测凸模，如图 6-36 所示。

图 6-37 所示是导正过程示意图。虽然多工位级进冲压采用了自动送料装置，但送料装置会出现 ±0.02mm 左右的送进误差。由于送料的连续动作将造成自动调整失准，形成累积

误差。图6-37a 出现正误差（多送了 $C$），图6-37b 为导正销导入材料使材料向 $F'$ 方向退回的示意图。

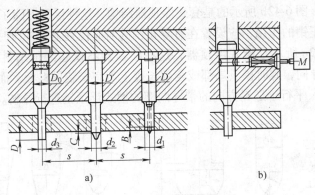

图6-36 条料的导正与检测

导正销的设计要考虑如下因素：

①导正销与导正孔的关系。导正销导入材料时，既要保证材料的定位精度，又要保证导正销能顺利地插入导正孔。配合间隙大，定位精度低；配合间隙过小，导正销磨损加剧并形成不规则形状，从而又影响定位精度。导正销与导正孔间隙如图6-38所示。

②导正销的头部形状。导正销的头部形状从工作要求来看分为引导和导正部分，根据几何形状可分为圆弧形和圆锥形头部。图6-39a 所示为常见的圆弧形头部；图6-39b 所示为圆锥形头部。

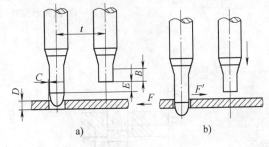

图6-37 导正过程

③导正销的突出量。导正销的前端部分应突出于卸料板的下平面，如图6-40所示。突出量 $x$ 的取值范围为 $0.6t < x < 1.5t$。薄料取较大的值，厚料取较小的值，当 $t = 2\text{mm}$ 以上时，$x = 0.6t$。

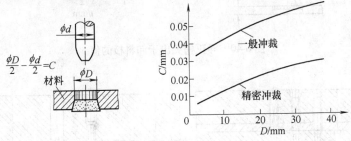

图6-38 导正销与导正孔间隙

如图6-41所示为导正销的固定方式，图6-41a所示的导正销固定在固定板或卸料板上，图6-41b所示的导正销固定在凸模上。

导正销在一幅模具中多处使用时，其突出长度 $x$、直径尺寸和头部形状必须保持一致，以使所有的导正销承受基本相等的载荷。图6-42所示是常用的浮顶器结构，由浮顶销、弹簧和螺塞组成。图6-42a所示的是普通浮顶器结构，这种浮顶器只起浮顶条料离开凹模平面的作用，因此可以设在任意位置，但应注意尽量设置在靠近成形部分的材料平面上，浮顶力大小要均匀、适当；图6-42b所示的是套式浮顶器结构，这种浮顶器除了浮顶条离开凹模平面，还兼起保护导正销的作用，应设置在有导正销的对应位置上，冲压时导正销进入套式浮顶销的内孔；图6-42c所示是槽式浮顶器，这种浮顶器不仅起浮顶条料离开凹模平面的作用，还对条料进行导向，此时模具局部或全部长度上不宜安装导料板，而是由装在凹模工作型孔两侧（或一侧）平行于送料方向的带导向槽的槽式浮顶销进行导料。

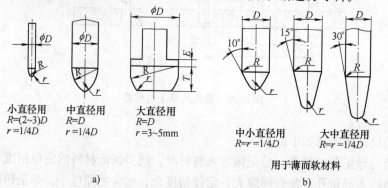

图6-39 导正销的头部形状
a）圆弧形头部 b）圆锥形头部

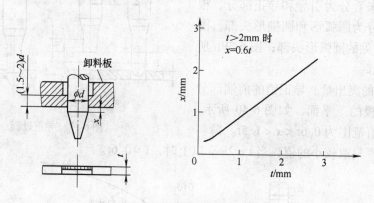

图6-40 导正销突出于卸料板的值

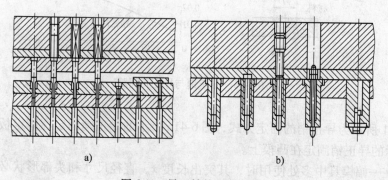

图6-41 导正销的固定方式

# 项目六 多工位级进模设计

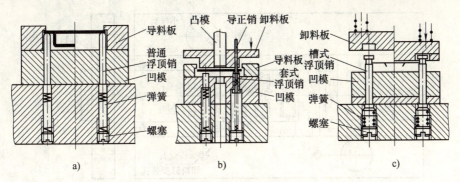

图 6-42 浮顶器结构
a) 普通浮顶销  b) 套式浮顶销  c) 槽式浮顶销

3) 导料板。多工位级进模与普通冲裁模一样,也用导料板对条料沿送进方向进行导向,它安装在凹模上平面的两侧,并平行于模具中心线。多工位级进模的导料板有两种形式,一种为普通型的导料板,其结构及工作原理同普通模具,主要适用于低速、手工送料,且为平面冲裁的连续模;另一种为带凸台的导料板,如图 6-43 所示,多用于高速、自动送料,且多为带成形、弯曲的立体冲压连续模。设置凸台的目的是为了保证条料在浮动送料过程中始终保持在导料板内运动。

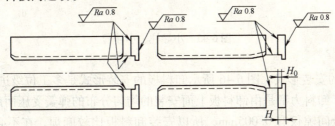

图 6-43 带凸台导料板

## 3. 卸料装置设计

卸料装置的作用除冲压开始前压紧带料、防止各凸模冲压时由于先后次序的不同或受力不均匀而引起带料窜动并保证冲压结束后及时平稳地卸料外,重要的是卸料板将对各工位上的凸模(特别是细小凸模)在受侧向作用力时,起到精确导向和有效的保护作用。卸料装置主要由卸料板、弹性元件、卸料螺钉和辅助导向零件所组成。

(1) 卸料板的结构  多工位级进模的弹性卸料板,由于型孔多,形状复杂,为保证型孔的尺寸精度、位置精度和配合间隙,多采用分段拼装结构固定在一块刚度较大的基体上。图 6-44 所示是由五个拼块组合而成的卸料板。基体按基孔制配合关系开出通槽,两端的两个拼块按位置精度的要求压入基体通槽后,分别用螺钉、销钉定位固定;中间三块拼块经磨削加工后直接压入通槽内,仅用螺钉与基体连接。安装位置尺寸采用对各分段的结合面进行研磨加工来调整,从而控制各型孔的尺寸精度和位置精度。

(2) 卸料板的导向形式  由于卸料板有保护小凸模的作用,要求卸料板有很高的运动精度,为此要在卸料板与上模座之间增设辅助导向零件——小导柱和小导套,如图 6-45 所示。当冲压的材料比较薄,且模具的精度要求较高,工位数又比较多时,应选用滚动式导柱导套。

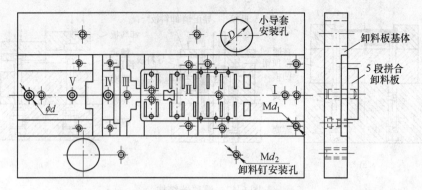

图 6-44　拼块组合式弹性卸料板

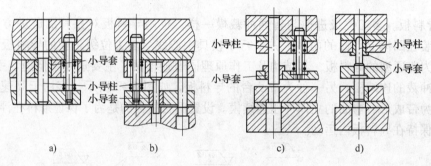

图 6-45　小导柱、小导套

（3）卸料板的安装形式　图 6-46 所示卸料板的安装形式是多工位级进模中常用的结构。卸料板的压料力、卸料力都是由卸料板上面安装的均匀分布的弹簧受压而产生的。由于卸料板与各凸模的配合间隙仅有 0.005mm，所以安装卸料板比较麻烦，在不必要时，尽可能不把卸料板从凸模上卸下。

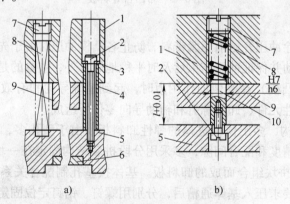

图 6-46　卸料板的安装形式

1—上模座　2—螺钉　3—垫片　4—管套　5—卸料板　6—卸料板拼块　7—螺塞
8—弹簧　9—固定板　10—卸料销

考虑到刃磨时既不把卸料板从凸模上取下，又要使卸料板低于凸模刃口端面便于刃磨，采用把弹簧固定在上模内，并用螺塞限位的结构。刃磨时，只要旋出螺塞，弹簧即可取出，十分方便。卸料螺钉若采用套管组合式,修磨套管尺寸可调整卸料板相对凸模的位置,修磨垫片可调整卸料板使其达到理想的动态平行度(相对于上、下模)要求。图6-46b采用的是内螺纹式卸料螺钉,弹簧压力通过卸料螺钉传至卸料板。

为了在冲压料头和料尾时,使卸料板运动平稳,压料力平衡,可在卸料板的适当位置安装平衡钉,保证卸料板运动的平衡。

(4) 卸料螺钉 卸料板采用卸料螺钉吊装在上模。卸料螺钉应对称分布,工作长度要严格一致。图6-47所示是多工位级进模使用的卸料螺钉。外螺纹式:轴长的精度为±0.1mm,常使用在少工位普通级进模中。内螺纹式:轴长精度为±0.02mm,通过磨削轴端面可使一组卸料螺钉工作长度保持一致。组合式:由套管,螺栓和垫圈组合而成,它的轴长精度可控制在±0.01mm。内螺纹式和组合式还有一个很重要的特点,当冲裁凸模经过一定次数的刃磨后再进行刃磨时,对卸料螺钉工作段的长度必须磨去同样的量值,才能保证卸料板的压料面与冲裁凸模端面的相对位置,而外螺纹式卸料螺钉工作段的长度刃磨较困难。

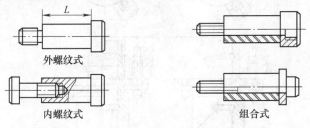

图6-47 卸料螺钉种类

### 4. 多工位级进模模架

级进模模架要求刚性好,精度高,因此,通常将上模座加厚5~10mm,下模座加厚10~15mm(与国家标准 GB/T 2851—2008、GB/T 2852—2008 中规定的标准模架相比)。同时,为了满足刚性和导向精度的要求,级进模常采用四导柱模架。

精密级进模的模架导向,一般采用滚动导柱(GB/T 2861.8—2008)导向,滚珠(柱)与导柱、导套之间无间隙,常选用过盈配合,其过盈量为0.01~0.02mm(导柱直径为20~76mm)。导柱、导套的圆柱度均为0.003mm,其轴心线与模板的垂直度对于导柱为0.01:100。图6-48所示为一种新型导向结构,滚柱表面由三段圆弧组成,靠近两端的两段凸弧(滚柱面4)与导套内径相配(曲率相同),中间的凹弧(滚柱面5)与导柱外径相配,通过滚柱达到导套在导柱上的相对运动。这种滚柱导向以线接触代替了滚珠导向的点接触,消除了大的偏心载荷,也提高了导向精度和寿命,增加了刚性,其过盈量为0.003~0.006mm。为了方便刃磨和装拆,常将导柱做成可卸式,即锥度固定式(其锥度为1:10)或压板固定式(配合部分长度为45mm,按T7/h6配合,让位部分比固定部分小0.04mm左右,如图6-49所示)。

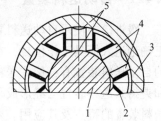

图6-48 滚柱导向结构
1—导柱 2—滚柱保持圈
3—导套 4、5—滚柱面

导柱材料常用GGr15淬硬60~62HRC,表面粗糙度最好能达到 $Ra = 0.1\mu m$,此时磨损最小,润滑作用最佳。为了更换方便,导套也采用压板固定式,如图6-49d、e所示。

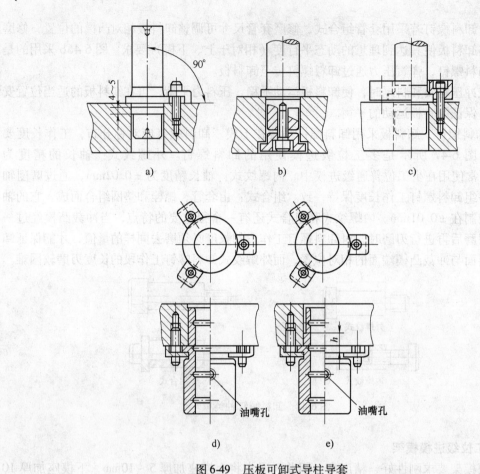

图 6-49 压板可卸式导柱导套
a) 三块压板压紧导柱 b) 螺钉压板拉紧导柱 c) 压板压紧导柱 d)、e) 三块压板压紧导套

## 6.4 多工位级进模的自动送料和安全检测装置

### 6.4.1 自动送料装置

级进模中使用自动送料装置的目的,是将原材料(钢带或线材)按所需要的送料节距,正确地送入模具工作位置,在各个不同的冲压工位完成预先设定的冲压工序。级进模中常用的自动送料装置有:钩式送料装置、辊式送料装置、夹持式送料装置等。目前辊式送料装置和夹持式送料装置已经形成了一种标准化的冲压自动化周边设备。本节将简单地介绍这三种送料装置的特点及其应用。

**1. 钩式送料装置**

(1) 钩式送料装置的特点 钩式送料装置是一种结构简单、制造方便、低制造成本的自动送料装备。各种钩式送料装置的共同特点是靠拉料钩拉动工艺搭边,实现自动送料。这种送料装置只能使用在有搭边且搭边具有一定的强度的冲压生产中,在拉料钩没有钩住搭边时,需靠手工送进。在级进冲压中,钩式送料通常与侧刃、导正销配合使用才能保证准确的送料节距。该类装置送进误差约在 ±0.15mm,送进速度一般小于 15m/min。

钩式送料装置可由压力机滑块带动，也可由上模直接带动，后者应用比较广泛。图6-50所示是由安装在上模的斜楔3带动的钩式送料装置，其工作过程是：开始几个工件用手工送进，当达到拉料钩位置时，上模下降，装于下模的滑块2在斜楔3的作用下向左移动，铰接在滑动块上的拉料钩5将材料向左拉移一个步距A，此后料钩停止不动（图示位置），上模继续下降凸模6开始冲压，当上模回升时，滑块2在拉簧1的作用下，向右移动复位，使带斜面的拉料钩跳过搭边进入下一孔位完成第一次送料，而条料则在止退簧片7的作用下静止不动。以此循环，达到自动间歇送进的目的。

钩式送料装置的送料运动一般是在上模下行时进行，因此，送料必须在凸模接触材料前结束，以保证冲压时材料定位在正确的冲压位置。若送料是在上模上升时进行，材料的送进必须在凸模上升脱离冲压材料后开始。

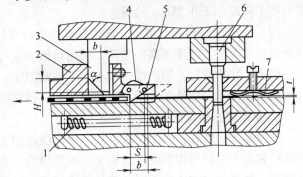

图6-50 钩式自动送料装置
1—拉簧 2—滑块 3—斜楔 4—簧片
5—拉料钩 6—凸模 7—止退簧片

（2）拉料钩行程的计算　为了保证拉料钩顺利地落下一个孔，应使 $S_{钩} > S$，如图6-51所示，即

$$S_{钩} = S + S_{附}$$

$S_{附}$ 一般取 $1 \sim 3$mm。图6-51所示拉料钩最大行程等于斜楔斜面的投影，即 $S_{钩max} = b$；斜楔压力角小于许用压力角，即 $\alpha_{max} \leq 40°$。为保证 $S_{钩} < b$，可在T形导轨底板上安装限位螺钉，使送料滑块复位时在所需位置上停住，从而获得所需要的送料节距。

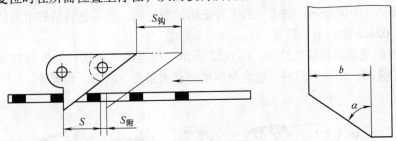

图6-51 拉料钩行程计算图

（3）压力机行程与斜面高度尺寸关系　为保证送料与冲压两者互不干涉，压力机的行程 $H \leq h + t + (2 \sim 4)$mm，式中的 $h$ 是斜楔斜面的高度，在带料级进拉深中 $H \geq h +$ 工作高度。

**2. 辊式送料装置**

（1）辊式送料装置的特点　辊式送料装置目前已经作为冲压机械的一种附件，是在各种送料装置中应用较广泛的一种。这种送料装置送料精度较高，目前，即使在600次/min的高速冲压速度下，送进误差也仅在 $\pm 0.02$mm 以内。若与导正销配合使用，其送进误差可达 $\pm 0.01$mm。

该送料装置是依靠辊轮和坯料间的摩擦力进行送料,它们之间的接触面积较大,不会压伤材料,并能起到矫直材料的作用。辊式送料装置的通用性较好,在一定范围内,无论材料宽窄与厚薄,只需调整送料机构去配合模具即可使用。

辊式送料装置分为单辊式和双辊式,单辊式适宜于料厚大于0.15mm 的级进冲压,双辊式可用于料厚小于0.15mm 的级进冲压。

(2) 辊式送料装置的机构　辊轮是直接与材料接触的零件,它有实心辊和空心辊两种。对于送料节距小、速度不高的情况,辊轮可做成实心;当送料速度较高时,辊轮一般都采用空心结构,其重量轻,回转惯性较小,可即时停止,确保送进精度。主动辊轮和从动辊轮大都采用齿轮传动。辊轮的外径应该与齿轮的节圆相同。

**3. 夹持式送料装置**

夹持式送料装置在多工位级进冲压中广泛地用于条料、带料和线料的自动送料。它是利用送料装置中滑块机构的往复运动来实现送料的。夹持式送料装置可分为夹钳式、夹刃式和夹滚式。根据驱动方法的不同,又分为机械式、气动式、液压式。下面介绍在多工位精密级进模送料中常用的气动夹持式送料装置。

(1) 气动送料装置的特点　气动夹持送料装置安装在模具下模座或专用机架上,以压缩空气为动力,利用压力机滑块下降时安装在上模或滑块上的固定撞块撞击送料器控制阀,形成整个压缩空气回路的导通和关闭,气缸驱动固定夹板和活动夹板的夹紧和放松,并由送料活塞推动活动夹板的前后移动来完成间歇送料。气动送料装置灵敏轻便,通用性强,因其送料长度和材料厚度均可调整,所以不但适用于大量生产的制件,也适用于多品种、小批量制件的生产。

气动送料装置的最大特点是送料节距精度较高、稳定可靠、一致性好。对于带导正销的高精度级进模,可使送料浮动,并在此期间保证导正销的导入,从而可使经导正后的带料重复定位精度高达 ±0.003mm。对于一般无导正销的级进模,依靠送料装置本身的精度,也能获得高于 ±0.02mm 送料节距精度。

(2) 典型的气动送料装置结构　图 6-52 所示是标准的气动送料装置结构示意图,该送料装置可用于金属、塑胶等材料,适宜材料的形状有带料、圆形、角形等。

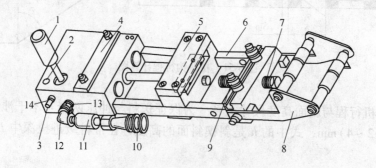

图 6-52　气动送料装置结构

1—控制阀　2—固定孔　3—速度调整螺钉　4—固定夹板　5—移动夹板　6—方柱型导轨
7—送料长度微调螺钉　8—送料滚筒支架　9—导轮　10—快速接头　11—空气阀
12—弯头　13—螺纹接头　14—排气孔

## 6.4.2 安全检测装置

冲压自动化生产，不但要有自动送料装置，还必须在生产过程中有防止失误的安全检测装置，以保护模具和压力机免受损坏。

安全检测装置既可设置在模具内，也可设置在模具外。当发生失误影响模具正常工作时，其中的各种传感器（光电传感器、接触传感器等）就能迅速将信号反馈给压力机的制动部分，使压力机停机并报警，实现自动保护。图 6-53 所示为冲压自动化生产中，应用的各种安全检测装置。

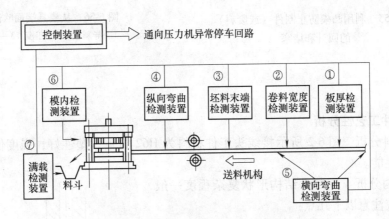

图 6-53 冲压自动化生产中的安全检测装置

图 6-54 所示为应用接触传感器和浮动导正销检测条料误送的机构示意图。

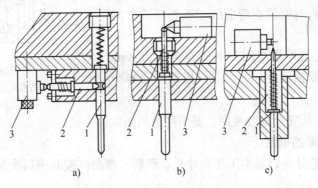

图 6-54 导正孔检测机构示意图
1—浮动检测销（导正销） 2—接触销 3—微动开关

此外，为消除安全隐患，在模具设计时，也应设计一些安全保护装置，如：防止制件或废料的回升和堵塞、模面制件或废料的清理等。图 6-55 所示为利用凸模内装顶料销或压缩空气防止制件或废料的回升和堵塞；图 6-56 所示是利用压缩空气经下模将模面的制件吹离；图 6-57 所示是利用压缩空气将从上模中推出的制件吹离模面。

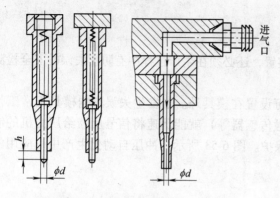
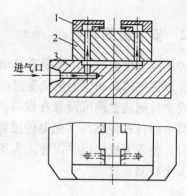

图6-55 利用凸模防止制件（或废料）的回升和堵塞

图6-56 从模具端面吹离制件
1—导料板 2—凹模 3—下模座

## 项目实施

### 1. 冲压件工艺性分析

（1）材料分析 图6-2所示接线头工件材料为H62黄铜，塑性好，强度低，具有优良的冲压成形性能。

（2）结构分析 该制件结构形状复杂程度一般，尺寸较小，应注意以下几点：

1）零件弯曲半径较小，应验算是否满足最小弯曲半径要求。查得H62在弯曲线与纤维方向垂直时所能达到的最小弯曲半径为 $0.35t = 0.35 \times 1mm = 0.35mm$，小于零件的弯曲半径1mm，所以在生产时不会弯裂，但在下料时要注意弯曲线与板料纤维方向的关系。

2）$\phi 4mm$ 的孔与外形之间的距离仅为1.75mm，同步冲裁会出现凹模强度不够的问题，应采用分步冲裁。

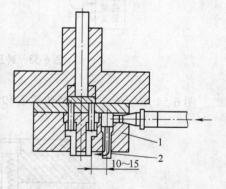

图6-57 利用压缩空气吹离制件
1—凸模固定板 2—气嘴

3）制件较小，从安全角度考虑，要采用适当的取件方式。

### 2. 冲压工艺方案的确定

根据制件的工艺分析，基本工序有冲孔、落料、弯曲。按其先后次序组合可得如下几种方案：

1）落料—弯曲—冲孔：三套单工序模具冲压。
2）落料—冲孔—弯曲：三套单工序模具冲压。
3）冲孔—落料—弯曲：冲孔、落料级进模，弯曲单工序模冲压。
4）冲孔—切外形—弯曲—切断落料：多工序冲压。
5）冲导正销孔—切外形（同时导正）—冲孔—弯曲—切断出件：多工序冲压。

方案1）、2）、3）为单工序冲压，生产这种小型件时，工件的定位不准，放取工件操作困难且不安全，生产率低，满足不了大批量生产的要求，所以应考虑多工序方案4）或5）。

从冲裁合理的角度、安全性能、经济性能、冲裁件质量等方面考虑,初步确定用方案5)。切断产生的载体废料由压缩空气吹出模具。

**3. 零件工艺计算**

(1) 毛坯尺寸的确定  计算零件的相对弯曲半径 $r/t = 1/1 = 1$,查得中性层内移系数 $x = 0.32$,根据弯曲件坯料展开长度的计算公式得

$$l_{总} = l_{直1} + 2l_{直2} + 2l_{弯} = l_{直1} + 2l_{直2} + \frac{2\pi\alpha}{180}(r + xt)$$

$$= \left[4 + 2 \times 3 + 2 \times \frac{3.14 \times 90}{180}(1 + 0.32 \times 1)\right]\text{mm} = 14.14\text{mm}$$

毛坯展开图如图 6-58 所示。

(2) 排样设计与计算

1) 送料节距与条料宽度的计算。为了保证切边凸模有足够的强度,条料搭边值人为调整为:零件之间的搭边值 $a = 3\text{mm}$,零件与条料侧边之间的搭边值 $a_1 = 2\text{mm}$,则

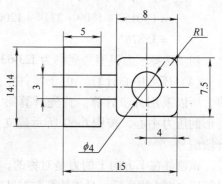

图 6-58  毛坯展开图

送料节距:$S = D + a = (15 + 3)\text{mm} = 18\text{mm}$

条料宽度:$B = (D + 2a_1)_{-\Delta}^{0} = (14.14 + 2 \times 2)_{-0.5}^{0}\text{mm} \approx 18.14_{-0.5}^{0}\text{mm}$

2) 排样图的确定。该冲件既有冲裁又有弯曲,成形较为复杂,因此采用切除余料的方法成形。又因冲件为两外侧有弯曲的对称零件,故采用中间载体(宽度3mm)。这样可以抵消两侧弯曲时产生的侧压力,也可节省材料。冲裁过程中步距由切外形步骤得以保证,并采用手工横向送料。为了保证切外形时条料的定位精度,在第一工位增设了辅助导正孔(直径2mm)的冲裁,并在第二工位上设置导正销导正。

由于零件尺寸小,计算所得的条料宽度窄,为了保证剪板质量,决定选用规格为 1mm × 600mm × 1500mm 的板料,同时考虑零件弯曲线与板料纤维方向的相互关系,决定由剪板机剪成 18.14mm × 600mm 的条料进行冲裁,具体排样图如图 6-59 所示。

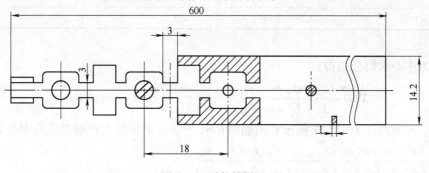

图 6-59  零件排样图

(3) 冲压力的计算

1) 冲裁力 $F$。已知材料厚度 $t = 1\text{mm}$,查得黄铜的抗拉强度 $\sigma_b = 373\text{MPa}$,计算得出冲孔周长 $L_1 = 12.56\text{mm}$,切边周长 $L_2 = 31.14 \times 2\text{mm} = 62.28\text{mm}$,切断部分周长 $L_3 = 6\text{mm}$,则

由冲裁力计算公式得：$F = Lt\sigma_b = (L_1 + L_2 + L_3)t\sigma_b = (12.56 + 62.28 + 6) \times 1 \times 373\text{N} \approx 30153\text{N}$。

2）卸料力 $F_卸$ 和推件力 $F_推$。查得 $K_1 = 0.02 \sim 0.06$，取 $K_1 = 0.06$；查得 $K_2 = 0.03 \sim 0.09$，取 $K_2 = 0.09$，则

$$F_1 = K_1 \times F = 0.06 \times 30153\text{N} \approx 1809\text{N}, \quad F_2 = K_2 \times F = 0.09 \times 30153\text{N} \approx 2714\text{N}$$

3）弯曲力（校正弯曲力）。查得 H62（黄铜）单位面积的校正力为 $p = 60 \sim 80\text{MPa}$，取 $p = 80\text{MPa}$，则 $F_j = Ap = 5 \times 3 \times 80\text{N} = 1200\text{N}$。校正弯曲时，可忽略顶件力和压料力。

由以上计算可得压力机所需总冲压力：

$$\begin{aligned} F_总 &= F + F_1 + F_2 + F_j \\ &= (30153 + 1809 + 2714 + 1200)\text{N} \\ &= 35876\text{N} \end{aligned}$$

初步选择压力机型号规格为 J23-63。

（4）压力中心计算　由于零件生产工位较多，所以采用分步计算。首先计算第二工位切外形的压力中心，按图 6-60 所示建立坐标系并分段编号。

该制件在 $Y$ 方向上的力是对称的，所以只需计算压力中心横坐标。具体计算数据见表 6-4。

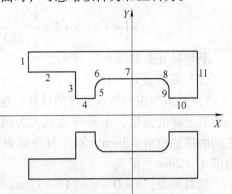

图 6-60　切外形冲孔压力中心求解示意图

表 6-4　计算数据

| 基本要素长度 $L$/mm | 各基本要素压力中心横坐标值/mm | 基本要素长度 $L$/mm | 各基本要素压力中心横坐标值/mm |
|---|---|---|---|
| $L_1 = 2$ | $x_1 = -11$ | $L_7 = 6$ | $x_7 = 0$ |
| $L_2 = 5$ | $x_2 = -8.5$ | $L_8 = 1.57$ | $x_8 = 3.636$ |
| $L_3 = 3.6$ | $x_3 = -6$ | $L_9 = 1$ | $x_9 = 4$ |
| $L_4 = 2$ | $x_4 = -5$ | $L_{10} = 3$ | $x_{10} = 5.5$ |
| $L_5 = 1.25$ | $x_5 = -4$ | $L_{11} = 4.75$ | $x_{11} = 7$ |
| $L_6 = 1.57$ | $x_6 = -3.636$ | | |

由压力中心求解公式得：

$$X = \frac{x_1 L_1 + x_2 L_2 + \cdots + x_{11} L_{11}}{L_1 + L_2 + \cdots + L_{11}} = \frac{-43.75}{31.14}\text{mm} = -1.04\text{mm}$$

零件生产时总压力中心求解示意图如图 6-61 所示，则模具生产的总压力中心为：

$$\begin{aligned} X_0 &= \frac{F_{孔1} x_1 + F_{切边2} x_2 + F_{孔2} x_3 + F_{切断1} x_4 + F_{弯曲} x_5 + F_{切断2} x_6}{F_{孔1} + F_{切边2} + F_{孔2} + F_{切断1} + F_{弯曲} + F_{切断2}} \\ &= \frac{2342 \times 18 + 23230 \times (-1.4) + 4685 \times (-18) + 1119 \times (-32) + 1200 \times (-44.5) + 1119 \times (-47)}{2342 + 23230 + 4685 + 2 \times 1119 + 1200}\text{mm} \\ &= \frac{42156 + 32522 - 84330 - 35808 - 53400 - 52593}{33695}\text{mm} = -6.42\text{mm} \end{aligned}$$

在实际生产中，从模具结构方面考虑，不宜使压力中心与模柄轴心线相重合，为便于装

模,压力中心左移6mm,不超出所选压力机模柄孔投影面积的范围即可。

(5) 刃口尺寸计算　凸、凹模工作部分尺寸的计算,由于零件材料厚度薄,所以各刃口尺寸均采用配作法计算。

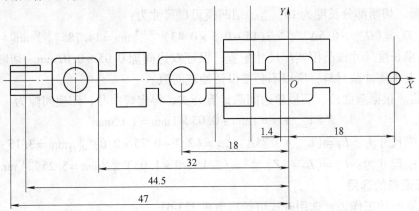

图 6-61　工件总压力中心求解示意图

1) 冲孔。尺寸分别为 $\phi 4^{+0.3}_{\ 0}$ mm 和 $\phi 2^{+0.3}_{\ 0}$ mm (导正孔),则冲孔凸模刃口尺寸为:

$$d_{T} = (d_{\min} + 0.5\Delta)^{\ 0}_{-\Delta/4} = (4 + 0.5 \times 0.3)^{\ 0}_{-0.073} \text{mm} = 4.15^{\ 0}_{-0.073} \text{mm}$$

$$d_{T} = (d_{\min} + 0.5\Delta)^{\ 0}_{-\Delta/4} = (2 + 0.5 \times 0.3)^{\ 0}_{-0.073} \text{mm} = 2.15^{\ 0}_{-0.073} \text{mm}$$

凹模刃口直径按凸模实际尺寸配置,保证双边间隙 0.05~0.07mm。

2) 切外形。切外形凸模磨损示意图如图 6-62 所示。

凸模磨损后变大的尺寸有 $8^{+0.36}_{\ 0}$ mm 及 $R1^{+0.025}_{\ 0}$ mm,则其刃口尺寸分别为:

$$A_{1} = (A_{1\max} - 0.5\Delta)^{+\Delta/4}_{\ 0}$$
$$= (8.36 - 0.5 \times 0.36)^{+0.09}_{\ 0} \text{mm}$$
$$= 8.18^{+0.09}_{\ 0} \text{mm}$$
$$A_{2} = (A_{2\max} - 0.5\Delta)^{+\Delta/4}_{\ 0}$$
$$= (1.25 - 0.5 \times 0.25)^{+0.06}_{\ 0} \text{mm}$$
$$= 1.125^{+0.06}_{\ 0} \text{mm}$$

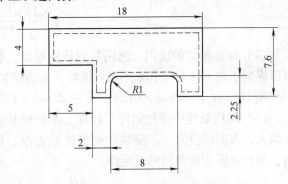

图 6-62　切外形凸模磨损示意图

凸模磨损后变小的尺寸有 $18^{\ 0}_{-0.43}$ mm、$7.6^{\ 0}_{-0.36}$ mm、$2^{\ 0}_{-0.25}$ mm、$4^{\ 0}_{-0.30}$ mm,其刃口尺寸分别为:

$$B_{1} = (B_{1\min} + X\Delta)^{\ 0}_{-\Delta/4} = (18 - 0.43 + 0.5 \times 0.43)^{\ 0}_{-0.11} \text{mm} = 17.785^{\ 0}_{-0.11} \text{mm}$$

$$B_{2} = (B_{2\min} + X\Delta)^{\ 0}_{-\Delta/4} = (7.6 - 0.36 + 0.5 \times 0.36)^{\ 0}_{-0.09} \text{mm} = 7.42^{\ 0}_{-0.09} \text{mm}$$

$$B_{3} = (B_{3\min} + X\Delta)^{\ 0}_{-\Delta/4} = (2 - 0.25 + 0.5 \times 0.25)^{\ 0}_{-0.06} \text{mm} = 1.875^{\ 0}_{-0.06} \text{mm}$$

$$B_{4} = (B_{4\min} + X\Delta)^{\ 0}_{-\Delta/4} = (4 - 0.30 + 0.5 \times 0.30)^{\ 0}_{-0.08} \text{mm} = 3.85^{\ 0}_{-0.08} \text{mm}$$

凸模磨损后无变化的尺寸有 $(5 \pm 0.15)$ mm、$(2.25 \pm 0.125)$ mm,则刃口对应尺寸为:

$$C_{1} = (C_{1\min} + X\Delta) \pm \Delta/8 = [(5 - 0.15 + 0.5 \times 0.30) \pm 0.3/8] \text{mm} = (5 \pm 0.038) \text{mm}$$

$$C_2 = (C_{2\min} + X\Delta) \pm \Delta/8 = [(2.25 - 0.125 + 0.5 \times 0.25) \pm 0.25/8] \text{mm}$$
$$= (2.25 \pm 0.03) \text{mm}$$

凹模刃口尺寸按对应凸模实际尺寸配置，保证双边间隙 0.05~0.07mm。

3) 切断。切断部分长度为 $15_{-0.43}^{0}$，则凹模刃口尺寸为：

$$D_A = (D_{\max} - 0.5\Delta)_{0}^{+\Delta/4} = (15 - 0.5 \times 0.43)_{0}^{+0.108} \text{mm} = 14.785_{0}^{+0.018} \text{mm}$$

切断凸模长度尺寸按凸模实际尺寸配置，保证双边间隙 0.05~0.07mm。切断凸、凹模在宽度方向上不需冲裁材料，所以不必要保证冲裁间隙。

4) 弯曲。根据弯曲凸、凹模单边间隙计算公式，得出弯曲凸、凹模间隙为：

$$Z = t_{\max} + ct = 1\text{mm} + 0.05 \times 1\text{mm} = 1.05\text{mm}$$

弯曲凸模尺寸为：$L_T = (L_{\min} + 0.75\Delta)_{-\Delta/4}^{0} = (2.7 + 0.75 \times 0.6)_{-0.15}^{0} \text{mm} = 3.15_{-0.15}^{0} \text{mm}$

弯曲凹模尺寸为：$L_A = (L_T + 2Z)_{0}^{+\Delta/4} = (3.15 + 2 \times 1.05)_{0}^{+0.15} \text{mm} = 5.25_{0}^{+0.15} \text{mm}$

**4. 冲压设备的选用**

根据计算所的工作力，选用开式可倾压力机 J23-63。

**5. 模具零部件结构的确定**

(1) 凹模设计 本制件尺寸较小，共有四个工步，总体尺寸不大，因此选用整体式凹模。凹模厚度 $H = Kb = 0.4 \times 18\text{mm} = 7.2\text{mm}$，计算值较小，为保证凹模强度，厚度取 $H = 18\text{mm}$。计算凹模长度为 120mm，宽度 85mm。

查得模具步距公差修正系数 $K = 0.95$，制件在条料送进方向最大轮廓基本尺寸精度提高三级后的实际公差值 $T' = 0.11\text{mm}$，模具工位数 $n = 4$，则凹模步距公差为：

$$\pm \frac{T}{2} = \pm \frac{T'K}{2\sqrt[3]{n}} = \pm \frac{0.11 \times 0.95}{2 \times \sqrt[3]{4}} \text{mm} = \pm 0.03\text{mm}$$

(2) 标准模架的选用 选用后侧导柱模架，后侧导柱模架送料方便，可以横向送料也可以纵向送料，本套模具采用横向送料。查得模架规格为：上模座 125mm×100mm×35mm，下模座 125mm×100mm×40mm，导柱 22mm×130mm，导套 22mm×80mm×33mm。

(3) 卸料装置中弹性元件的计算 本套模具选用橡胶作为弹性元件，橡胶允许承受的负载大，占据的空间小。安装和调整比较方便、灵活，而且成本低，是中小型冲模弹性卸料、顶件及压边的常用弹性元件。

确定橡胶的自由高度：$H_0 = \dfrac{\Delta H_1}{0.25 \sim 0.3} = \dfrac{t + 1 + 6}{0.3} \approx 27\text{mm}$。

计算橡胶面积：$A = \dfrac{F_1}{p} = \dfrac{1809}{0.5}\text{mm}^2 = 3618\text{mm}^2$，

式中，$p$ 为橡胶在压缩 10%~15% 时的单位压力，可查得其值为 0.5MPa。

确定橡胶的外形尺寸为 20mm×50mm，共使用四块，其总面积 4000mm²。

校验橡胶的高径比 $\dfrac{H_0}{L} = \dfrac{27}{50} = 0.54$，$\dfrac{H_0}{B} = \dfrac{27}{20} = 1.35$，两个比值均在 0.5~1.5 之间，所以橡胶尺寸合理。

**6. 模具装配图与零件图**

多工位级进模装配图如图 6-63 所示，模具主要零件图如图 6-64~图 6-71 所示。

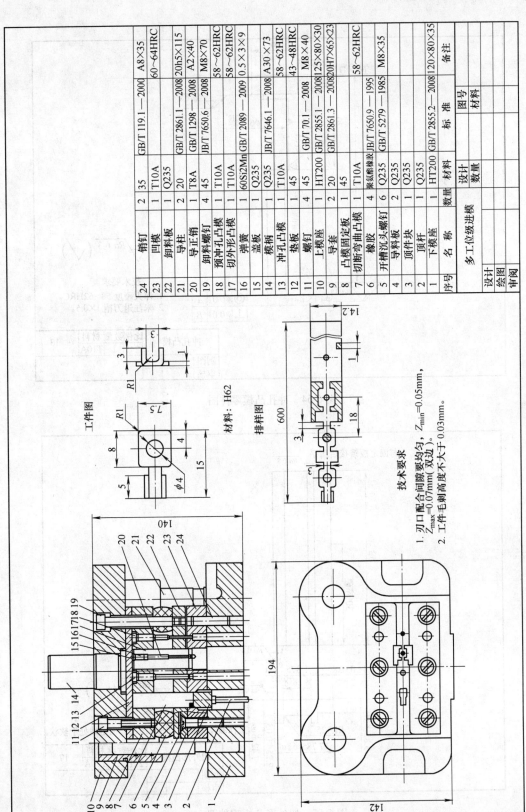

图6-63 多工位级进模装配图

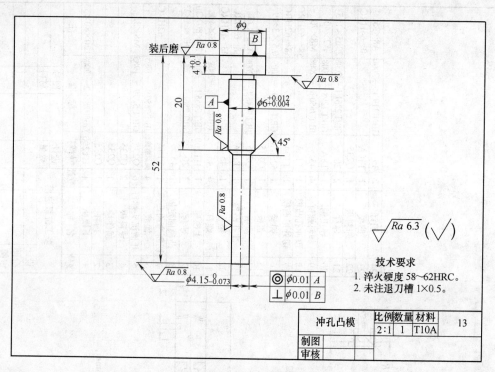

图 6-64 冲孔凸模零件图

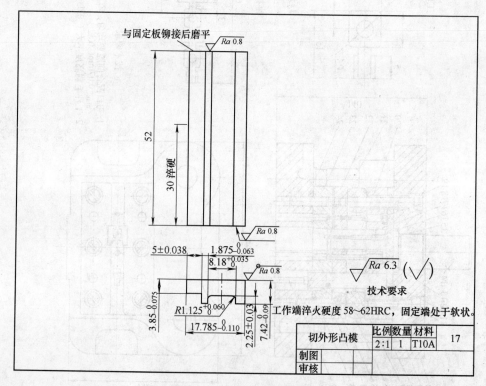

图 6-65 切外形凸模零件图

## 项目六 多工位级进模设计

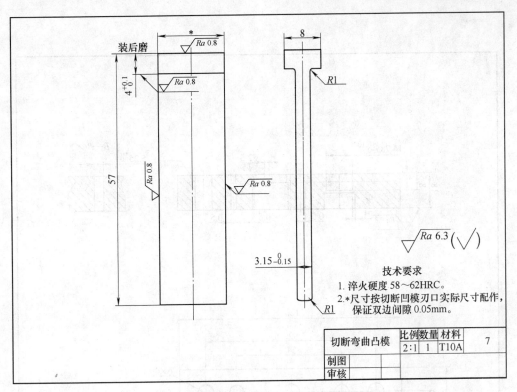

图 6-66 切断弯曲凸模零件图

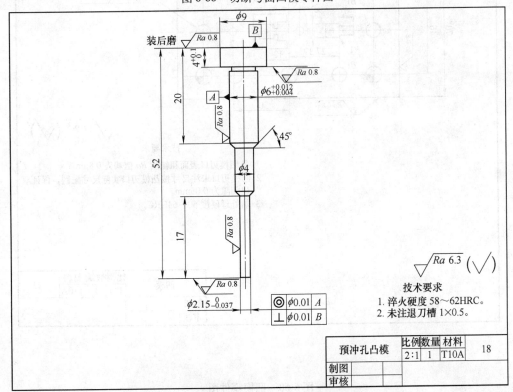

图 6-67 预冲孔凸模零件图

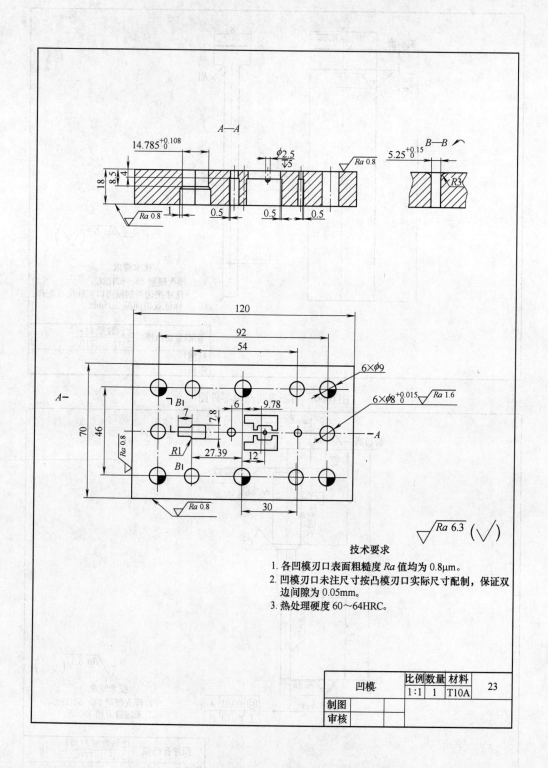

图 6-68 凹模零件图

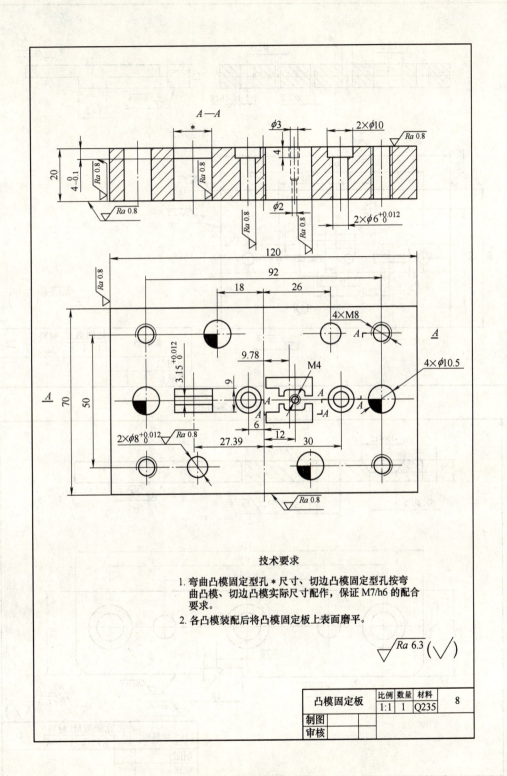

图 6-69 凸模固定板零件图

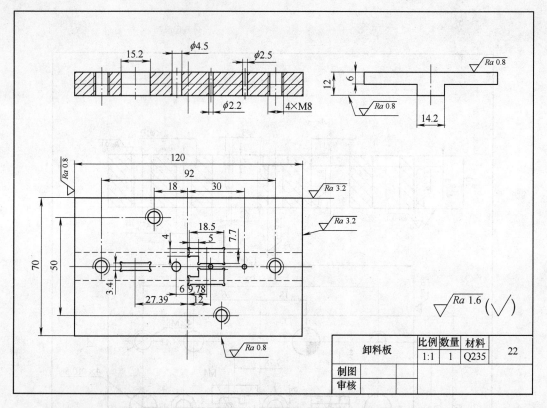

图 6-70 卸料板零件图

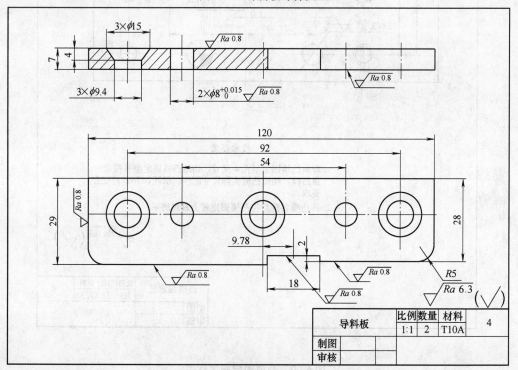

图 6-71 导料板零件图

## 实训与练习

1. 什么是载体和接口？简述常见的载体种类和应用范围。
2. 常用的自动送料装置有哪些？分别有何特点？
3. 多工位级进模的常用保护措施有哪些？
4. 模具自动送料装置由哪几部分组成？自动取件装置的作用是什么？

# 项目七　冲模零件的制造

## 项目目标

1. 了解模具制造特点，熟悉模具制造工艺过程，理解模具制造工艺规程制定的原则和步骤，理解模具零件图的工艺分析，掌握模具零件的毛坯选择方法。
2. 掌握模具工作零件的一般加工方法及步骤，掌握模具工作零件的制造过程，掌握典型冲模凸模和凹模的制造工艺。
3. 学生初步具备模具零件加工工艺分析及模具零件毛坯选择的基本能力。

【能力目标】

具备模具主要零件的加工工艺分析及模具零件毛坯选择的能力。

【知识目标】

- 了解模具中各类零件的功能要求，熟悉冲模各类零件的加工特点。
- 掌握冲裁模凸、凹模常用的加工方法。
- 了解弯曲模和拉深模凸、凹模常用的加工方法。
- 了解模具调试中容易出现的主要问题及解决方法。
- 熟悉模具零件的加工方法和常用的加工设备。

## 项目引入

一个毛坯件最终成为产品，需要用到的不同的机床设备、不同的加工过程、不同的热处理工艺等。模具本身是单件生产产品，具有单件生产产品的工艺特点。由于模具的形状复杂、制造精度要求高等特点，使得模具的制造与一般零件的加工相比有更高的要求。冲模的每一个零件从毛坯到最终的产品是如何加工制造出来的呢？本项目将围绕该问题进行讲解。

## 项目分析

本项目以图7-1所示的啤酒瓶扳手模具主要零件制造加工为例来介绍凸、凹模及其他零件的加工工艺。啤酒瓶扳手模具的上模部分主要零件有凹模、空心垫板、圆柱凸模、扁圆凸模、凸模固定板、上模座和模柄。其中，凹模、圆柱凸模、扁圆凸模属于成形零件。凸模固定板通过定位销确定凸模与凹模的相对位置关系，凸模固定板与凸模有严格的配合要求和装配要求。模柄在装配时要满足与上模架一定的垂直度要求。在模具工作过程中要防止因振动产生松动，影响安全。下模部分主要有凸凹模，凸凹模固定板，卸料板和下模座。

# 项目七 冲模零件的制造

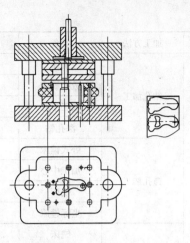
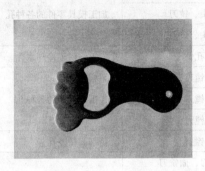

图 7-1 啤酒瓶扳手实物及模具简图

# 相关知识

## 7.1 冲模加工制造的特点

现代工业产品的生产对模具要求越来越高,模具结构日趋复杂,制造难度日益增大。冲模制造的特点是:单件生产、高精度,材料要求高、专用设备多、制造工序集中。

模具制造正由过去的主要依靠工人的手工技巧及采用传统机械加工设备,转变为更多地依靠各种高效、高精度的数控机床、电加工机床,从过去的机械加工时代转变成机、电结合加工以及其他特殊加工时代,模具钳工量呈逐渐减少之势。现代模具制造集中了制造技术的精华,体现了先进的制造技术,已成为技术密集型的综合加工技术。

## 7.2 冲模的加工方法

在模具制造中,按照零件结构和加工工艺过程的相似性,通常可将各种模具零件大致分为工作型面零件、板类零件、轴类零件、套类零件等,其加工方法主要有机械加工、特种加工两大类。模具常用的加工方法见表 7-1。

表 7-1 模具常用的加工方法

| 类别 | 加工方法 | 设备 | 使用工具 | 适用范围 |
|---|---|---|---|---|
| 切削加工 | 平面加工 | 龙门刨床 | 刨刀 | 对模具坯料的六面进行加工 |
| | | 牛头刨床 | 刨刀 | |
| | | 龙门铣床 | 面铣刀 | |
| | 车削加工 | 车床 | 车刀 | 各种模具零件 |
| | | NC 车床 | 车刀 | |
| | | 立式车床 | 车刀 | |
| | 钻孔加工 | 钻床 | 钻头、铰刀 | 加工模具零件的各种孔 |
| | | 横臂钻床 | 钻头、铰刀 | |

(续)

| 类别 | 加工方法 | 设备 | 使用工具 | 适用范围 |
|---|---|---|---|---|
| 切削加工 | 钻孔加工 | 铣床 | 钻头、铰刀 | 加工模具零件的各种孔 |
| | | 数控铣床 | 钻头、铰刀 | |
| | | 加工中心 | 钻头、铰刀 | |
| | | 深孔钻 | 深孔钻头 | 加工注射模冷却水孔 |
| | 镗孔加工 | 卧式镗床 | 镗刀 | 镗削模具中的各种孔 |
| | | 加工中心 | 镗刀 | |
| | | 铣床 | 镗刀 | |
| | | 坐标镗床 | 镗刀 | 镗削高精度孔 |
| | 铣削加工 | 铣床 | 立铣刀、面铣刀 | 铣削模具各种零件 |
| | | 数控铣床 | 立铣刀、面铣刀 | |
| | | 加工中心 | 立铣刀、面铣刀 | |
| | | 仿形铣床 | 球头铣刀 | 进行仿形加工 |
| | | 雕刻机 | 小直径立铣刀 | 雕刻图案 |
| | 磨削加工 | 平面磨床 | 砂轮 | 模板各平面 |
| | | 成形磨床 | 砂轮 | 各种形状模具零件的表面 |
| | | 数控磨床 | 砂轮 | |
| | | 光学曲线磨床 | 砂轮 | |
| | | 坐标磨床 | 砂轮 | 精密模具型孔 |
| | | 内、外圆磨床 | 砂轮 | 圆形零件的内、外表面 |
| | | 万能磨床 | 砂轮 | 可实施锥度磨削 |
| | 电加工 | 型腔电加工 | 电极 | 用切削方法难以加工的部位 |
| | | 线切割加工 | 线电极 | 精密轮廓加工 |
| | | 电解加工 | 电极 | 型腔和平面加工 |
| | 抛光加工 | 手持抛光工具 | 各种砂轮 | 去除铣削痕迹 |
| | | 抛光机或手工 | 锉刀、砂纸、油石、抛光剂等 | 对模具零件进行抛光 |
| 非切削加工 | 挤压加工 | 压力机 | 挤压凸模 | 难以进行切削加工的型腔 |
| | 铸造加工 | 压力铸造设备 | 铸造设备 | 铸造塑料模型腔 |
| | | 精密铸造设备 | 石膏模型、铸造设备 | |
| | 电铸加工 | 电铸设备 | 电铸母型 | 精密注塑模型腔 |
| | 表面装饰纹加工 | 蚀刻装置 | 装饰纹样板 | 加工注塑模型腔表面 |

表 7-2~表 7-4 所示为模具上常见孔、平面和外圆表面的加工方案，可供制定工艺时参考。

各种加工方法均有可能达到的最高精度和经济精度。为了降低生产成本，根据模具各部位的不同要求尽可能使用各种加工方法的经济精度。因为各种加工方法的可能精度，是在特殊要求的条件下耗费大量时间进行细致操作才能达到的精度。常用加工方法的可能精度和经济精度及表面粗糙度见表 7-5 和表 7-6。

表7-2 孔加工方案

| 序号 | 加工方案 | 经济精度 | 表面粗糙度 $Ra/\mu m$ | 适用范围 |
|---|---|---|---|---|
| 1 | 钻 | IT11~IT12 | 12.5 | 加工未淬火钢及铸铁,也可用于加工有色金属 |
| 2 | 钻—铰 | IT9 | 3.2~1.6 | |
| 3 | 钻—铰—精铰 | IT7~IT8 | 0.8~1.6 | |
| 4 | 钻—扩 | IT10~IT11 | 6.3~12.5 | 同上,孔径可大于20mm |
| 5 | 钻—扩—铰 | IT8~IT9 | 1.6~3.2 | |
| 6 | 钻—扩—粗铰—精铰 | IT7 | 1.6~0.8 | |
| 7 | 粗镗(或扩孔) | IT10~IT11 | 6.3~12.5 | 除淬火钢以外的各种材料,毛坯有铸出孔或锻出孔 |
| 8 | 粗镗(粗扩)—半精镗(精扩) | IT8~IT9 | 1.6~3.2 | |
| 9 | 粗镗(扩)—半精镗(精扩)—精镗(铰) | IT7~IT8 | 0.8~1.6 | |
| 10 | 粗镗(扩)—半精镗(精扩)—精镗(浮动镗刀精镗) | IT6~IT7 | 0.4~0.8 | |
| 11 | 粗镗(扩)—半精镗磨孔 | IT7~IT8 | 0.2~0.8 | 主要用于淬火钢,也可用于未淬火钢,但不宜用于有色金属 |
| 12 | 粗镗(扩)—半精镗—精镗—金刚镗 | IT6~IT7 | 0.1~0.2 | |

表7-3 平面加工方案

| 序号 | 加工方案 | 经济精度 | 表面粗糙度 $Ra/\mu m$ | 适用范围 |
|---|---|---|---|---|
| 1 | 粗车—半精车 | IT9 | 6.3~3.2 | 主要用于端面加工 |
| 2 | 粗车—半精车—精车 | IT7~IT8 | 0.8~1.6 | |
| 3 | 粗车—半精车—磨削 | IT8~IT9 | 0.2~0.8 | |
| 4 | 粗刨(或粗铣)—精刨(或精铣) | IT7~IT8 | 6.3~1.6 | 一般不淬硬平面 |
| 5 | 粗刨(或粗铣)—精刨(或精铣)—刮研 | IT6~IT7 | 0.1~0.8 | 精度要求较高的不淬硬平面,批量较大时宜采用宽刃精刨 |
| 6 | 粗刨(或粗铣)—精刨(或精铣)—磨削 | IT7 | 6.3~3.2 | 精度要求高的淬硬平面或未淬硬平面 |
| 7 | 粗刨(或粗铣)—精刨(或精铣)—粗磨—精磨 | IT6~IT7 | 0.02~0.4 | |
| 8 | 粗铣—精铣—磨削—研磨 | IT6以上 | <0.1($Rz$为0.05μm) | 高精度的平面 |

表7-4 外圆表面加工方案

| 序号 | 加工方案 | 经济精度 | 表面粗糙度 $Ra/\mu m$ | 适用范围 |
|---|---|---|---|---|
| 1 | 粗车 | IT11以下 | 12.5~50 | 适用于淬火钢以外的各种金属 |
| 2 | 粗车—半精车 | IT8~IT10 | 3.2~6.3 | |
| 3 | 粗车—半精车—精车 | — | 1.6~0.8 | |

(续)

| 序号 | 加工方案 | 经济精度 | 表面粗糙度 $Ra/\mu m$ | 适用范围 |
|---|---|---|---|---|
| 4 | 粗车—半精车—磨削 | IT7～IT8 | 0.4～0.8 | 主要用于淬火钢,也可用于未淬火钢。但不宜加工有色金属 |
| 5 | 粗车—半精车—粗磨—精磨 | IT6～IT7 | 0.1～0.4 | |
| 6 | 粗车—半精车—粗磨—精磨—超精加工(或轮式超粗磨) | IT5 | 0.1 | |
| 7 | 粗车—半精车—精车—金刚石车 | IT6～IT7 | 0.025～0.4 | 主要用于有色金属加工 |
| 8 | 粗车—半精车—粗磨—精磨—超精磨或镜面磨 | IT6 以上 | <0.025 | 极高精度的外圆加工 |
| 9 | 粗车—半精车—粗磨—精磨—研磨 | — | — | |

表 7-5　各种加工方法的精度

| 加工方法 | 可能精度/mm | 经济精度/mm | 加工方法 | 可能精度/mm | 经济精度/mm |
|---|---|---|---|---|---|
| 仿形加工 | ±0.02 | ±0.1 | 电加工 | ±0.002 | ±0.02～0.03 |
| 数控加工 | ±0.01 | ±0.02 | 线切割加工 | ±0.005 | ±0.01 |
| 坐标镗加工 | ±0.002 | ±0.005 | 成形磨削加工 | ±0.002 | ±0.005～±0.01 |
| 坐标磨加工 | ±0.002 | ±0.005 | | | |

表 7-6　各种加工方法可能达到的表面粗糙度

| 加工方法 | 表面粗糙度 $Ra/\mu m$ | | | |
|---|---|---|---|---|
| | 粗 | 半精 | 细 | 精 |
| 车 | 12.5～6.3 | 6.3～3.2 | 6.3～1.6 | 0.8～0.2 |
| 铣 | 12.5～3.2 | — | 3.2～0.8 | 0.8～0.4 |
| 高速铣 | 1.6～0.8 | | 0.4～0.2 | — |
| 刨 | 12.5～6.3 | | 6.3～1.6 | 0.8～0.2 |
| 钻 | | 12.5～0.8 | | |
| 铰 | 6.3～1.6 | 1.6～0.4 | 0.8～0.1 | |
| 镗 | 12.5～6.3 | 6.3～3.2 | 3.2～0.8 | 0.8～0.4 |
| 磨 | 3.2～0.8 | 0.8～0.2 | 0.2～0.025 | |
| 研磨 | 0.8～0.2 | 0.2～0.05 | 0.05～0.025 | |
| 珩磨 | 0.8～0.2 | | 0.2～0.025 | |

　　常用冲模零件的公差配合要求和表面粗糙度要求见表 7-7 和表 7-8。有关冲模零件技术要求详情可查阅国家标准 GB/T 14662—2006《冲模技术条件》等。显然,零件形状结构和技术要求不同,其制造方法必然不同。

　　在制定模具零件加工工艺方案时,必须根据具体加工对象,结合企业实际生产条件进行,以保证技术上先进和经济上合理。从制造观点看,按照模具零件结构和加工工艺过程的相似性,可将各种模具零件大致分为轴类零件、套类零件、板类零件、工作型面零件等,其加工特点如下所述。

(1) 轴、套类零件　轴、套类零件主要指导柱和导套等导向零件，它们一般是由内、外圆柱表面组成，其加工精度要求主要体现在内、外圆柱表面的表面粗糙度及尺寸精度和各配合圆柱表面的同轴度等。

表 7-7　冲模零件的公差配合要求

| 序号 | 配合零件名称 | 配合要求 | 序号 | 配合零件名称 | 配合要求 |
|---|---|---|---|---|---|
| 1 | 导柱或导套与模座 | H7/r6 | 9 | 固定挡料销与凹模 | H7/m6 |
| 2 | 导柱与导套 | H7/r6 或 H6/h5 | 10 | 活动挡料销与卸料板 | H9/r8 或 H9/h9 |
| 3 | 压入式模柄与上模座 | H7/m6 | 11 | 初始挡料销与导料板 | H8/f9 |
| 4 | 凸缘式模柄与上模座 | H7/h6 | 12 | 侧压板与导料板 | H8/f9 |
| 5 | 模柄与压力机滑块模柄孔 | H11/d11 | 13 | 固定式导正销与凸模 | H7/r6 |
| 6 | 凸模或凹模与固定板 | H7/m6 | 14 | 推(顶)件块与凹模或凸模 | H8/f8 |
| 7 | 导板与凸模 | H7/h6 | 15 | 销钉与固定板、模座 | H7/n6 |
| 8 | 卸料板与凸模或凸凹模 | 0.1~0.5mm(单边) | 16 | 螺钉与螺杆孔 | 0.5~1mm(单边) |

表 7-8　冲模零件的表面粗糙度要求

| 表面粗糙度 $Ra/\mu m$ | 使用范围 | 表面粗糙度 $Ra/\mu m$ | 使用范围 |
|---|---|---|---|
| 0.2 | 抛光的成形面或平面 | 1.6 | 1. 内孔表面——在非热处理零件上配合用<br>2. 底板平面 |
| 0.4 | 1. 成形工序的凸模和凹模工作表面<br>2. 圆柱表面和平面的刃口<br>3. 滑动和精确导向的表面 | 3.2 | 1. 不磨加工的支承、定位和紧固表面——用于非热处理零件<br>2. 底板平面 |
| 0.8 | 1. 成形的凸模和凹模刃口<br>2. 凸、凹模镶块的接合面<br>3. 过盈配合和过渡配合的表面——用于热处理零件<br>4. 支承定位和紧固表面——用于热处理零件<br>5. 磨削加工的基准平面<br>6. 要求准确的工艺基准表面 | 6.3~12.5 | 不与冲压零件及模具工作零件表面接触的表面 |
| | | 25 | 粗糙、不重要的表面 |

导向零件的形状比较简单，加工工艺不复杂，加工方法一般在车床进行粗加工和半精加工，有时需要钻、扩和镗孔后，再进行热处理，最后在内、外圆磨床上进行精加工，对于配合要求高、精度高的导向零件，还要对配合表面进行研磨。

(2) 板类零件　板类零件是指模座、凹模板、固定板、垫板、卸料板等平板类零件，由平面和孔系组成，一般遵循"先面后孔"的原则，即先刨、铣、平磨等加工平面，然后用钻、铣、镗等加工孔，对于复杂异形孔可以采用线切割加工。孔的精加工可采用坐标磨等。

(3) 工作型面零件　工作型面零件形状、尺寸差别较大，有较高的加工要求。凸模的加工主要是外形加工；凹模的加工主要是孔（系）、型腔加工。外形加工比较简单。工作型面加工一般遵循先粗后精，先基准后其他，先平面后轴孔，且工序要适当集中的原则。加工方法主要有机械加工和机械加工再辅以电加工等方法。

## 7.3 冲模制造过程及工艺规程的编制

1）冲模制造过程。冲模制造过程主要包括分析估算、冲模图样设计、冲模工艺设计、冲模零部件加工、冲模装配、冲模调试及冲模检验等内容，如图7-2所示。

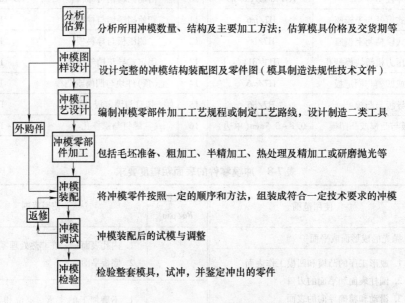

图7-2 冲模制造过程图

2）冲模零件加工工艺规程的编制。编制工艺规程是生产准备工作的重要内容，是一项技术性和实践性都很强的工作，其合理、先进与否直接影响模具加工质量、周期和成本。零件加工工艺规程是工艺人员根据设计图样，制定出的整个零部件的加工工艺过程和操作方法，常以工艺过程卡的形式下发到各个加工部门，它是冲模制造过程中的重要技术文件。冲模零件加工工艺规程编制的一般步骤和所包含的内容见表7-9。模具工艺卡常见形式见表7-10。

表7-9 冲模零件加工工艺规程编制的一般步骤和所包含的内容

| 步骤序号 | 名称 | 主要内容说明 |
| --- | --- | --- |
| 1 | 工艺分析 | 认真分析冲模装配图，分析冲模的结构特点、工作原理及各零件在冲模中所起的作用；查阅图样是否完整，装配图和零件图的视图、尺寸及技术要求有无错误或遗漏；根据产品要求，分析冲模零件图规定的尺寸、形状位置精度、表面粗糙度等是否符合要求；分析零件的加工工艺性 |
| 2 | 确定毛坯制造方法 | 根据图样规定和工艺要求，确定毛坯制造方法，并提出必要的技术要求 |
| 3 | 拟订加工工艺路线 | 选定工艺基准，确定加工方法，安排加工顺序（遵循先粗后精、先基准后其他、先平面后轴孔的原则）和确定工序内容（遵循工序适当集中的原则） |

（续）

| 步骤序号 | 名称 | 主要内容说明 |
|---|---|---|
| 4 | 确定加工余量 | 确定各工序加工余量，计算工序尺寸及公差 |
| 5 | 确定机床和工具 | 确定各工序所用机床和工具；设计和制造二类工具；绘制供加工或检验的放大图 |
| 6 | 确定主要工序技术要求和检验方法 | 根据冲模技术要求和加工装配的工艺特点，确定各主要工序的技术要求和检验方法 |
| 7 | 填写工艺文件 | 完成工艺规程编制，按企业具体规定填写工艺卡 |

表7-10 模具工艺卡片常见形式

| 零件名称 | | 模具工艺卡 | 材料 | | 计划数量 | | 第 页 | | | 共 页 | |
|---|---|---|---|---|---|---|---|---|---|---|---|
| 图号 | | | 毛坯尺寸 | | | | | | | | |
| 序号 | 工艺内容 | | | | 设备 | 二类工具号 | 定额工时 | | | 实际工时 | |
| | | | | | | | 单件 | 准备 | 合计 | | |
| | | | | | | | | | | | |
| | | | | | | | | | | | |
| 编制 | | | 审核 | | | 批准 | | | | | |

# 项目实施

**1. 啤酒瓶扳手模具主要成形零件的加工制造**

（1）扁圆凸模的加工　图7-3所示是扁圆凸模的零件图。扁圆凸模是成形零件，具有高硬度要求，需采用热处理工艺。刃口轮廓的精度需要通过线切割加工来保证。扁圆凸模采用螺纹固定方式，零件在热处理前完成螺纹加工。

1）扁圆凸模工艺分析。扁圆凸模的刃口轮廓：螺纹孔M8深度为（15.5±0.01）mm，表面粗糙度值为 $Ra1.6$ mm，硬度为58~62HRC。非回转体的凸模需要通过线切割加工，通过AutoCAD文档导入线切割编程软件后生成线切割加工程序，最终加工精度由线切割设备和操作技能决定。

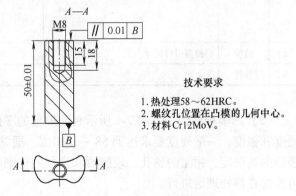

图7-3 扁圆凸模

技术要求
1. 热处理58~62HRC。
2. 螺纹孔位置在凸模的几何中心。
3. 材料Cr12MoV。

扁圆凸模毛坯经过热处理后内部存在着内应力，当加工零点设在零件毛坯外部时，随着加工的进行内部力的平衡被打破，毛坯的非固定部分会变形，影响零件的加工精度。因此，该零件的加工零点应设在零件毛坯的内部，以保证毛坯四周的完整性，零件的边缘距离毛坯边缘5mm以上。同时，加工零点的设置应尽可能减少材料变形对零件的影响。

2）扁圆凸模工艺路线的制定。通过扁圆凸模的加工工艺分析，制定表7-11的机械加工工艺卡。

表7-11 扁圆凸模机械加工工艺卡

| 机械加工工艺卡 | | | 零件名称 | 扁圆凸模 | 零件代号 | |
|---|---|---|---|---|---|---|
| 材料牌号和种类 | | Cr12MoV 块钢 | 数量 | 1 | 毛坯尺寸 | 30mm×50mm×50.8mm |
| 序号 | 工种 | 工序内容和要求 | 工艺装备 | | 工序简图或说明 | |
| 1 | 钳工 | 1. 毛坯检测,棱边倒角,去毛刺<br>2. 划线,冲眼<br>3. 钻螺纹底孔直径6.9mm、深18mm,穿丝孔直径3mm、通孔。螺纹底孔倒角 C2<br>4. 攻螺纹 M8 深15mm | 刀口角尺、游标卡尺<br><br>台钻 | | 1.1 刃口端面和螺纹端面与两个侧面的垂直度误差小于0.2mm<br>1.2 保证厚度(50.6±0.1)mm<br>1.3 划线简图 | |
| 2 | 热处理 | 58~62HRC | | | | |
| 3 | 平面磨 | 1. 磨削螺纹端端面<br>2. 厚度(50.4±0.1)mm | | | 平面磨削前砂布去除表面氧化层 | |
| 4 | 线切割 | 凸模外形 | | | 4.1 边宽27mm,靠近穿丝孔一端为压紧端<br>4.2 定位基准:螺纹端面向上,调整毛坯位置,检测该平面满足平行度0.01mm<br>4.3 穿丝孔居中为起割点<br><br>4.4 钼丝顺时针加工 | |
| 5 | 检验 | 检测刃口尺寸 | | | | |
| 6 | 保管 | 上油 | | | | |

(2)凹模板的加工 图7-4所示是凹模板的零件图。凹模板在工作过程中要求有较高的硬度和强度,一般硬度要求达到58~62HRC,通常采用热处理工艺可达到要求。由于热处理后的高硬度,钳工的钻孔、攻螺纹和常规的铣削等需在热处理前完成加工。磨削和线切割可安排在热处理后进行。

1)凹模板工艺规程分析。凹模板螺纹孔4×M10可以安排钳工操作完成,也可以采用数控铣床加工。定位销孔2×8H7保证凹模板在上模部分的位置正确,在热处理后通过线切割加工完成。形孔对冲裁间隙有影响,在热处理后,平面磨削两个大平面后通过线切割加工完成。上平面 $Ra1.6\mu m$、下平面 $Ra1.6\mu m$,通过平面磨削加工完成。

凹模周界尺寸一般不加工,毛坯尺寸按图样周界尺寸。上、下大平面要进行磨削,需要给定磨削余量。凹模进行热处理会引起平面的较大变形,周界尺寸越大变形的程度也会加大,设置的磨削余量应增加。

# 项目七 冲模零件的制造

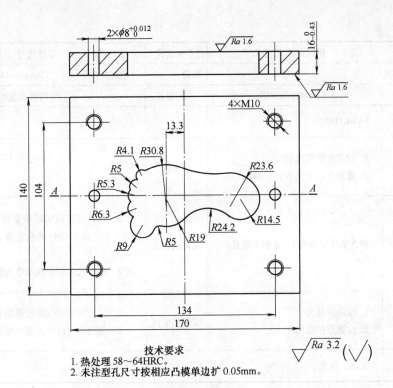

**技术要求**
1. 热处理 58~64HRC。
2. 未注型孔尺寸按相应凸模单边扩 0.05mm。

图 7-4 凹模板

2）制定凹模加工工艺。通过凹模板加工工艺分析，制定机械加工工艺卡，见表 7-12。

表 7-12 机械加工工艺卡

| 机械加工工艺卡 | | 零件名称 | 凹模板 | 零件代号 | |
|---|---|---|---|---|---|
| 材料牌号和种类 | | Cr12 | 数量 | 1 | 毛坯尺寸 | 170mm × 140mm × 16mm |
| 序号 | 工种 | 工序内容和要求 | 工艺装备 | 工序简图或说明 | |
| 1 | 钳工 | 倒角、去毛刺 | | | |
| 2 | 数控铣 | 1. 中心钻加工 2mm 中心孔<br>2. 穿丝孔，直径 3mm | 数控铣<br>平口钳 | 2.1 所有孔钻深 1.5mm 中心孔。数控程序：O0101<br>2.2<br>数控程序：O0102 | |
| 3 | 钳工 | 1. 扩孔：M10 扩直径 6.9mm<br>2. 孔口两端倒角<br>3. 攻螺纹：4 × M10 | | | |

(续)

| 机械加工工艺卡 | | 零件名称 | | 凹模板 | 零件代号 | |
|---|---|---|---|---|---|---|
| 材料牌号和种类 | Cr12 | 数量 | 1 | 毛坯尺寸 | 170mm×140mm×16mm | |
| 序号 | 工种 | 工序内容和要求 | | 工艺装备 | 工序简图或说明 | |
| 4 | 热处理 | 58～62HRC | | | | |
| 5 | 磨床 | 1. 砂布去除氧化层<br>2. 磨削上、下大平面，$Ra1.6\mu m$ | | 平面磨 | | |
| 6 | 线切割 | 依次加工穿丝孔1、2和3位置 | | 线切割设备 | 6.1 检查和清理切屑等杂物。零件安装找准位置：大平面与钼丝的垂直度，侧面与 $X$ 轴的平行度<br>6.2 穿丝孔1居中找准作为加工原点 | |
| 7 | 检验 | 1. 检测形孔尺寸<br>2. 检测定位孔尺寸 | | 投影测量仪 | 7.1 形孔尺寸可以用投影测量仪检测<br>7.2 定位孔可以用止通规检验 | |
| 8 | 保管 | 上油，入库 | | | | |

### 2. 其他零件的制造

模具零件除成形面零件外，还有模座、导柱、导套、固定板、卸料板等其他零件，它们主要是板类零件、轴类零件和套类零件等。其他模具零件的加工相对于成形面零件要容易些。下面以啤酒瓶扳手模具中的推块和凸模固定板加工为例介绍。

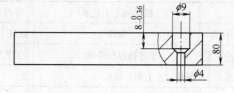

（1）推块的加工 图7-5所示是推块的零件图。推块的加工特点：轮廓形状复杂需通过线切割加工；推块的加工精度不高，穿丝孔和M6螺纹孔可以由钳工操作完成。

1）推块的工艺分析。推块的外轮廓通过线切割加工完成。两个M6螺纹孔、连接打板由钳工操作完成。扁圆凸模通孔，由扁圆凸模单边扩大0.1mm，通过线切割加工。4mm小凸模通孔，由4mm小凸模双边扩大0.2mm，通过线切割加工。9mm沉孔深度为8mm，用于避让小凸模的台阶，线切割前由钳工加工。

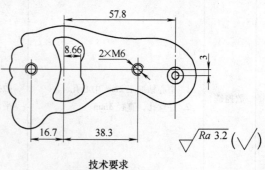

技术要求
热处理43～48HRC。

图7-5 推块

2）制定推块加工工艺。通过推块加工工艺分析，制定机械加工工艺卡，见表7-13。

# 项目七 冲模零件的制造

表 7-13 机械加工工艺卡

| | 机械加工工艺卡 | | 零件名称 | 推块 | 零件代号 | 201311-10 |
|---|---|---|---|---|---|---|
| 材料牌号和种类 | Q235 | | 数量 | 1 | 毛坯尺寸 | 170mm×140mm×16mm |
| 序号 | 工种 | 工序内容和要求 | 工艺装备 | | 工序简图或说明 | |
| 1 | 钳工 | 1. 倒角、去毛刺<br>2. 钻孔：钻直径5mm的孔（加工M6孔）<br>3. 穿丝孔2反面扩直径9mm，深8mm<br>4. 孔口两端倒角<br>5. 攻螺纹：2×M6 | | | | |
| 2 | 线切割 | 依次加工穿丝孔1和2位置，穿丝孔3位置 | | 2.1 定位面清洁<br>2.2 百分表检测大平面平行度0.1mm<br>2.3 穿丝孔2中心作为加工原点<br>2.4 加工程序数控程序 O0103 | | |
| 3 | 检测 | 检测轮廓和形孔特征点尺寸 | 游标卡尺 | | | |
| 4 | 保管 | 上油、入库 | | | | |

（2）凸模固定板的加工 图 7-6 所示是凸模固定板的零件图。凸模固定板需要有一定的强度，以承载部分冲裁力，保证成形零件的位置精度。一般不对凸模固定板进行调质热处理，由备料件直接制造。与凸模的配合精度、凸模的位置精度和定位销孔都是通过加工设备和操作者技能保证。螺纹通孔可以由钳工完成，也可由数控机床加工，由加工环境决定。凸模固定板与凸模配合关系 m6/H7。凸模与固定板装配后要检查垂直度要求，凸模端面与固定板平面要保持在同一个平面。

1）凸模固定板工艺分析。凸模固定板的圆柱凸模定位孔、扁圆凸模定位孔，用于安装凸模，要控制垂直度误差。由线切割加工，钼丝与大平面的垂直度误差，决定了凸模的安装精度。线切割前要加工穿丝孔。圆柱凸模定位孔通过沉孔

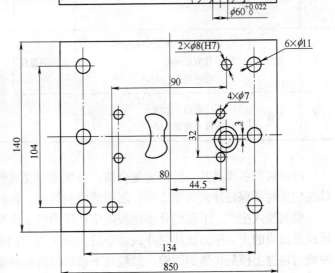

技术要求
1. 钻孔（与上模座配钻）。
2. 钻孔位置与凹模一致。

图 7-6 凸模固定板

对凸模轴向定位。为了保证凸模端面与固定板在同一平面,可通过磨削凸模端面达到装配要求。4个推杆孔$\phi$7mm,直接用麻花钻加工。2×$\phi$8H7定位销孔,孔的公差H7通过铰孔加工。$\phi$11mm孔的精度和位置精度为自由公差,直接用麻花钻加工。上平面$Ra$1.6μm、下平面$Ra$1.6μm,平面磨削。58~62HRC通过热处理工艺可达到技术要求。

2)凸模固定板的工艺制定。通过凸模固定板的加工工艺分析,制定机械加工工艺卡,见表7-14。

表7-14 机械加工工艺卡

| 机械加工工艺卡 | | | 零件名称 | | 凸模固定板 | 零件代号 | |
|---|---|---|---|---|---|---|---|
| 材料牌号和种类 | | 45 | 数量 | 1 | 毛坯尺寸 | 170mm×140mm×18mm | |
| 序号 | 工种 | 工序内容和要求 | 工艺装备 | | 工序简图或说明 | | |
| 1 | 钳工 | 1. 倒角C1、去毛刺<br>2. 凸模固定板的侧面标记 | | | | | |
| 2 | 平面磨 | 上、下大平面的表面粗糙度值$Ra$1.6μm | 平面磨 | | | | |
| 3 | 数控加工 | 1. 中心钻定位<br>2. 钻3mm穿丝孔4个<br>3. 钻7mm通孔4个<br>4. 钻11mm通孔6个<br>5. 铣18mm沉孔,深5mm | 数控铣床 | | 加工坐标系设定在工件上表面的中心<br>3mm穿丝孔程序:00201<br>7mm通孔程序:00202<br>11mm通孔程序:00203<br>18mm沉孔程序:00204 | | |
| 4 | 钳工 | 孔口倒角C1 | | | | | |
| 5 | 线切割 | 加工定位孔2×$\phi$8H7、扁圆凸模形孔、圆柱凸模形孔 | 线切割机床 | | 5.1 检测大平面与机床工作台的平行度0.02mm<br>5.2 右上角定位销孔中心为起割点 | | |
| 6 | 检测 | 1. 形孔和定位销孔中心坐标<br>2. 形孔节点坐标<br>3. 定位销孔2×$\phi$8H7 | 投影测量仪 | | | | |
| 7 | 保管 | 1. 零件清洁、上油<br>2. 零件放置成品架 | | | | | |

啤酒瓶扳手模具是一种倒装复合模,一次冲裁完成落料和冲孔两个工序,生产率高。模具在使用时要保证冲裁间隙均匀,制件能顺利排出,带料能正常送料。

模具投入生产,下模部分由压板固定在压力机工作平台上,上模部分通过模柄固定在冲压设备滑块的上。压力机接到冲裁命令后,滑块带动凹模向下运动。当凹模接触到条料后,冲裁力通过上模架传递到凹模,凹模与下模的卸料板对条料共同产生压料作用。下模部分的凸凹模和上模的凹模、凸模对条料施加冲裁力。条料在冲裁力的作用下,在刃口附近产生微裂纹,最后材料断裂。分离的制件被凸凹模推入凹模的形孔,冲孔的废料被圆柱凸模和扁圆凸模推入凸凹模的形孔。同时,条料也在凹模的推动下套在凸凹模上,上模部分也运动到最低点,随后在压力机滑块的带动下向上运动。

# 项目拓展

**1. 成形模具的制造与装配**

随着现代工业生产的飞速发展和科学技术的长足进步,具有高强度、高硬度、高韧性、耐高温等特殊性能的模具材料不断出现,同时模具成形表面的形状越来越复杂、精度越来越高,传统的机械加工方法已不能完全满足要求。因此,利用电能、电化学能、声能等进行加工的特种加工方法相继得到了很快发展,如电火花加工、电解加工、超声波加工、化学加工与电化学加工等。

电火花加工又称放电加工或电蚀加工,它包括电火花成形加工、电火花线切割加工、电火花成形磨削、电火花表面强化和刻字等工艺方法,如图 7-7 所示。在模具制造中主要应用电火花成形加工和电火花线切割加工。

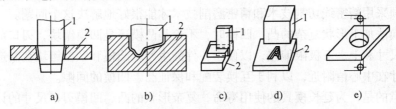

图 7-7 几种电火花加工工艺

a) 电火花穿孔 b) 电火花加工型腔 c) 电火花切槽 d) 电火花刻字 e) 电火花线切割加工

1—电极 2—零件

在型腔电火花加工中,常用的电极材料为纯铜和石墨。电极结构的形式主要有整体式电极、组合式电极和镶拼式电极三种。

1) 整体式电极。整个电极用一块材料加工而成,如图 7-8a 所示。

2) 组合式电极。将多个电极用固定板组合、装夹,如图 7-8b 所示,同时加工同一个零件的多个型孔,可以提高生产率。

3) 镶拼式电极。对于形状复杂的电极整体加工有困难时,常将其分成几块,分别加工后再镶拼成整体,如图 7-8c 所示。这样可节省材料,便于制造。

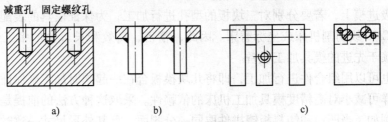

图 7-8 电极的结构形式

a) 整体式电极 b) 组合式电极 c) 镶拼式电极

**2. 多工位级进模的装配与调试**

由于多工位级进模的工位数目多、精度高且镶拼块多,因此,多工位级进模与其他冲模相比,虽然加工和装配方法有相似之处,但要求提高了,因而其加工和装配更复杂,更困难。在模具设计合理的前提下，要制造出合格的多工位级进模，必须具备先进的模具加工设备和制造手段。同时，还要制定合理的模具制造工艺规范。

（1）多工位级进模的制造特点　多工位级进模加工的工件尺寸比较小、数量多，因而小尺寸的凸模多，且凹模常采用镶拼结构以便于加工和维修。同时由于级进模工位数较多，零件的精度要求和相互间的尺寸要求也比较高。多工位级进模的制造工艺特点如下：

1）凸、凹模形状复杂，加工精度高。凸模和凹模是模具加工中的难题。多工位级进模多数形状复杂、尺寸小、精度要求高，以及使用寿命要求长，这就使传统的机械加工面临很大的困难，因而电火花线切割和电火花成形加工成为凸、凹模加工的主要手段。

由于多工位级进模常用于批量大的工件加工，并且多在高速压力机上生产使用，因而要求损坏的凸模和凹模镶块等能得到及时更换，而且这种更换还不是同时进行，所以凸模和凹模镶块应有一定的互换性，以便于及时更换并投入使用。这样，传统的配作法已不能适应这一要求。必须采用精密线切割技术和精密磨削技术才能很好地解决这个问题。

采用互换法加工形状复杂的凸、凹模时，不论是凸模还是凹模镶块，刃口部分必须直接标明具体的尺寸和上、下极限偏差，以便于备件的生产。凸模和凹模镶块在制造时应注意控制其加工尺寸在中心值附近，以利于互换装配和保证凸、凹模的间隙。

值得注意的是，为延长模具的使用寿命，复杂形状的凸、凹模刃口尺寸的计算，是在确定基准凹模（落料）和基准凸模（冲孔）的公称尺寸的基础上进行的，凸、凹模刃口尺寸的制造公差之和，必须小于最大合理间隙和最小合理间隙之差。

2）凸模固定板、凹模固定板和卸料板的加工要求高。多工位级进模中凸模固定板、凹模固定板和卸料板的加工要求很高，也是模具的高精度件。

在多工位级进模中，这三块板的制造难度最大、耗费工时最多且生产周期最长。装在其上的凸模或镶块间的位置、尺寸精度和垂直度等都由这三块板的精度加以保证，所以对这三块板，除了必须正确选材和进行热处理，其加工方法也必须引起足够的重视，以确保加工质量。

模板类零件在淬硬前，通常要在铣床、平面磨床及坐标镗床上完成平面和孔系的加工。

由于加工中心能在零件的一次装夹中完成多个平面和孔的粗加工和精加工，因此将其用于模板类零件的加工具有较高的效率和精度。

在一副级进模上，若要分别对三块板的型孔进行加工，为保证模具的装配精度，通常需要高精度的 CNC 线切割机床或坐标磨床。因此，精密、高效和长寿命的多工位级进模的制造越来越依赖于先进的模具加工设备。

另外，也可以用组合件进行加工，即将几块模板合在一起同时加工来保证加工尺寸和位置精度，这样可减小对高精度模具加工机床的依赖性。采取这种方法的前提是要有相适应的模具结构。例如当凹模和卸料板镶拼件取同一分割面，且其外形尺寸一致时，就可以同时加工外形；凹模固定板和卸料板，甚至凸模固定板的长方孔，可用四导柱定位，将三块板合在一起，同时进行线切割加工，然后由钳工研磨各型孔，或利用线切割机床的间隙补偿功能，用同一程序切割出不同配合尺寸的工件，以保证各型孔的位置精度；也可预先靠定位销和螺钉将三块板固定在一起，然后由坐标磨床同时进行磨削加工，这样，对应的凹模和卸料板镶拼件可同时加工，各板对应的固定长方形也可同时加工，保证了装配后的整块凹模和整块卸料板尺寸的一致性，这是国际上比较先进的级进模的结构形式及加工方法之一。

(2) 模板类零件基准面的选择和加工

1) 基准面的选择。多工位级进模中三块板上的型孔位置、尺寸精度很高,在设计时应正确选择模板零件的设计基准,并正确地标注尺寸。

中小型板类零件通常采用两个互成直角的侧面作为型孔位置尺寸的设计基准,尺寸的标注尽可能用坐标法,以避免加工误差的积累,如图7-9所示。

设计基准也是模板加工和装配时的定位基准、测量基准和装配基准,为了避免加工和装配时因所用的基准混乱而产生误差,在基准面上应有鲜明的标志,并且对基准面的平面度和相互间的垂直度都有较高要求。

2) 基准面的加工。由于基准面的形状精度和位置精度均高于该零件其他表面的精度,因此基准面的加工尤为重要。通常,在平面磨床上加工外形尺寸较大的零件基准面时,由磨削热引起的被磨削表面的热变形常会导致冷却后基准面的中间部分有微量凹陷,其大小约为0.001~0.003mm。为消除基准面误差对零件

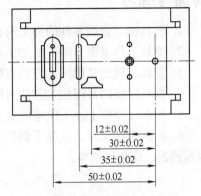

图7-9 基准面的选择

精度的影响,可在精磨直角基准面之前,先把基准面等分,在其两端及中间部位留20~30mm的长度,其余部分则磨去比基准面低0.1~0.15mm的让位槽,然后再精磨基准面。这样做能减轻磨削热的影响,保证基准面的平面度和垂直度。

由于较大模板类零件的垂直面加工需要大型精密平面磨床,加工有较大的难度,因此,较大模板类零件的基准面可以采用一面两孔,基准孔一般都由坐标镗床或坐标磨床来加工,以保证孔与平面的垂直度及两孔的平行度。

对于中间有多个型孔且型孔对基准面有很高位置、尺寸精度要求的板类零件,通常可以通过互为基准的办法,采用多次加工达到要求。工序安排上要进行基准面的平磨、型孔的线切割、型孔的研磨,然后再进行平磨,即以研磨好的型孔为基准精磨外形,从而保证位置尺寸精度。

上述方法是在无高精度加工机床的条件下经常被采用的行之有效的工艺方法,若有条件使用高精度线切割机床、坐标磨床及加工中心等,则上述模板类零件的加工就比较容易达到要求。

(3) 装配与调试 多工位级进模装配的核心是凹模与凸模固定板及卸料板上的型孔尺寸和位置精度要协调,其关键是同时保证多个凸、凹模的工作间隙和位置符合要求。

装配多工位级进模时,一般先装配凹模、凸模固定板及卸料板等重要部件,因为这几种部件在级进模中多数都是由几块镶拼件组成,它们的装配质量决定了整副模具的质量。在这三者的装配过程中,应先根据它们在模具中的位置及相互间的依赖关系,确定其中之一为装配基准。先装基准件,再按基准件装配其他两件,模具总装时,通常先装下模,再以下模为基准装配上模,并调整好进距精度和模具间隙。

模具零件装配完成以后,要进行试压和调整。试冲时,首先分工序试冲,检查各工位的凸、凹模间隙,凸模的相对高度,以及工序件的质量等。当某工位对冲件质量有影响时,应先修整该工位,直至各工位试冲修整确认无误后,再加工定位销,并打入定位销定位。

因为多工位级进模一般都比较精密,为了消除温差对装配精度的不良影响,装配工作一般应在恒温(20℃±2℃)净化的装配车间进行。而且,由于模具尺寸一般都较大,为减轻操作人员的劳动强度,提高模具的装配质量,精密多工位级进模一般都应在模具装配机上完成装配、紧固、调整和试模等工作。

## 实训与练习

1. 模具轴、套类零件的加工有什么特点?
2. 模具工作型面类零件的加工有什么特点?
3. 模具凸模的常用加工方法有哪些?
4. 模具凹模的常用加工方法有哪些?
5. 为保证冲模上、下模座的孔位一致,应采取什么措施?
6. 冲裁模试模时,发现毛刺较大、内孔与外形的相对位置不正确,试分析是由哪些原因造成的,应如何调整。

# 项目八 实训环节

## 项目目标

1. 综合运用本专业所学课程的理论和生产实际知识，进行一次冲模设计工作的实际训练，从而培养和提高学生独立工作的能力。
2. 掌握冲模设计的方法和步骤。
3. 掌握冲模设计的基本技能，如计算、绘图、查阅设计资料和手册，熟悉模具标准及其他有关的标准规范等。
4. 在实训过程中，培养学生认真负责、踏实细致的工作作风，强化质量意识和时间观念，初步养成良好的职业习惯。

## 【能力目标】

能够根据要求进行中等复杂的冲压件的冲模的设计。

## 【知识目标】

- 全面理解和掌握冲压工艺、模具设计、模具制造等内容。
- 掌握冲压工艺规程编制及相关冲压工艺计算的基本技能。
- 掌握冲模设计的一般程序和方法及其冲模的表达方法。
- 具有编制设计计算说明书的基本技能。

## 项目引入

模具设计与制造专业的学生在学完"冲压模具设计与制造"专业课之后，需要设置一个重要的实践性教学环节，培养学生综合运用和巩固冲模设计与制造等课程及有关课程的基础理论和专业知识，从事冲模设计与制造的初步能力，为后续毕业设计和实际工作打下良好的基础。

## 项目分析

本项目环节主要介绍冲模设计实训环节的内容：
1）课程实训环节的内容与步骤。
2）冲压模具设计的有关规定及注意事项。
3）冲模装配图设计。
4）编写设计计算说明书。
5）总结与答辩。
6）实训环节考核方式及成绩评定。

# 相关知识

## 8.1 课程实训环节的内容与步骤

**1. 冲模设计内容**

在学习了冲模相关知识后,可进行1~2周的实训环节,通常以设计较为简单的、具有典型结构的中小型模具为主,要求学生独立完成模具装配图一张,工作零件图3~5张,设计计算说明书一份。冲压模具设计内容一般包括:冲压工艺性分析、冲压工艺方案的确定、模具结构形式的选择、必要的工艺计算、模具总体设计、模具装配图及非标准零件图的绘制及校核等。

**2. 冲模设计步骤**

冲压件的生产过程一般都是从原材料剪切下料开始,经过各种冲压工序和其他必要的辅助工序加工出图样所要求的零件,对于某些组合冲压或精度要求较高的冲压件,还需经过切削、焊接或铆接等工序最终完成。冲模设计的一般步骤如下。

(1) 搜集必要的资料 设计冲压模时,需搜集的资料包括产品图、样品、设计任务书和参考图等,并了解:

1) 提供的产品视图是否完备,技术要求是否明确,有无特殊要求的地方。

2) 制件的生产性质是试制还是批量或大量生产,以确定模具的结构性质。

3) 制件的材料性质(软、硬还是半硬)、尺寸和供应方式(如条料、卷料还是废料利用等),以便确定冲裁的合理间隙及冲压的送料方法。

4) 适用的压力机情况和有关技术规格,根据所选用的设备确定与之相适应的模具及有关参数,如模架大小、模柄尺寸、模具闭合高度和送料机构等。

5) 模具制造的技术力量、设备条件和加工技巧,为确定模具结构提供依据。

6) 最大限度采用标准件的可能性,以缩短模具制造周期。

(2) 冲压工艺性分析 冲压工艺性是指零件冲压加工的难易程度。根据设计题目的要求,分析冲压件成形的结构工艺性,分析冲压件的形状特点、尺寸大小(最小孔边距、孔径、材料厚度、最大外形)、精度要求及所用材料是否符合冲压工艺要求。如果发现冲压工艺性差,则需要对冲压件产品提出修改意见,经产品设计者同意后方可修改。

(3) 确定合理的冲压工艺方案 在分析了冲压件的工艺性之后,通常可以列出几种不同的冲压工艺方案(包括工序性质、工序数目、工序顺序及组合方式),从产品质量、生产率、设备占用情况、模具制造的难易程度和模具寿命高低、工艺成本、操作方便和安全程度等方面,进行综合分析、比较,然后确定适合于工厂具体生产条件的最经济合理的工艺方案。

(4) 确定模具结构形式 确定工序的性质、顺序及工序的组合后,即确定了冲压工艺方案,也就决定了各工序模具的结构形式。冲模的种类很多,必须根据冲压件的生产批量、尺寸、精度、形状复杂程度和生产条件等多方面因素选择。其选用原则如下:

1) 根据制件的生产批量确定采用简易模还是复合模结构。一般来说,简易模寿命低,成本低;而复合模寿命长,成本高。因此,冲压件批量小时通常采用简易模,反之应采用寿命较长的模具结构。冲压批量与模具结构、生产方式的关系见表8-1。

2）根据制件的尺寸要求确定冲模类型。若制件的尺寸精度及断面质量要求较高，应采用精密冲模结构；对于一般精度要求的制件，可采用普通冲模。复合模冲出的制件精度高于级进模，而级进模又高于单工序模。级进模冲压时，难免出现送料与定位误差，但可用导正销导正，其精度也较高。复合模是在冲模的同一位置一次冲出制件，不存在多次定位误差，故其冲裁精度很高。因此，对于精度要求较高的制件，多数采用复合模。不同冲裁方法的制件质量近似比较见表8-2。

表8-1 冲压批量与模具结构、生产方式的关系

| 生产性质 | 生产批量/万件 | 模具结构 | 生产方式 |
| --- | --- | --- | --- |
| 小批量或试制 | <1 | 组合冲模或各种经济的简易模 | 条料或单个毛坯的手工送料 |
| 中批量 | 1~30 | 单工序模、复合模或简单级进模 | 卷料、条料、板料或单个毛坯料的半自动送料 |
| 大批量 | 30~150 | 复合模、多工位级进模或多工位传递式冲模 | 条料、板料或单个毛坯料的自动、半自动送料，压力机或模具带有自动检测保护装置 |
| 大量 | >150 | 硬质合金模、多工位级进模或多工位传递式冲模 | 在特殊或专用压力机上自动化生产，或组成自动生产线，压力机或模具带有自动检测保护装置 |

表8-2 不同冲裁方法的制件质量近似比较

| 项目 | 冲裁方法 | | | | | | |
| --- | --- | --- | --- | --- | --- | --- | --- |
| | 级进冲裁 | 复合冲裁 | 修整 | 小圆角模冲裁 | 负间隙冲裁 | 对向冲裁 | 精密冲裁 |
| 公差等级 | IT13~IT10 | IT11~IT8 | IT7~IT6 | IT11~IT8 | IT11~IT8 | IT10~IT7 | IT8~IT6 |
| 表面粗糙度 $Ra$/μm | 25~6.3 | 12.5~3.2 | 0.8 | 1.6~0.4 | 1.6~0.4 | 0.8~0.4 | 1.6~0.4 |
| 毛刺高度/mm | ≤0.15 | ≤0.1 | 无 | 小 | 小 | 无 | 无 |
| 平面度 | 较差 | 较高 | 高 | 较差 | 较差 | 高 | 高 |

3）根据设备类型确定冲模结构。拉深加工在有双动压力机的情况下，选用双动冲模结构比选用单动冲模结构好得多。电子产品中的一些接插件，在一般的压力机上生产，不仅需要多套模具，而且效率也很低，若在万能弯曲自动机上生产，则模具简单，生产率高。

4）根据制件的形状大小和复杂程度选择冲模结构形式。一般情况下，大型制件，为便于制造模具并简化模具结构，采用单工序模；小型制件，而且形状复杂时，为便于生产，常用复合模或级进模。像半导体晶体管外壳这类产量很大而外形尺寸又很小的筒形件，应采用连续拉深的级进模。

5）根据模具制造力量和经济性选择模具类型。选择冲模结构类型时，应从多方面考虑，经过全面分析和比较，尽可能使所选择的模具结构合理。

(5）进行必要的工艺计算 主要工艺计算包括以下几方面：

1）坯料展开计算。主要是对弯曲件和拉深件确定其坯料的形状和展开尺寸，以便在最经济的原则下进行排样，合理确定适用材料。

2）冲压力计算及冲压设备的初选。计算冲裁力、弯曲力、拉深力及有关的辅助力、卸料力、推料力、压边力等，必要时还需计算冲压功和功率，以便选用压力机。根据排样图和所选模具的结构形式，可以方便地计算出总冲压力，根据计算出的总冲压力，初选冲压设备

的型号和规格。待模具总图设计好后,校核设备的装模尺寸(如闭合高度、工作台板尺寸、漏料孔尺寸等)是否符合要求,最终确定压力机型号和规格。

3)压力中心计算。计算压力中心,并在设计模具时保证模具压力中心与模柄中心线重合,目的是避免模具受偏心负荷作用而影响模具质量。

4)进行排样及材料利用率的计算,以便为材料消耗定额提供依据。排样图的设计方法和步骤:①先从排样的角度考虑并计算材料的利用率,对于复杂的零件通常用厚纸剪成3~5个样件,排出各种可能的方案,选择最优方案,现在常用计算机排样;②再综合考虑模具尺寸的大小、结构的难易程度、模具寿命、材料利用率等几个方面的问题,选择一个合理的排样方案;③查出搭边,计算步距和料宽,根据标准板(带)料的规格确定料宽及料宽公差;④将选定的排样画成排样图,按模具类型和冲裁顺序打上适当的剖面线,并标注尺寸和公差。

5)凸、凹模间隙和工作部分尺寸计算。

6)对于拉深工序,确定拉深模是否采用压边圈,并进行拉深次数、各中间工序模具尺寸分配,以及半成品尺寸计算等。

7)其他方面的特殊计算。

(6)模具总体设计  在上述分析、计算的基础上,即可进行模具结构的总体设计,并勾画草图,初步算出模具闭合高度,概略地定出模具外形尺寸,同时考虑如下内容:

1)凸、凹模的结构形式及固定方法。

2)制件或毛坯的定位方式。

3)卸料和出件装置。

4)模具的导向方式以及必要的辅助装置。

5)送料方式。

6)模架形式的确定及冲模的安装。

7)模具标准件的应用。

8)冲压设备的选用。冲压设备的选择是工序设计和模具设计的一项重要内容,合理地选用设备对保证制件质量、提高生产率、安全操作都有重大影响,也为模具设计带来方便。冲压设备的选择主要取决于其类型和规格。

9)模具的安全操作等。

(7)完成模具图  画模具装配图、零件图,并校核冲模设计图样。模具图的画法和有关要求见本项目8.3节。

## 8.2 冲模设计的有关规定及注意事项

冲模设计的整个过程是从分析总体方案开始到完成全部技术设计,这期间要经过计算、绘图、修改等步骤。

### 8.2.1 冲模设计的有关规定

**1. 合理选择模具结构**

根据零件图样及技术要求,结合生产实际情况,提出模具结构方案,分析、比较、选择最佳结构。

**2. 采用标准零部件**

应尽量选用国家标准件及工厂冲模标准件，使模具设计典型化及制造简单化，缩短设计制造周期，降低成本。

**3. 其他**

(1) 定位销的用法　冲模中的定位销常选用圆柱销，其直径与螺钉直径相近，不能太细。每个模具上只需两个销钉，其长度勿太长，其进入模体长度是直径的 2～2.5 倍。

(2) 螺钉用法　固定螺钉拧入模体的深度勿太深。如拧入铸铁件，深度是螺钉直径的 2～2.5 倍，拧入一般钢件深度是螺钉直径的 1.5～2 倍。

(3) 打标记　铸件模板要设计出加工、定位及打印编号的凸台。

(4) 对导柱、导套的要求　模具完全对称时两导柱的导向直径不应设计得相等，以避免合模时误装方向而损坏模具刃口。导套长度的选取应保证开始工作时导柱进入导套 10～15mm。

(5) 取放制件方便　设计拉深模时，所选设备的行程应是拉深深度（即拉深件高度）的 2～2.5 倍。

### 8.2.2　冲模设计过程中的注意事项

**1. 画排样图注意事项**

排样设计结果以排样图的形式表达，排样图通常包括排样方法、零件的冲裁过程、级进模的定距方式（用侧刃定距的应注明侧刃位置）、材料利用率（一个步距内和整张板料的利用率）、步距、搭边、料宽及料宽公差等，对有弯曲、卷边等要求的零件还要考虑其纤维方向。

**2. 压力机校核条件**

选择压力机时，需要满足以下要求：

1) 压力机的公称力必须大于冲压的工艺力，对于拉深件还需计算拉深功。

2) 模具与压力机闭合高度必须相适应，冲模的封闭高度必须在压力机的最大闭合高度和最小闭合高度之间，一般取

$$(H_{min} - H_1) + 10\text{mm} \leq H \leq (H_{max} - H_1) - 5\text{mm}$$

式中　$H_{max}$——压力机最大闭合高度；

　　　$H_{min}$——压力机最小闭合高度；

　　　$H$——冲模封闭高度；

　　　$H_1$——垫板厚度。

3) 压力机的台面尺寸必须大于模具下模座的外形尺寸，并要留有固定模具的位置，一般每边应大出 50～70mm。压力机台面上的漏料孔尺寸必须大于工件（或废料）尺寸。对有弹顶装置的模具，还应使漏料孔大于弹顶器外形尺寸，即工作台漏料孔要大于凹模工作洞口最大壁间距和弹压器的最大外形尺寸。若其中一项不符，则应重选压力机。选择原则一般是类型不变，增大压力机规格。

4) 压力机的行程要满足工件成形的要求。如拉深工序所用的压力机，其行程必须大于该工序中工件高度的 2～2.5 倍，以便放入毛坯和取出工件。

**3. 模具设计中需考虑的安全措施**

设计模具时必须考虑使用中确保人身安全和设备安全的措施。

1）除使用模柄安装的模具外，大型模具在压力机上安装时，其上模座不允许用压板压紧，需直接用螺钉固定于压力机滑块上，因此，设计模板时应考虑安装螺钉的槽孔尺寸。特大的上模板或具有较大刚性卸料板的模具，应增加紧固螺钉。

2）对具有敞开式活动压料板的模具，应加防护板，如图8-1所示。

3）使用封闭式推件板的冲裁模，模具闭合时，推件板上部应有材料厚度2倍的空隙，且不得小于5mm，如图8-2所示。

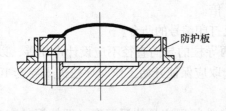

图8-1 模具中的防护板

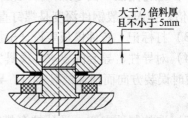

图8-2 推件板的合理空间

4）下列情况应使用高度限制器。

①无弹性卸料板的冲裁模。

②虽有弹性卸料板，但上模座重量大于弹簧或橡胶的弹压力。

③大型模具在闭合时，上、下模座无刚性接触面，为保证模具的叠放，应加限制器。

④为限制模具闭合高度的调节。

5）在复合模中要减少可能的危险面积，在卸料板和凹模之间应做成凹槽或斜面，如图8-3所示，同时要尽量减少卸料板前后的宽度。

6）在导板式的冲裁模中，为了避免压手，在卸料板（导板）和凸模固定板之间，应保持15~20mm的距离，如图8-4所示。

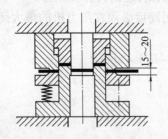

图8-3 卸料板与凹模的合理结构

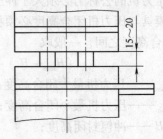

图8-4 模具的安全操作空间

7）为使放取工件安全方便，模具上应开放手槽（即在弹性卸料板上切去一部分，并在凹模顶平面上做出一个凹槽），如图8-5所示。

8）一般装在曲柄压力机上的模具，在模具工作位置时，其下模座上平面到上模座下平面（或压力机滑块的底平面）之间的距离不得小于50mm，如图8-6所示。

9）25kg以上的模具零件都应有起重孔或起重螺纹孔，同一套模具中的起重孔（或螺纹孔）应尽可能一致，其规格见表8-3。

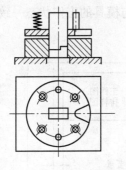

图 8-5 模具结构中的手槽

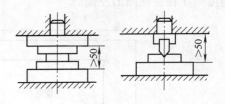

图 8-6 模具结构中的合理空间

表 8-3 起重孔规格　　　　　　　　　　　　　　　（单位：mm）

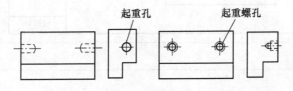

| 起重孔直径 | φ6 | φ21 | φ26 | φ31 |
|---|---|---|---|---|
| 深度 | 40 | 50 | 60 | 80 |
| 起重螺纹孔 | M12 | M16 | | M20 |

此外，模板上的起重臂或铸入式吊环应放在长度方向，这样便于翻转，便于在压力机上拉出拉进。若放在宽度方向，起重臂露出滑块时有可能会碰伤操作者。

10) 废料切刀的布置要远离操作区。

11) 排出废料的斜孔或敞开的斜槽不得超出规定尺寸，以免废料堵塞或射出。

12) 模具中受力较大零件，其上下面相交处不要做成尖角，应以 2mm 以上的圆角连接，如下模座上的废料排出槽、冲厚料用凸模的台肩等。

13) 所有模具零件非工作部分有凸出尖角者，均应倒角。

## 8.3　冲模装配图设计

绘制模具装配图和非标准模具零件图均应严格执行机械制图国家标准的有关规定，图纸幅面尺寸按国家标准的有关规定选用，并按规定画出图框。手工绘图比例最好为 1:1，直观性好，计算机绘图的尺寸必须按机械制图的要求缩放。模具装配图图面布置一般按图 8-7 所示。

模具视图主要用来表达模具的主要结构形状、工作原理及零件的装配关系。视图的数量一般为主视图和俯视图两个，必要时可以加绘辅助视图；视图的表达方法以剖视为主，以表达清楚模具的内部组成和装配关系。

(1) 主视图　一般应画成上、下模座剖视图。上、下模座可以画成非工作状态（开启状态），也可以画成工作终了状态（即闭合状态）。主视图应画模具闭合时的工作状态，而不能将上模与下模分开来画。主视图的布置一般情况下应与模具的工作状态一致。冲模的封闭高度标注在主视图的左侧。

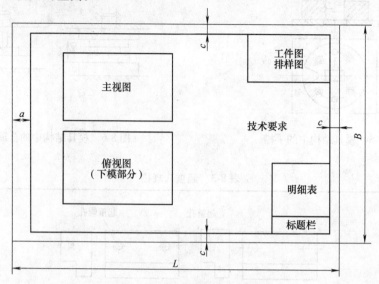

图 8-7　模具装配图的一般布置情况

（2）俯视图　俯视图通常布置在图样的下面偏左，与主视图相对应。通过俯视图可以了解模具的平面布置、排样方式及模具的轮廓形状等。习惯上，画俯视图时将上模座拿去，只反映下模座俯视可见部分；在不影响表达下模座上平面的前提下，也可将上模座的左半部分去掉，只画下模座，而右半部分保留上模座；或者在主、俯视图基础上，专门画上模座上平面的视图。俯视图需标注下模座的轮廓尺寸。为了使模具的某些结构表达得更清楚，必要时可画局部剖视图。

（3）标题栏　装配图的标题栏和明细栏的格式按有关标准绘制。目前无统一规定，可采用图 8-8 所示的格式。图面右下角是标题栏，标题栏上方绘出明细栏。图面右上角画出用该套模具生产出来的制件形状尺寸图，其下面画出制件排样方案图。

图 8-8　标题栏格式

（4）明细栏　明细栏中的件号自下向上编，从 1 开始为下模板，接着按冲压标准件、非标准件的顺序编写序号。同类零件应排在一起。在备注栏中，标出材料热处理要求及其他要求。

(5) 制件图及排样图

1) 制件图严格按比例画出,一般与模具的比例一致,特殊情况可以放大或缩小。其方向应尽量与冲压方向一致,若不能一致,则必须用箭头指明冲压方向。

2) 在制件图右下方注明制件名称、材料及料厚;若制件图比例与总图比例不一致时,应标出比例。

3) 排样图的布置应与送料方向一致,否则须用箭头注明;排样图中应标明料宽、搭边值和送料节距;简单工序可不画排样图。

4) 制件图或排样图上应注明制件在冲模中的位置(冲模和制件中心线一致时不注)。

(6) 尺寸标注 装配图主视图上应注明轮廓尺寸、安装尺寸及配合尺寸;注明封闭高度尺寸;注明带斜楔的模具应标出滑块行程尺寸。俯视图上应用双点画线画出条料宽度及用箭头表示出送料方向;与本模具有相配的附件时(如打料杆、推件器等),应标出装配位置尺寸。

另外,装配图上有落料工序时,还应画出排样图。排样图布置在制件图的下方,应标明条料的宽度及公差、送料节距和搭边值。对于需要多工序冲压完成的制件,除绘制出本工序的制件图外,还应该绘出上道工序的半成品图,画在本工序制件图的左边。

装配图的技术要求应注明本模具凸、凹模刃口间隙,模具的闭合高度(主视图在工作状态时则直接标在图上),所使用的压力设备型号,模具总体的几何公差及装配、安装、调试要求等。

装配图的标题栏和明细栏布置在图样的右下角,其格式按有关标准绘制。明细栏中的件号自下向上编,内容应包括序号、名称、材料、标准件代号及规格、备注等。模具装配图中所有零件均应详细写在明细栏中。

## 8.4 编写设计计算说明书

设计计算说明书是整个设计计算过程的整理和总结,也是图样设计的理论依据,同时还是审核设计能否满足生产和使用要求的技术文件之一。因此,设计计算说明书应能反映所设计的模具是否可靠和经济合理。

设计计算说明书应在全部计算及全部图样完成之后整理编写,主要内容有冲压件的工艺性分析,毛坯的展开尺寸计算,排样方式及经济性分析,工艺过程的确定,半成品过渡形状的尺寸计算,工艺方案的技术和经济分析比较,模具结构形式的合理性分析,模具主要零件结构形式、材料选择、公差配合和技术要求的说明,凸、凹模工作部分尺寸与公差的计算,冲压力的计算,模具主要零件的强度计算、压力中心的确定,弹性元件的选用与校核等。

## 8.5 总结与答辩

总结与答辩是冲模课程设计的最后环节,是对整个设计过程的系统总结和评价。学生在完成全部图样及编写设计计算说明书之后,应全面分析此次设计中存在的优缺点,找出设计中应该注意的问题,掌握通用模具设计的一般方法和步骤。通过总结,提高分析与解决实际工程设计的能力。

## 8.6 实训环节考核方式及成绩评定

课程设计成绩的评定,应以设计计算说明书、设计图样和在答辩中回答的情况为依据,并参考学生设计过程中的表现进行评定。冲模设计与制造课程设计成绩的评定包括冲压工艺与模具设计、模具制造、计算说明书等,具体所占分值可参考表8-4。

表8-4 课程设计评分标准

| 项目 | | 分值 | 指标 |
|---|---|---|---|
| 冲压工艺与模具设计 | 冲压工艺编制 | 10% | 工艺是否可行 |
| | 零件图 | 30% | 结构正确,图样绘制与技术要求符合国家标准、图面质量、数量要求 |
| | 装配图 | 20% | 结构合理,图样绘制与技术要求符合国家标准、图面质量要求 |
| 模具制造 | 零件加工工艺 | 20% | 符合图样要求,保证质量 |
| 实训报告 | 说明书撰写质量 | 20% | 条理清楚、文理通顺、语句符合技术规范、字迹工整、图表清楚 |

# 项目实施

实训的任务一般以设计相对简单、具有典型结构的中小型模具为主。实训期间,学生应独立完成的主要工作如下:

1)在规定的时间内,将指导老师给定冲压件实物或工程图用工具软件Pro/E(或UG)绘制成3D模型。

2)认真分析冲压件的结构和功能要求,正确设计其模具并利用工具软件Pro/E(或UG)将其建成3D模型。

3)根据3D模型,绘制冲模相关工程图,包括模具总装图、各关键零件的零件图。

4)编写出冲压件模具的设计说明书(封面见后文"设计说明书封面范例")。

具体项目任务见本项目的实训与练习。

冲模实训的时间一般为两周,共12天,进度安排见表8-5。

表8-5 冲模设计实训进度安排

| 序号 | 内容 | 时间 |
|---|---|---|
| 1 | 实训动员,分组,选题(分配实训任务) | 0.5天 |
| 2 | 冲压件的结构与成型工艺分析 | 0.5天 |
| 3 | 冲压件3D模型创建及模具方案设计 | 1.5天 |
| 4 | 模具结构设计并创建模具3D模型 | 4天 |
| 5 | 绘制模具的装配图和零件图 | 2天 |
| 6 | 编写设计说明书 | 2天 |
| 7 | 图样与说明书打印、装订 | 0.5天 |
| 8 | 实训成果验收,答辩或总结 | 1天 |
| 合计 | | 约12天 |

设计说明书封面范例:

# 冲模设计说明书

题　　目:＿＿＿＿＿＿＿＿＿＿＿＿＿＿＿＿

姓　　名:＿＿＿＿＿＿＿＿＿＿＿＿＿＿＿＿

学　　号:＿＿＿＿＿＿＿＿＿＿＿＿＿＿＿＿

班　　级:＿＿＿＿＿＿＿＿＿＿＿＿＿＿＿＿

指导教师:＿＿＿＿＿＿＿＿＿＿＿＿＿＿＿＿

完成日期:＿＿＿＿＿＿＿＿＿＿＿＿＿＿＿＿

×××学校

2014年4月

## 项目拓展——拉深件的典型 BEW 应用过程和拉深工艺设计

### 1. BEW（一步法）分析简介

Blank Estimation Wizard（以下简称 BEW）是华中科技大学材料成形与模具技术国家重点实验室 FASTAMP 软件开发中心开发的、完全集成于 SIEMENS NX 环境下的钣金件成形快速分析软件，可以快速分析钣金件产品潜在设计缺陷，展开毛坯尺寸，进而降低制造成本，提高制品质量。

典型的 BEW 应用过程可以分为八个步骤：

1）定义展开区域及材料。
2）定义冲压方向。
3）网格剖分。
4）定义边界约束，如定位孔、定位销、挡料销等。
5）工艺条件设置，如压边圈、压料面、托料块、拉深筋等。
6）求解参数设置，如计算方法、是否自动偏置中性层等。
7）提交计算。
8）后处理结束显示。

上述的八个操作步骤中 1）、2）、3）和 7）是必须要做的，其他操作步骤可以根据实际需要选择。

以图 8-9 所示的某冲压件为例，练习 BEW 的操作流程（具体步骤见配套教学资源）。

### 2. 拉深工艺设计

冲压工艺是塑性加工的基本方法之一，主要是用于加工金属和非金属的板料零件，也称为板料冲压。冲压加工一般是在室温下进行的，所以也可以称为冷冲压。冲压是在常温下利用冲模在压力机上对材料施加压力，使其产生分离或变形，从而获得一定形状、尺寸和性能的零件的加工方法。

由于汽车覆盖件的形状复杂，成形过程中的毛坯变形很复杂，如果直接用冲压件图进行

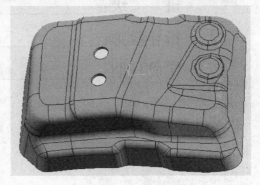

图 8-9 某冲压件零件图

展开来确定毛坯的形状和尺寸，则不能保证覆盖件在冲压成形中能够顺利成形。因此，在进行冲压工艺设计时，首先要进行拉深件的设计，即根据冲压件图设计出拉深件图，然后根据拉深件图展开来确定毛坯的形状和各部位尺寸、制件冲压工艺和模具设计方案。

典型的拉深工艺设计过程可以分为六个步骤：

1）制定成形工艺的要点。
2）工艺方案确定。
3）冲压方向设计。
4）压料面设计。
5）工艺补充设计。
6）拉深筋的设计。

以图 8-9 所示的冲压件为例，练习工艺设计的操作流程。

（1）制定成形工艺的要点　该零件的成形工艺的要点如下：

1）由于产品尺寸不大，并且存在左右件，可能可以考虑双件成形。如果采用单成形，常因塑性变形的不充分和不均匀，使成形后的零件形状难以保证，还容易产生扭曲。采用双成形还可以提高材料利用率。

2）覆盖件的主体形状一般要一次成形，这是由多方面因素决定的。首先，中间工序件很难制定，即使有了中间工序件，也无法保证后续成形就一定能成功；其次，成形模具的价格十分昂贵，都尽可能在同一副模具上完成所有加工任务。

3）为了满足覆盖件成形的需要，常需要对零件图做一些修改。如回弹补偿，补偿后的工件图可能与原零件图有较大区别，因此应该以补偿后的零件作为安排工序、设计模具的依据。

（2）工艺方案确定　覆盖件冲压工序包括落料、拉深成形、修边、冲孔和翻边等，其工艺方案应根据产量、零件的结构、零件的成形性、生产方式等确定。根据成形工艺要点分析，该零件需进行拉深和切边冲孔两道工序，如图 8-10 所示，具体拉深工序的创建过程见配套教学资源。

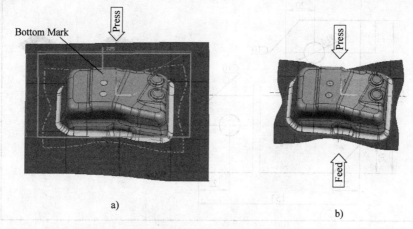

图 8-10　拉深和切边冲孔工序
a）OP10 拉深工序　b）OP20 切边冲孔工序

### 3. 拉深成形模拟 FAW

Forming Analysis Wizard（简称 FAW）是华中科技大学材料成形与模具技术国家重点实验室 FASTAMP 软件开发中心开发的、完全集成于 SIEMENS NX 环境下的钣金件成形快速分析软件。

典型的 FAW 应用过程可以分为七个步骤：

1）创建 FAW 模拟工程。

2）定义冲压方向。

3）定义板料和材料。

4）定义成形工序。

5）提交计算。

6）后处理结果显示。

7）定义多方案工程。

上面的七个步骤中1）~6）是必须要做的，7）可以根据实际需要选择，如果模拟结果不理想，需要重新修改参数的话，可以通过7）来定义多方案工程。具体成形分析向导的工具条如图8-11所示。

图 8-11 成形分析向导

以图 8-9 所示的冲压件拉深成形模拟为例，说明 FAW 的操作流程（具体操作流程见配套教学资源）。

## 实训与练习

以 3~5 个学生为一组，选择图 8-12~图 8-23 所示的制件中的一个，或者由老师指定一个制件，进行课程设计。

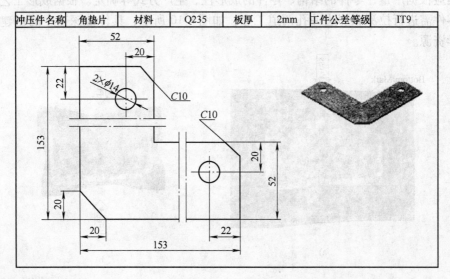

图 8-12 角垫片课程设计

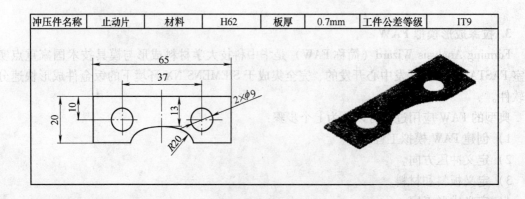

图 8-13 止动片课程设计

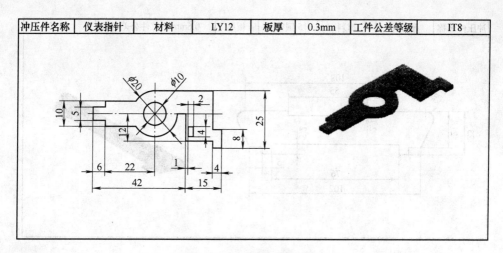

图 8-14　仪表指针课程设计

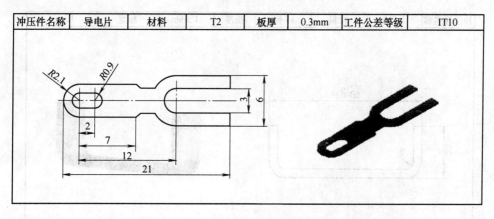

图 8-15　导电片课程设计

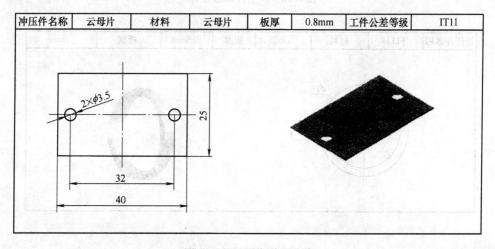

图 8-16　云母片课程设计

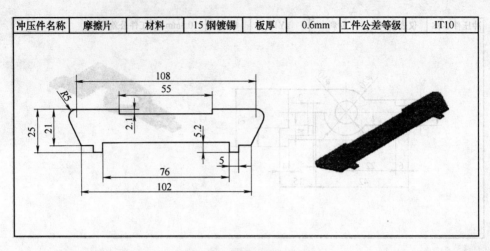

图 8-17 摩擦片课程设计

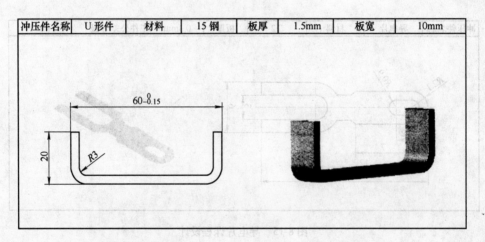

图 8-18 U形件课程设计

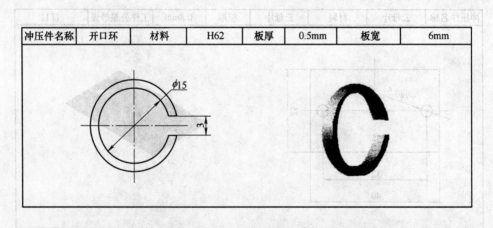

图 8-19 开门环课程设计

# 项目八 实训环节

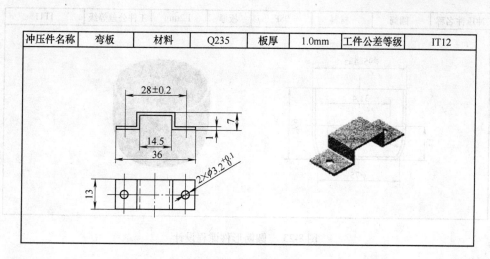

图 8-20 弯板课程设计

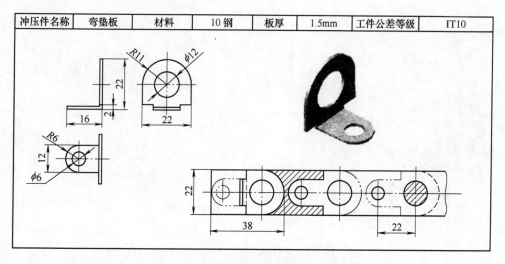

图 8-21 弯垫板课程设计

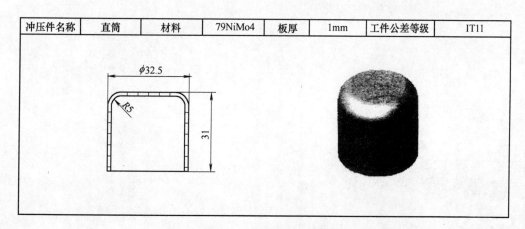

图 8-22 直筒形件课程设计

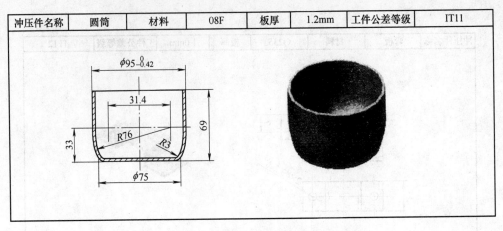

图 8-23 圆筒形件课程设计

# 附 录

## 附录 A  常用冲压设备的规格

附表 A-1  压力机的主要技术参数

| 名称 | | 开式双柱可倾式压力机 | | | 单柱固定台压力机 | 开式双柱固定台压力机 | 闭式单点压力机 | 闭式双点压力机 | 闭式双动拉深压力机 | 摩擦压力机 |
|---|---|---|---|---|---|---|---|---|---|---|
| 型号 | | J23-6.3 | JH23-40 | JG23-40 | J11-50 | JD21-100 | JA31-160B | J36-250 | JA45-100 | J53-63 |
| 公称力/kN | | 63 | 400 | 400 | 500 | 1000 | 1600 | 2500 | 内滑块1000，外滑块63 | 630 |
| 滑块行程/mm | | 35 | 50,压力行程3.17 | 100,压力行程7 | 10~90 | 10~120 | 160,压力行程8.16 | 400,压力行程11 | 内滑块420，外滑块260 | 270 |
| 行程次数/(次/min) | | 170 | 150 | 80 | 90 | 75 | 32 | 17 | 15 | 22 |
| 最大闭合高度/mm | | 150 | 220 | 300 | 270 | 400 | 480 | 750 | 内滑块580，外滑块530 | 最小190 |
| 最大装模高度/mm | | 120 | 180 | 220 | 190 | 300 | 375 | 590 | 内滑块480，外滑块430 | |
| 闭合高度调节量/mm | | 35 | 45 | 80 | 75 | 85 | 120 | 250 | 100 | |
| 立柱间距/mm | | 150 | 220 | 300 | | 480 | 750 | | 950 | |
| 导轨间距/mm | | | | | | | 590 | 2640 | 780 | 350 |
| 工作台尺寸/mm | 前后 | 200 | 300 | 150 | 450 | 600 | 790 | 1250 | 900 | 450 |
| | 左右 | 310 | 450 | 300 | 650 | 1000 | 710 | 2780 | 950 | 400 |
| 垫板尺寸/mm | 厚度 | 30 | 40 | 80 | 80 | 100 | 105 | 160 | 100 | |
| | 孔径 | 140 | 210 | 200 | 130 | 200 | 430×430 | | 555 | 80 |
| 模柄孔尺寸/mm | 直径 | 30 | 40 | 50 | 50 | 60 | 打料孔 $\phi 75$ | | 50 | 60 |
| | 深度 | 55 | 60 | 70 | 80 | 80 | | | 60 | 80 |
| 电动机功率/kW | | 0.75 | 1.5 | 4 | 5.5 | 7.5 | 12.5 | 33.8 | 22 | 4 |

### 附表 A-2  液压机的主要技术参数

| 常用液压机的型号 | 液压部分 | | | 活动横梁、工作台部分 | | | 顶出部分 | | |
|---|---|---|---|---|---|---|---|---|---|
| | 公称力 | 回程压力 | 工作液最大压力 | 活动横梁至工作台最大距离 | 活动横梁最大行程 | 活动横梁、工作台尺寸 | 顶出杆最大顶出力 | 顶出杆回程力 | 顶出杆最大行程 |
| | kN | kN | MPa | mm | mm | mm×mm | kN | kN | mm |
| YA71-45 | 450 | 60 | 32 | 750 | 250 | 400×360 | 120 | 35 | 175 |
| YA71-45A | 450 | 60 | 32 | 750 | 250 | 400×360 | 120 | | 175 |
| SY71-45 | 450 | 60 | 32 | 750 | 250 | 400×360 | 120 | 35 | 175 |
| YX(D)-45 | 450 | 70 | 32 | 330 | 250 | 400×360 | | | 150 |
| Y32-50 | 500 | 105 | 20 | 600 | 400 | 790×490 | 75 | 37.5 | 150 |
| YB32-63 | 630 | 133 | 25 | 600 | 400 | 790×490 | 95 | 47 | 150 |
| BY32-63 | 630 | 190 | 25 | 600 | 400 | 790×490 | 180 | 100 | 130 |
| Y31-63 | 630 | 300 | 32 | | 300 | | 3(手动) | | 130 |
| Y71-63 | 630 | 300 | 32 | 600 | 300 | 500×500 | 3(手动) | | 130 |
| YX-100 | 1000 | 500 | 32 | 650 | 380 | 600×600 | 200 | | 165自动,280手动 |
| Y71-100 | 1000 | 200 | 32 | 650 | 380 | 600×600 | 200 | | |
| Y32-100 | 1000 | 230 | 20 | 900 | 600 | 900×580 | 150 | 80 | 180 |
| Y32-100A | 1000 | 160 | 21 | 850 | 600 | | 165 | 70 | 210 |
| ICH-100 | 1000 | 500 | 32 | 650 | 380 | 600×600 | 200 | | 165自动,250手动 |
| Y32-200 | 2000 | 620 | 20 | 1100 | 700 | 1320×760 | 300 | 82 | 250 |
| YB32-200 | 2000 | 620 | 20 | 1100 | 700 | 1320×760 | 300 | 150 | 250 |
| YB71-250 | 2500 | 1250 | 30 | 1200 | 600 | 1000×1000 | 340 | | 300 |
| ICH-250 | 2500 | 1250 | 30 | 1200 | 600 | 1000×1000 | 630 | | 300 |
| SY-250 | 2500 | 1250 | 30 | 1200 | 600 | 1000×1000 | 340 | | 300 |
| Y32-300 YB32-300 | 3000 | 400 | 20 | 1240 | 800 | 1700×1210 | 300 | 82 | 250 |
| Y33-300 | 3000 | | 24 | 1000 | 600 | | | | |
| Y71-300 | 3000 | 1000 | 32 | 1200 | 600 | 900×900 | 500 | | 250 |
| Y71-500 | 5000 | | 32 | 1400 | 600 | 1000×1000 | 1000 | | 300 |
| YA71-500 | 5000 | 160 | 32 | 1400 | 1000 | 1000×1000 | 1000 | | 300 |

## 附录 B  冲模零件的常用公差配合及表面粗糙度

**附表 B-1  冲压模具零件的加工精度与配合**

| 配合零件名称 | 精度及配合 | 配合零件名称 | 精度及配合 |
| --- | --- | --- | --- |
| 导柱与下模座 | $\dfrac{H7}{r6}$ | 固定挡料销与凹模 | $\dfrac{H7}{n6}$ 或 $\dfrac{H7}{m6}$ |
| 导柱与上模座 | $\dfrac{H7}{r6}$ | 活动挡料销与卸料板 | $\dfrac{H9}{h8}$ 或 $\dfrac{H9}{h9}$ |
| 导柱与导套 | $\dfrac{H6}{h5}$ 或 $\dfrac{H7}{h6}$、$\dfrac{H7}{f6}$ | 圆柱销与凸模固定板，上、下模座 | $\dfrac{H7}{n6}$ |
| 模柄(带法兰盘)与上模座 | $\dfrac{H8}{h8}$ 或 $\dfrac{H9}{h9}$ | 螺钉与螺杆孔 | 0.5~1mm(单边) |
| | | 卸料板与凸模或凸凹模 | 0.1~0.5mm(单边) |
| 凸模与凸模固定板 | $\dfrac{H7}{m6}$ 或 $\dfrac{H7}{k6}$ | 顶件板与凹模 | 0.1~0.5mm(单边) |
| 凸模(凹模)与上、下模座(镶嵌式) | $\dfrac{H7}{h6}$ | 推杆(打杆)与模柄 | 0.5~1mm(单边) |
| | | 推销(顶销)与凸模固定板 | 0.2~0.5mm(单边) |

**附表 B-2  冲模零件表面粗糙度**

| 表面粗糙度 $Ra/\mu m$ | 使用范围 | 表面粗糙度 $Ra/\mu m$ | 使用范围 |
| --- | --- | --- | --- |
| 0.2 | 抛光的成形面及平面 | 1.6 | 1) 内孔表面(在非热处理零件上配合用)<br>2) 底板平面 |
| 0.4 | 1) 压弯、拉深、成形的凸模和凹模工作表面<br>2) 圆柱表面和平面刃口<br>3) 滑动和精确导向的表面 | 3.2 | 1) 磨削加工的支承、定位和紧固表面(在非热处理零件上配合用)<br>2) 底板平面 |
| 0.8 | 1) 成形的凸模和凹模刃口<br>2) 凸模凹模镶块的接合面<br>3) 过盈配合和过渡配合的表面(用于热处理零件)<br>4) 支承定位和紧固表面(用于热处理零件)<br>5) 磨削加工的基准平面<br>6) 要求准确的工艺基准表面 | 6.3~12.5 | 不与冲压件及模具零件接触的表面 |
| | | 25 | 粗糙的不重要的表面 |

## 附录 C  冲压常用材料的性能和规格

冲压常用的金属材料以钢铁板材为主，此外还有有色金属和其他非金属材料。

附表 C-1　冷轧薄钢板规格　　　　　　　　　　　　　　　　（单位：mm）

| 标称厚度 | 不同钢板宽度的最小和最大长度 ||||||||||||||||
|---|---|---|---|---|---|---|---|---|---|---|---|---|---|---|---|---|
| | 600 | 650 | 700 | (710) | 750 | 800 | 850 | 900 | 950 | 1000 | 1100 | 1250 | 1400 | (1420) | 1500 | 1600 | 1700 | 1800 | 1900 | 2000 |
| 0.20<br>0.25<br>0.30<br>0.35<br>0.40<br>0.45 | 1200<br>2500 | 1300<br>2500 | 1400<br>2500 | 1400<br>2500 | 1500<br>2500 | 1500<br>2500 | 1500<br>2500 | 1500<br>3000 | 1500<br>3000 | 1500<br>3000 | 1500<br>3000 | — | — | — | — | — | — | — | — | — |
| 0.56<br>0.60<br>0.65 | 1200<br>2500 | 1300<br>2500 | 1400<br>2500 | 1400<br>2500 | 1500<br>2500 | 1500<br>2500 | 1500<br>2500 | 1500<br>3000 | 1500<br>3000 | 1500<br>3000 | 1500<br>3000 | 1500<br>3500 | — | — | — | — | — | — | — | — |
| 0.70<br>0.75 | 1200<br>2500 | 1300<br>2500 | 1400<br>2500 | 1400<br>2500 | 1500<br>2500 | 1500<br>2500 | 1500<br>2500 | 1500<br>3000 | 1500<br>3000 | 1500<br>3000 | 1500<br>3000 | 1500<br>3500 | 2000<br>4000 | — | — | — | — | — | — | — |
| 0.80<br>0.90<br>1.00 | 1200<br>3000 | 1300<br>3000 | 1400<br>3000 | 1400<br>3000 | 1500<br>3000 | 1500<br>3000 | 1500<br>3500 | 1500<br>3500 | 1500<br>3500 | 1500<br>3500 | 1500<br>4000 | 2000<br>4000 | 2000<br>4000 | 2000<br>4000 | — | — | — | — | — | — |
| 1.1<br>1.2<br>1.3 | 1200<br>3000 | 1300<br>3000 | 1400<br>3000 | 1400<br>3000 | 1500<br>3000 | 1500<br>3000 | 1500<br>3000 | 1500<br>3500 | 1500<br>3500 | 1500<br>3500 | 1500<br>3500 | 2000<br>4000 | 2000<br>4000 | 2000<br>4000 | 2000<br>4000 | 2000<br>4000 | 2000<br>4200 | 2000<br>4200 | — | — |
| 1.4<br>1.5<br>1.6<br>1.7<br>1.8<br>2.0 | 1200<br>3000 | 1300<br>3000 | 1400<br>3000 | 1400<br>3000 | 1500<br>3000 | 1500<br>3000 | 1500<br>3000 | 1500<br>3000 | 1500<br>3000 | 1500<br>3000 | 1500<br>4000 | 1500<br>4000 | 2000<br>6000 | 2000<br>6000 | 2000<br>6000 | 2000<br>6000 | 2000<br>6000 | 2000<br>6000 | 2500<br>6000 | — |
| 2.2<br>2.5 | 1200<br>3000 | 1300<br>3000 | 1400<br>3000 | 1400<br>3000 | 1500<br>3000 | 1500<br>3000 | 1500<br>3000 | 1500<br>3000 | 1500<br>4000 | 1500<br>4000 | 1500<br>6000 | 2000<br>6000 | 2000<br>6000 | 2000<br>6000 | 2000<br>6000 | 2000<br>6000 | 2000<br>6000 | 2500<br>6000 | 2500<br>6000 | 2500<br>6000 |
| 2.8<br>3.0<br>3.2 | 1200<br>3000 | 1300<br>3000 | 1400<br>3000 | 1400<br>3000 | 1500<br>3000 | 1500<br>3000 | 1500<br>3000 | 1500<br>3000 | 1500<br>4000 | 1500<br>4000 | 1500<br>6000 | 2000<br>6000 | 2000<br>6000 | 2000<br>6000 | 2000<br>2750 | 2500<br>2750 | 2500<br>2750 | 2500<br>2750 | 2500<br>2750 | 2500<br>2750 |
| 3.5<br>3.8<br>3.9 | — | — | — | — | — | — | — | — | — | 2000<br>4500 | 2000<br>4500 | 2000<br>4500 | 2000<br>4750 | 2000<br>2750 | 2500<br>2750 | 2500<br>2700 | 2500<br>2700 | 2500<br>2700 | | |
| 4.0<br>4.2<br>4.5 | — | — | — | — | — | — | — | — | — | 2000<br>4500 | 2000<br>4500 | 2000<br>4500 | 2000<br>4500 | 1500<br>2500 | 1500<br>2500 | 1500<br>2500 | 1500<br>2500 | 1500<br>2500 | | |
| 4.8<br>5.0 | — | — | — | — | — | — | — | — | — | 2000<br>4500 | 2000<br>4500 | 2000<br>4500 | 2000<br>4500 | 1500<br>2300 | 1500<br>2300 | 1500<br>2300 | 1500<br>2300 | 1500<br>2300 | | |

注：附表 C-1 摘自国家标准 GB/T 708—2006《冷轧钢板和钢带的尺寸、外形、重量及允许偏差》。

附表 C-2　镀锌钢板的厚度及厚度公差　　　　　　　　　　（单位：mm）

| 材料厚度 | | | | | 厚度公差 | 常用钢板的厚度×长度 |
|---|---|---|---|---|---|---|
| 0.25 | 0.30 | 0.35 | 0.40 | 0.45 | ±0.05 | 510×710；850×1700；<br>710×1420；900×1800；<br>750×1500；900×2000 |
| 0.50 | | | | 0.55 | ±0.05 | 710×1420；900×1800； |
| 0.60 | | | | 0.65 | ±0.06 | 750×1500；900×2000 |
| 0.70 | | | | 0.75 | ±0.07 | 750×1800；1000×2000； |
| 0.80 | | | | 0.90 | ±0.08 | 850×1700 |
| 1.00 | | | | 1.10 | ±0.09 | |
| 1.20 | | 1.25 | | 1.30 | ±0.11 | 710×1420；750×1800； |
| 1.40 | | | | 1.50 | ±0.12 | 750×1500；850×1700； |
| 1.60 | | | | 1.80 | ±0.14 | 900×1800；1000×2000； |
| 2.00 | | | | | ±0.16 | |

附表 C-3　冷轧钢板厚度偏差　　　　　　　　　　（单位：mm）

| 标称厚度＼标称宽度 | 厚度允许偏差 | | | |
|---|---|---|---|---|
| | A 级精度 | | B 级精度 | |
| | ≤1500 | 1500~2000 | ≤1500 | 1500~2000 |
| 0.20~0.50 | ±0.04 | — | ±0.05 | — |
| 0.50~0.65 | ±0.05 | — | ±0.06 | — |
| 0.65~0.90 | ±0.06 | — | ±0.07 | — |
| 0.90~1.10 | ±0.07 | ±0.09 | ±0.09 | ±0.11 |
| 1.10~1.20 | ±0.09 | ±0.10 | ±0.10 | ±0.12 |
| 1.20~1.4 | ±0.10 | ±0.12 | ±0.11 | ±0.14 |
| 1.4~1.5 | ±0.11 | ±0.13 | ±0.12 | ±0.15 |
| 1.5~1.8 | ±0.12 | ±0.14 | ±0.14 | ±0.16 |
| 1.8~2.0 | ±0.13 | ±0.15 | ±0.15 | ±0.17 |
| 2.0~2.5 | ±0.14 | ±0.17 | ±0.16 | ±0.18 |
| 2.5~3.0 | ±0.16 | ±0.19 | ±0.18 | ±0.20 |
| 3.0~3.5 | ±0.18 | ±0.20 | ±0.20 | ±0.22 |
| 3.5~4.0 | ±0.19 | ±0.21 | ±0.22 | ±0.24 |
| 4.0~5.0 | ±0.20 | ±0.22 | ±0.23 | ±0.25 |

# 附录 D　材料的力学性能（黑色金属、有色金属、非金属）

附表 D-1　常用冲压材料的力学性能

| 材料名称 | 牌号 | 材料状态 | 力 学 性 能 | | | | |
|---|---|---|---|---|---|---|---|
| | | | $\tau_b$/MPa | $\sigma_b$/MPa | $\sigma_s$/MPa | $\delta_{10}$(%) | $E$/GPa |
| 工业纯铁 | DT1，DT2，DT3 | 已退火 | 177 | 225 | | 26 | |

(续)

| 材料名称 | 牌号 | 材料状态 | 力学性能 ||||
|---|---|---|---|---|---|---|---|
| | | | $\tau_b$/MPa | $\sigma_b$/MPa | $\sigma_s$/MPa | $\delta_{10}$(%) | $E$/GPa |
| 电工硅钢 | D11，D12，D21，D31，D32，D41~D42 | 退火 | 441 | | | | |
| | | 未退火 | 549 | | | | |
| 碳素结构钢 | Q195 | 未经退火 | 255~314 | 314~392 | 195 | 28~33 | |
| | Q215 | | 265~333 | 333~412 | 215 | 26~31 | |
| | Q235 | | 304~373 | 432~461 | 235 | 21~25 | |
| | Q255 | | 333~412 | 481~511 | 255 | 19~23 | |
| | Q275 | | 392~490 | 569~608 | 275 | 15~19 | |
| 优质碳素结构钢 | 10F | 已退火 | 216~333 | 275~410 | 186 | 30 | |
| | 15F | | 245~363 | 315~450 | | 28 | |
| | 08 | | 255~333 | 275~410 | 196 | 32 | 186 |
| | 10 | | 265~373 | 295~430 | 206 | 29 | 194 |
| | 15 | | 392~490 | 335~470 | 225 | 26 | 198 |
| | 20 | | 275~392 | 355~500 | 245 | 25 | 206 |
| | 25 | | 314~432 | 390~540 | 275 | 24 | 195 |
| | 30 | | 353~471 | 440~590 | 294 | 22 | 197 |
| | 35 | | 392~511 | 490~635 | 315 | 20 | 197 |
| | 40 | | 432~549 | 510~650 | 333 | 18 | 109 |
| | 45 | | 392~490 | 540~685 | 353 | 16 | 100 |
| | 65(65Mn) | 正火 | 588 | ≥716 | 412 | 12 | 207 |
| 不锈钢 | 12Cr13 | 退火 | 314~372 | 392~461 | 412 | 21 | 206 |
| | 13Cr13Mo | | 314~392 | 392~490 | 441 | 20 | 206 |
| | 12Cr17Ni7 | | 451~511 | 569~628 | 196 | 35 | 196 |
| 黄铜 | H68 | 软 | 235 | 294 | 98 | 40 | 108 |
| | | 半硬 | 275 | 343 | | 25 | 108 |
| | | 硬 | 392 | 392 | 245 | 15 | 113 |
| | H62 | 软 | 255 | 294 | | 35 | 98 |
| | | 半硬 | 294 | 373 | 196 | 20 | |
| | | 硬 | 412 | 412 | | 10 | |
| 铝 | 1070A，1060，1050A，1035，1200 | 退火 | 78 | 74~108 | 49~78 | 25 | 71 |
| | | 冷作硬化 | 98 | 118~147 | | 4 | 71 |
| | 2A12(硬铝) | 退火 | 103~147 | 147~211 | | | 71 |
| | | 冷作硬化 | 275~314 | 392~451 | 333 | 10 | 71 |
| 工业纯钛 | TA2 | 退火 | 353~471 | 441~588 | | 25~30 | |
| 镁合金 | MB1 | 冷态 | 118~137 | 167~186 | | 3~5 | 39 |
| | MB8 | | 147~177 | 225~235 | | 14~15 | 40 |

（续）

| 材料名称 | 牌号 | 材料状态 | 力学性能 ||||| 
|---|---|---|---|---|---|---|---|
| | | | $\tau_b$/MPa | $\sigma_b$/MPa | $\sigma_s$/MPa | $\delta_{10}$(%) | $E$/GPa |
| 镁合金 | MB1 | 300℃ | 29~49 | 29~49 | | 50~52 | 39 |
| | MB8 | | 49~69 | 49~69 | | 58~62 | 40 |
| 锡青铜 | QSn4-4-2.5 | 软 | 255 | 294 | 137 | 38 | 98 |
| | | 硬 | 471 | 539 | | 35 | 95 |

## 附录 E  常用配合极限偏差、标准公差数值和表面粗糙度

凡是产品图样上未注明公差的尺寸，均属于未注公差尺寸。在计算凸模和凹模尺寸时，冲压件未注尺寸的极限偏差数值通常按国家标准 GB/T 1800.2—2009 中选取 IT14 级。

附表 E-1　基准件标准公差数值　　　　　　　　　（单位：μm）

| 公称尺寸/mm | 公差等级 |||||||||||||||| 
|---|---|---|---|---|---|---|---|---|---|---|---|---|---|---|---|---|
| | IT1 | IT2 | IT3 | IT4 | IT5 | IT6 | IT7 | IT8 | IT9 | IT10 | IT11 | IT12 | IT13 | IT14 | IT15 | IT16 |
| ≤3 | 0.8 | 1.2 | 2 | 3 | 4 | 6 | 10 | 14 | 25 | 40 | 60 | 100 | 140 | 250 | 400 | 600 |
| >3~6 | 1 | 1.5 | 2.5 | 4 | 5 | 8 | 12 | 18 | 30 | 48 | 75 | 120 | 180 | 300 | 480 | 750 |
| >6~10 | 1 | 1.5 | 2.5 | 4 | 6 | 9 | 15 | 22 | 36 | 58 | 90 | 150 | 220 | 360 | 580 | 900 |
| >10~18 | 1.2 | 2 | 3 | 5 | 8 | 11 | 18 | 27 | 43 | 70 | 110 | 180 | 270 | 430 | 700 | 1100 |
| >18~30 | 1.5 | 2.5 | 4 | 6 | 9 | 13 | 21 | 33 | 52 | 84 | 130 | 210 | 330 | 520 | 840 | 1300 |
| >30~50 | 1.5 | 2.5 | 4 | 7 | 11 | 16 | 25 | 39 | 62 | 100 | 160 | 250 | 390 | 620 | 1000 | 1600 |
| >50~80 | 2 | 3 | 5 | 8 | 13 | 19 | 30 | 46 | 74 | 120 | 190 | 300 | 460 | 740 | 1200 | 1900 |
| >80~120 | 2.5 | 4 | 6 | 10 | 15 | 22 | 35 | 54 | 87 | 140 | 220 | 350 | 540 | 870 | 1400 | 2200 |
| >120~180 | 3.5 | 5 | 8 | 12 | 18 | 25 | 40 | 63 | 100 | 160 | 250 | 400 | 630 | 1000 | 1600 | 2500 |
| >180~250 | 4.5 | 7 | 10 | 14 | 20 | 29 | 46 | 72 | 115 | 185 | 290 | 460 | 720 | 1150 | 1850 | 2900 |
| >250~315 | 6 | 8 | 12 | 16 | 23 | 32 | 52 | 81 | 130 | 210 | 320 | 520 | 810 | 1300 | 2100 | 3200 |
| >315~400 | 7 | 9 | 13 | 18 | 25 | 36 | 57 | 89 | 140 | 230 | 360 | 570 | 890 | 1400 | 2300 | 3600 |
| >400~500 | 8 | 10 | 15 | 20 | 27 | 40 | 63 | 97 | 155 | 250 | 400 | 630 | 970 | 1550 | 2500 | 4000 |

附表 E-2　模具设计中常用的配合特性与应用

| 常用配合 | 配合特性及应用举例 |
|---|---|
| H6/h5、H7/h6、H8/h7 | 间隙定位配合，如导柱与导套的配合，凸模与导板的配合，套式浮顶器与凹模的配合等 |
| H6/m5、H6/n5、H7/k6、H7/m6、H7/n6、H8/k7 | 过渡配合，用于要求较高的定位。如凸模与固定板的配合，导套与模座，导套与固定板、模柄与模座的配合等 |
| H7/p6、H7/r6、H7/s6、H7/u6、H6/r5 | 过盈配合，能以最好的定位精度满足零件的刚性和定位要求。如圆凸模的固定、导套与模座的固定、导柱与固定板的固定、斜楔与上模的固定等 |

## 附表 E-3　常用配合的极限偏差

（单位：μm）

| 公称尺寸/mm | | 孔公差带 H | | | | 轴公差带 | | | | | | | | | | | | | | | | |
|---|---|---|---|---|---|---|---|---|---|---|---|---|---|---|---|---|---|---|---|---|---|---|
| | | | | | | h | | | | k | | m | | n | | p | | r | | s | | u |
| 大于 | 至 | 6 | 7 | 8 | 9 | 5 | 6 | 7 | 8 | 6 | 7 | 6 | 7 | 6 | 7 | 6 | 7 | 6 | 7 | 6 | 7 | 6 |
| — | 3 | +6/0 | +10/0 | +14/0 | +25/0 | 0/−4 | 0/−6 | 0/−10 | 0/−14 | +6/0 | +10/0 | +8/+2 | +12/+2 | +10/+4 | +14/+4 | +12/+6 | +16/+6 | +16/+10 | +20/+10 | +20/+14 | +24/+14 | +28/+18 |
| 3 | 6 | +8/0 | +12/0 | +18/0 | +30/0 | 0/−5 | 0/−8 | 0/−12 | 0/−18 | +9/+1 | +13/+1 | +12/+4 | +16/+4 | +16/+8 | +20/+8 | +20/+12 | +24/+12 | +23/+15 | +27/+15 | +27/+19 | +31/+19 | +31/+19 |
| 6 | 10 | +9/0 | +15/0 | +22/0 | +36/0 | 0/−6 | 0/−9 | 0/−15 | 0/−22 | +10/+1 | +16/+1 | +15/+6 | +21/+6 | +19/+10 | +25/+10 | +24/+15 | +30/+15 | +28/+19 | +34/+19 | +32/+23 | +36/+23 | +38/+23 |
| 10 | 14 | +11/0 | +18/0 | +27/0 | +43/0 | 0/−8 | 0/−11 | 0/−18 | 0/−27 | +12/+1 | +19/+1 | +18/+7 | +25/+7 | +23/+12 | +30/+12 | +29/+18 | +36/+18 | +34/+23 | +41/+23 | +39/+28 | +46/+28 | +46/+28 |
| 14 | 18 | +11/0 | +18/0 | +27/0 | +43/0 | 0/−8 | 0/−11 | 0/−18 | 0/−27 | +12/+1 | +19/+1 | +18/+7 | +25/+7 | +23/+12 | +30/+12 | +29/+18 | +36/+18 | +34/+23 | +41/+23 | +39/+28 | +46/+28 | |
| 18 | 24 | +13/0 | +21/0 | +33/0 | +52/0 | 0/−9 | 0/−13 | 0/−21 | 0/−33 | +15/+2 | +23/+2 | +21/+8 | +29/+8 | +28/+15 | +36/+15 | +35/+22 | +43/+22 | +41/+28 | +49/+28 | +48/+35 | +56/+35 | +61/+41 |
| 24 | 30 | +13/0 | +21/0 | +33/0 | +52/0 | 0/−9 | 0/−13 | 0/−21 | 0/−33 | +15/+2 | +23/+2 | +21/+8 | +29/+8 | +28/+15 | +36/+15 | +35/+22 | +43/+22 | +41/+28 | +49/+28 | +48/+35 | +56/+35 | +62/+41 |
| 30 | 40 | +16/0 | +25/0 | +39/0 | +62/0 | 0/−11 | 0/−16 | 0/−25 | 0/−39 | +18/+2 | +27/+2 | +25/+9 | +34/+9 | +33/+17 | +42/+17 | +42/+26 | +51/+26 | +50/+34 | +59/+34 | +59/+43 | +68/+43 | +73/+48 |
| 40 | 50 | +16/0 | +25/0 | +39/0 | +62/0 | 0/−11 | 0/−16 | 0/−25 | 0/−39 | +18/+2 | +27/+2 | +25/+9 | +34/+9 | +33/+17 | +42/+17 | +42/+26 | +51/+26 | +50/+34 | +59/+34 | +59/+43 | +68/+43 | +79/+54 |
| 50 | 65 | +19/0 | +30/0 | +46/0 | +74/0 | 0/−13 | 0/−19 | 0/−30 | 0/−46 | +21/+2 | +32/+2 | +30/+11 | +41/+11 | +39/+20 | +50/+20 | +51/+32 | +62/+32 | +60/+41 | +71/+41 | +72/+53 | +83/+53 | +106/+87 |
| 65 | 80 | +19/0 | +30/0 | +46/0 | +74/0 | 0/−13 | 0/−19 | 0/−30 | 0/−46 | +21/+2 | +32/+2 | +30/+11 | +41/+11 | +39/+20 | +50/+20 | +51/+32 | +62/+32 | +62/+43 | +73/+43 | +78/+59 | +89/+59 | +121/+102 |
| 80 | 100 | +22/0 | +35/0 | +54/0 | +87/0 | 0/−15 | 0/−22 | 0/−35 | 0/−54 | +25/+3 | +38/+3 | +35/+13 | +48/+13 | +45/+23 | +58/+23 | +59/+37 | +72/+37 | +73/+51 | +86/+51 | +93/+71 | +106/+71 | +146/+124 |
| 100 | 120 | +22/0 | +35/0 | +54/0 | +87/0 | 0/−15 | 0/−22 | 0/−35 | 0/−54 | +25/+3 | +38/+3 | +35/+13 | +48/+13 | +45/+23 | +58/+23 | +59/+37 | +72/+37 | +76/+54 | +89/+54 | +101/+79 | +114/+79 | +159/+144 |

(续)

| 公称尺寸/mm | | 孔公差带 | | | | | | | | 轴公差带 | | | | | | | | | | | | |
|---|---|---|---|---|---|---|---|---|---|---|---|---|---|---|---|---|---|---|---|---|---|---|
| | | H | | | | h | | | k | | m | | n | | p | | r | | s | | u | |
| 大于 | 至 | 6 | 7 | 8 | 9 | 5 | 6 | 7 | 8 | 6 | 7 | 6 | 7 | 6 | 7 | 6 | 7 | 6 | 7 | 6 | 7 | 6 |
| 120 | 140 | +25 0 | +40 0 | +63 0 | +100 0 | 0 -18 | 0 -25 | 0 -40 | 0 -63 | +28 +3 | +43 +3 | +40 +15 | +55 +15 | +52 +27 | +67 +27 | +68 +43 | +83 +43 | +88 +63 | +103 +63 | +117 +92 | +132 +92 | +188 +170 |
| 140 | 160 | | | | | | | | | | | | | | | | | +90 +65 | +105 +65 | +125 +100 | +140 +100 | +215 +190 |
| 160 | 180 | | | | | | | | | | | | | | | | | +93 +68 | +108 +68 | +133 +108 | +148 +108 | +228 +210 |
| 180 | 200 | +29 0 | +46 0 | +72 0 | +115 0 | 0 -20 | 0 -29 | 0 -46 | 0 -72 | +33 +4 | +50 +4 | +46 +17 | +63 +17 | +60 +31 | +77 +31 | +79 +50 | +96 +50 | +106 +77 | +123 +77 | +151 +122 | +168 +122 | +265 +236 |
| 200 | 225 | | | | | | | | | | | | | | | | | +109 +80 | +126 +80 | +159 +130 | +176 +130 | +287 +258 |
| 225 | 250 | | | | | | | | | | | | | | | | | +113 +84 | +130 +84 | +169 +140 | +186 +140 | +304 +284 |
| 250 | 280 | +32 0 | +52 0 | +81 0 | +130 0 | 0 -23 | 0 -32 | 0 -52 | 0 -81 | +36 +4 | +56 +4 | +52 +20 | +72 +20 | +66 +34 | +86 +34 | +88 +56 | +108 +62 | +126 +94 | +146 +94 | +180 +158 | +210 +158 | +338 +315 |
| 280 | 315 | | | | | | | | | | | | | | | | | +130 +98 | +150 +98 | +202 +170 | +220 +170 | +382 +350 |
| 315 | 355 | +36 0 | +57 0 | +89 0 | +140 0 | 0 -25 | 0 -35 | 0 -57 | 0 -89 | +40 +4 | +61 +4 | +57 +21 | +78 +21 | +73 +37 | +94 +37 | +108 +62 | +131 +62 | +144 +108 | +165 +108 | +226 +190 | +247 +190 | +415 +390 |
| 355 | 400 | | | | | | | | | | | | | | | | | +150 +114 | +171 +114 | +244 +208 | +265 +208 | +460 +435 |
| 400 | 450 | +40 0 | +63 0 | +97 0 | +155 0 | 0 -27 | 0 -40 | 0 -63 | 0 -97 | +45 +5 | +68 +5 | +63 +23 | +86 +23 | +80 +40 | +103 +40 | +108 +68 | +131 +68 | +166 +126 | +189 +126 | +272 +232 | +295 +232 | +517 +490 |
| 450 | 500 | | | | | | | | | | | | | | | | | +172 +132 | +195 +132 | +292 +252 | +319 +252 | +567 +540 |

附表 E-4 模具精度与冲压件精度的关系

| 精度类别 | 精密模具(ZM) | | | 普通精度模具(PT) | | | 低精度模具(DZ) | | |
|---|---|---|---|---|---|---|---|---|---|
| 精度组别 | A | B | C | D | E | F |
| 公差等级序号 | 1 | 2 | 3 | 4 | 5 | 6 | 7 | 8 | 9 | 10 | 11 | 12 | 13 | 14 | 15 | 16 | 17 | 18 |
| 公差等级 | IT01 | IT0 | IT1 | IT2 | IT3 | IT4 | IT5 | IT6 | IT7 | IT8 | IT9 | IT10 | IT11 | IT12 | IT13 | IT14 | IT15 | IT16 |
| 精度系数 $Z_c$ | 20 | 12 | 8.0 | 5.0 | 3.0 | 2.0 | 1.5 | 1.2 | 1.0 | 0.85 | 0.80 | 0.75 | 0.70 | 0.65 | 0.60 | 0.55 | 0.50 | 0.50 |

模具的公差等级 / 冲压件的公差等级

| 年产量/件 | 制件形状 | 1 | 2 | 3 | 4 | 5 | 6 | 7 | 8 | 9 | 10 | 11 | 12 | 13 | 14 | 15 | 16 | 17 | 18 |
|---|---|---|---|---|---|---|---|---|---|---|---|---|---|---|---|---|---|---|---|
| 小批 ≤1000 | 简 |  | IT0 | IT1 |  |  |  |  |  |  |  |  |  |  |  |  |  |  |  |
|  | 中 |  |  | IT1 |  |  |  |  |  |  |  |  |  |  |  |  |  |  |  |
|  | 复 |  |  | IT1 |  |  |  |  |  |  |  |  |  |  |  |  |  |  |  |
| 小批 1千～1万 | 简 |  | IT0 |  | IT2 | IT3 | IT4 | IT5 | IT6 |  |  |  |  |  |  |  |  |  |  |
|  | 中 |  | IT1 |  |  | IT4 |  |  | IT7 |  |  |  |  |  |  |  |  |  |  |
|  | 复 |  | IT1 |  |  |  |  | IT6 |  |  |  |  |  |  |  |  |  |  |  |
| 中批 1万～10万 | 简 |  |  | IT2 |  | IT4 | IT5 | IT6 | IT7 | IT8 | IT9 | IT10 | IT11 | IT12 |  |  |  |  |  |
|  | 中 |  | IT1 | IT2 |  |  | IT5 |  | IT8 | IT9 | IT10 |  | IT12 | IT13 |  |  |  |  |  |
|  | 复 |  | IT1 |  | IT3 | IT4 |  | IT7 | IT8 |  |  |  |  |  |  |  |  |  |  |
| 中批 10万～50万 | 简 |  |  | IT2 | IT3 | IT4 | IT5 | IT6 | IT7 | IT8 | IT9 | IT10 | IT11 | IT12 | IT13 | IT14 | IT15 | IT16 | IT17 |
|  | 中 |  | IT1 |  | IT3 | IT4 | IT5 | IT6 | IT7 | IT8 | IT9 | IT10 | IT11 | IT12 | IT13 | IT14 | IT15 | IT16 | IT17 |
|  | 复 | IT0 | IT1 | IT2 | IT3 | IT4 | IT5 | IT6 | IT7 | IT8 | IT9 | IT10 | IT11 | IT12 | IT13 | IT14 | IT15 | IT16 | IT17 |
| 大批 50万～100万 | 简 |  | IT1 | IT2 | IT3 | IT4 | IT5 | IT6 | IT7 | IT8 | IT9 | IT10 | IT11 | IT12 | IT13 | IT14 | IT15 | IT16 | IT17 |
|  | 中 | IT0 | IT1 | IT2 | IT3 | IT4 | IT5 | IT6 | IT7 | IT8 | IT9 | IT10 | IT11 | IT12 | IT13 | IT14 | IT15 | IT16 | IT17 |
|  | 复 |  |  |  |  | IT4 | IT5 | IT6 | IT7 |  |  |  |  |  |  |  |  |  | IT18 |
| 大批 >100万 | 简 | IT0 | IT1 | IT2 | IT3 | IT4 | IT5 | IT6 | IT7 | IT8 | IT9 | IT10 | IT11 | IT12 | IT13 | IT14 | IT15 | IT16 | IT17 |
|  | 中 |  |  |  |  |  |  |  |  |  |  |  |  |  |  |  |  |  |  |
|  | 复 |  |  |  |  |  |  |  |  |  |  |  |  |  |  |  | IT15 |  | IT18 |

# 附录 F  模具制造工艺资料

附表 F-1 和附表 F-2 为部分冷冲模常用材料，由于用于制造凸、凹模的材料均为工具钢，价格较为昂贵，且加工困难，故常根据凸、凹模的工作条件和制件生产批量的大小而选用最适当的材料。

**附表 F-1　冲模工作零件常用材料及热处理要求**

| 模具类型 | | 冲件情况及对模具工作零件的要求 | 选用材料 | | 热处理硬度 HRC | |
|---|---|---|---|---|---|---|
| | | | 牌号 | 标准号 | 凸模 | 凹模 |
| 冲裁模 | I | 形状简单，精度较低，冲裁厚度≤3mm，批量中等 | T10A | GB/T 1298—2008 | 50～60 | — |
| | | 带台肩的、快换式的凸、凹模和形状简单的镶块 | 9Mn2V | GB/T 1299—2000 | — | 60～64 |
| | II | 冲裁厚度≤3mm，形状复杂 | 9SiCrr<br>CrWMn<br>Cr12<br>Cr12MoV | GB/T 1299—2000 | 56～62 | 60～64 |
| | | 冲裁厚度>3mm，镶块形状复杂 | Cr12MoV | GB/T 1299—2000 | 56～62 | 60～64 |
| | III | 要求耐磨、寿命长 | YG15<br>YG20 | — | — | — |
| | IV | 冲薄材料用的凹模 | T10A | GB/T 1298—2008 | — | — |
| 弯曲模 | I | 一般弯曲的凸、凹模及镶块 | T10A | GB/T 1298—2008 | 56～62 | |
| | II | 形状复杂，高度耐磨的凸、凹模及镶块 | CrWMn<br>Cr12<br>Cr12MoV | GB/T 1299—2000 | 60～64 | |
| | III | 生产批量特别大 | YG15 | — | — | |
| | | 加热弯曲 | 5CrNiMo<br>5CrNiTi<br>5CrMnMo | GB/T 1299—2000 | 52～56 | |
| 拉深模 | I | 一般拉深 | T10A | GB/T 1298—2008 | 56～60 | 60～62 |
| | II | 形状复杂，高度耐磨 | Cr12<br>Cr12MoV | GB/T 1299—2000 | 58～62 | 60～64 |
| | III | 生产批量特别大 | Cr12MoV<br>W18Cr4V | GB/T 1299—2000 | 58～62 | 60～64 |
| | III | 生产批量特别大 | YG10<br>YG15 | | | |
| | IV | 变薄拉深凸模 | Cr12MoV | GB/T 1299—2000 | 58～62 | |
| | | 变薄拉深凹模 | Cr12MoV<br>W18Cr4V | GB/T 1299—2000 | | 60～64 |
| | | | YG10<br>YG15 | | | |
| | V | 加热拉深 | 5CrNiTi | GB/T 1299—2000 | 52～56 | |

（续）

| 模具类型 | | 冲件情况及对模具工作零件的要求 | 选用材料 | | 热处理硬度 HRC | |
|---|---|---|---|---|---|---|
| | | | 牌号 | 标准号 | 凸模 | 凹模 |
| 大型拉深模 | I | 中、小批量 | HT200 | GB/T 9439—2010 | — | |
| | | | QT200-2 | GB/T 1348—2009 | 197~269HBW | |
| | II | 大批量 | 镍铬铸铁 | — | 火焰淬硬 40~45 | |
| | | | 钼铬铸铁 | | 火焰淬硬 50~55 | |
| | | | 钼钒铸铁 | | 火焰淬硬 50~55 | |
| 冷挤压模 | I | 挤压铝、锌等非铁金属 | T10A | GB/T 1298—2008 | ≥61 | 58~62 |
| | | | Cr12 | GB/T 1299—2000 | | |
| | | | Cr12Mo | | | |
| | II | 挤压钢铁材料 | Cr12MoV | GB/T 1299—2000 | >61 | 58~62 |
| | | | Cr12Mo | | | |
| | | | W18Cr4V | | | |

附表 F-2 冲模一般零件材料和热处理要求

| 零件名称 | 选用材料牌号 | 标准号 | 硬度 HRC |
|---|---|---|---|
| 上、下模座 | HT200 | GB/T 9439—2010 | — |
| 模柄 | Q235 | GB/T 700—2006 | — |
| 导柱 | 20 | GB/T 699—1999 | 58~62 渗碳 |
| 导套 | 20 | GB/T 699—1999 | 58~62 渗碳 |
| 凸、凹模固定板 | 45,Q235 | GB/T 699—1999,GB/T 700—2006 | |
| 承料板 | Q235 | GB/T 700—2006 | |
| 卸料板 | 45,Q235 | GB/T 700—2006,GB/T 699—1999 | |
| 导料板 | 45,Q235 | GB/T 700—2006,GB/T 699—1999 | 28~32(45 钢) |
| 挡料销 | 45 | GB/T 699—1999 | 43~48 |
| 导正销 | T8A,9Mn2V | GB/T 1298—2008,GB/T 1299—2000 | 50~54,56~60 |
| 垫板 | 45 | GB/T 699—1999 | 43~48 |
| 螺钉 | 45 | GB/T 699—1999 | 头部 43~48 |
| 销钉 | 45 | GB/T 699—1999 | 43~48 |
| 推杆、顶杆 | 45 | GB/T 699—1999 | 43~48 |
| 顶板 | 45 | GB/T 699—1999 | 43~48 |
| 拉深模压边圈 | T8A,45 | GB/T 1298—2008,GB/T 1299—2000 | 54~58,43~48 |
| 螺母、垫圈、螺塞 | Q235 | GB/T 700—2006 | |
| 定距侧刃、废料切刀 | T10A | GB/T 1298—2008 | 58~62 |
| 侧刃挡块 | T8A | GB/T 1298—2008 | 56~60 |
| 楔块与滑块 | T8A | GB/T 1298—2008 | 54~58 |
| 弹簧 | 65Mn | GB/T 1222—2007 | 44~50 |

# 参 考 文 献

［1］ 刘洪贤. 冷冲压工艺与模具设计［M］. 北京：北京大学出版社，2012.
［2］ 周忠旺，杨太德. 冲压工艺分析与模具设计方法［M］. 北京：国防工业出版社，2010.
［3］ 高显宏. 冲压模具设计与制造［M］. 北京：北京交通大学出版社，2011.
［4］ 原红玲. 冲压工艺与模具设计［M］. 北京：机械工业出版社，2008.
［5］ 王芳. 冷冲压模具设计指导［M］. 北京：机械工业出版社，2009.
［6］ 杨占尧. 冲压工艺编制与模具设计制造［M］. 北京：人民邮电出版社，2010.
［7］ 模具实用技术丛书编委会. 冲模设计应用实例［M］. 北京：机械工业出版社，2005.
［8］ 甄瑞麟，蔡佳祎. 模具制造工艺课程设计指导与范例［M］. 北京：化学工业出版社，2009.
［9］ 柴增田. 冲压与注塑模具设计［M］. 北京：电子工业出版社，2011.

# 参考文献

[1] 刘建超. 各种化工艺号阀门设计 [M]. 北京：北京大学出版社, 2012.
[2] 陆培文, 陈大纯. 实用阀门设计手册 [M]. 2版. 北京：机械工业出版社, 2010.
[3] 陆培文. 阀门选用手册与编辑 [M]. 3版. 北京：中国标准出版社, 2011.
[4] 陆培文. 阀门选型与设计 [M]. 北京：机械工业出版社, 2008.
[5] 王芝. 各种阀类型选择 [M]. 武汉：机械工业出版社, 2009.
[6] 陆培文. 阀门工艺与选用设计 [M]. 北京：人民邮电出版社, 2010.
[7] 陆培文. 实用阀门设计. 中国设计与应用 [M]. 北京：机械工业出版社, 2005.
[8] 陆培文. 陈春明. 阀门标准汇编与阀类选用手册 [M]. 北京：化学工业出版社, 2002.
[9] 陆培文. 阀门手册阀门设计 [M]. 3版；北京：中国标准出版社, 2014.